新编**实用化工产品**丛书

丛书主编　李志健
丛书主审　李仲谨

胶黏剂
——配方、工艺及设备

JIAONIAN JI PEIFANG GONGYI JI SHEBEI

杨保宏　杜 飞　李志健　编著

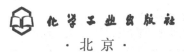

化学工业出版社

·北京·

本书对胶黏剂的分类、基本组成、发展趋势、黏附机理和固化过程进行了简单介绍，重点阐述了纸用、木材用、织物皮革用、金属用、建筑用、橡胶塑料用胶黏剂以及专用胶黏剂的特性、常用配方和生产工艺，同时对胶黏剂生产设备、应用技术等进行了介绍。

本书适合从事胶黏剂生产、配方研发、管理的人员使用，同时可供精细化工专业的师生参考。

图书在版编目（CIP）数据

胶黏剂：配方、工艺及设备/杨保宏，杜飞，李志健编著. —北京：化学工业出版社，2018.6 （2023.1重印）
（新编实用化工产品丛书）
ISBN 978-7-122-31886-2

Ⅰ.①胶… Ⅱ.①杨…②杜…③李… Ⅲ.①胶粘剂
Ⅳ.①TQ430.7

中国版本图书馆 CIP 数据核字（2018）第 065413 号

责任编辑：张 艳 刘 军　　　　　　文字编辑：陈 雨
责任校对：宋 玮　　　　　　　　　　装帧设计：王晓宇

出版发行：化学工业出版社（北京市东城区青年湖南街 13 号　邮政编码 100011）
印　　装：北京盛通数码印刷有限公司
710mm×1000mm　1/16　印张 14½　字数 331 千字　　2023 年 1 月北京第 1 版第 4 次印刷

购书咨询：010-64518888　　　　　　售后服务：010-64518899
网　　址：http://www.cip.com.cn
凡购买本书，如有缺损质量问题，本社销售中心负责调换。

定　　价：48.00 元

前言
FOREWORD

　　"新编实用化工产品丛书"主要按照生产实践用书的模式进行编写。丛书对所涉及的化工产品的门类、理论知识、应用前景进行了概述，同时重点介绍了从生产实践中筛选出的有前景的实用性配方，并较详细地介绍了与其相关的工艺和设备。

　　该丛书主要面向相关行业的生产和销售人员，对相关专业的在校学生、教师也具有一定的参考价值。

　　该丛书由李志健担任主编，余丽丽、王前进、杨保宏担任副主编，李仲谨任主审，参编单位有西安医学院、陕西科技大学、陕西省石油化工研究设计院、西北工业大学、西京学院、西安工程大学、西安市蕾铭化工科技有限公司、陕西能源职业技术学院等单位。参编作者均为在相关企业或高校从事多年生产和研究的一线中青年专家学者。

　　本书主要是从胶黏剂的黏附机理和固化过程出发，介绍胶黏剂的配方、粘接方法、生产工艺以及相关设备，以满足相关行业的生产、销售人员对胶黏剂基本知识的需求，同时也能提高普通消费者对胶黏剂的正确认识，并帮助其在日常使用胶黏剂时做出正确合理的选择。全书共12章。第1章主要对胶黏剂的分类、基本组成以及发展趋势进行概述；第2章阐述了胶黏剂的黏附机理和固化过程；第3～10章介绍了不同用途胶黏剂的特性、常用配方和生产工艺；第11章介绍胶黏剂的基本生产工艺及生产过程所需主要设备；第12章介绍了胶黏剂在使用过程中的粘接接头设计与接头表面的前处理方法，并对胶黏剂的配制及使用原则进行了说明。

　　本书的各章编写人员分工如下：第1～2章由李志健（陕西科技大学）负责编写；第3～6章、第10～12章由杨保宏（陕西科技大学）负责编写；第7～9章由杜飞（陕西科技大学）负责编写。全书最后由杨保宏（陕西科技大学）和李仲谨（陕西科技大学）统稿和审阅定稿。

　　在本书的编写过程中，陕西科技大学的王幸、李俊炜等在书稿的电子化和校对中做了大量的工作，在此一并表示诚挚的感谢。

　　由于作者水平所限，书中难免有疏漏和不妥之处，恳请读者提出意见，以便完善。

编著者

2018 年 5 月

目录
CONTENTS

1

胶黏剂概述

1.1 胶黏剂简介

    胶黏剂,又称胶粘剂,胶合剂,黏合剂,粘接剂,简称胶。它是一种将两种同类或不同类的固体材料紧密粘接在一起并且结合处有足够强度的物质。采用胶黏剂将各种材料或部件连接起来的技术称为胶接技术。

    人类使用胶黏剂有着悠久的历史。早在数千年前,人类的祖先就已经开始使用胶黏剂。许多出土文物表明,5000年前我们祖先就会用黏土、淀粉和松香等天然产物作胶黏剂;4000多年前就会用生漆作胶黏剂和涂料,制造器具;3000年前的周朝已用动物胶作为木船的填缝密封胶,2000年前的秦朝用糯米浆与石灰作砂浆黏合长城的基石,使万里长城成为中华民族伟大文明的象征之一。最早使用的胶黏剂大都来源于天然物质,如淀粉、糊精、骨胶、鱼胶等。仅用水作溶剂,经加热配制成胶,因其成分单一,适用性差,很难满足各种不同用途的需求。

    随着高分子化学的不断发展,开始出现合成树脂胶黏剂,并广泛地应用于各种粘接场合。最早使用的合成胶黏剂是酚醛树脂胶黏剂,1909年实现了工业化,主要用于胶合板的制造。随着高分子材料工业的不断发展,相继出现了以脲醛树脂、丁腈橡胶、聚氨酯、环氧树脂、聚乙酸乙烯酯、丙烯酸树脂为原料的多种胶黏剂,大大充实了胶黏剂市场。由于胶黏剂具有应用范围广、使用简便、经济效益高等特点,因此胶黏剂的应用领域不断扩展,无论是在高精尖技术中还是在一般的现代化工业中,胶黏剂都发挥着极其重要的作用。目前我国已跨入世界胶黏剂生产和消费大国行列。

1.2 胶黏剂的分类

    胶黏剂品种繁多,其化学组成各不相同,性能、形态及外观也不同,粘接强度、粘接方式甚至不同胶黏剂的应用范围也不尽相同。即使常说的"万能胶"类胶黏剂也只是应用范围较广一些,并不是真正万能的。目前我国市场上的胶黏剂品种超过3000种,特别是随着合成胶黏剂的不断发展,胶黏剂的种类将继续增加。为了更好地了解和使用胶黏剂，必须对胶黏剂进行分类。但迄今为止市场上并没有统一的分类方法。下面就目前常用的分类方法做一简要介绍。

（1）以胶黏剂的主要成分划分　分为无机型胶黏剂和有机型胶黏剂两大类，见表1-1。

（2）按外观物理形态划分　分为水基型（乳液型）、溶剂型、固体型、膏状型。

① 水基型。合成树脂或橡胶分散于水中，形成水溶液或乳液，如淀粉、白乳胶、聚乙烯醇等。

② 溶剂型。合成树脂或橡胶分散于溶剂中，形成具有一定黏度的溶液。所用的合成树脂主要包括热固性树脂和热塑性树脂，所用的橡胶包括合成橡胶和天然橡胶，如氯丁橡胶、丁基橡胶等。

③ 固体型。是一种以热塑性树脂或橡胶为基体的多组分混合物，如聚烯类、聚酰胺、聚酯等，常加工成粒状、块状、粉末或带状形式，室温下为固体状或膜状，加热到一定温度后熔融为液态、涂布、润湿被粘物后，经压合、冷却，在很短时间内即可形成较强的粘接力，也称为热熔胶。

④ 膏状型。是一类将合成树脂或橡胶配制成易挥发的高黏度溶液的胶黏剂，主要用于密封和嵌缝等方面。

表 1-1　按胶黏剂的主要成分分类

无机胶黏剂			硅酸盐（如硅酸钠、硅酸盐水泥）、磷酸盐（如磷酸-氧化铜）、石膏、低熔点金属（如锡、铋、铅）、无机-有机聚合物、陶瓷（氧化锆、氧化铝）等
有机胶黏剂	天然型	动物胶	皮胶、骨胶、虫胶、鱼胶等
		植物胶	淀粉、松香、阿拉伯树胶、木质素、单宁、天然橡胶等
		矿物胶	沥青、矿物蜡等
	合成高分子型	合成树脂型 热固性	环氧树脂、酚醛树脂、脲醛树脂、不饱和聚酯、聚异氰酸酯、聚酰亚胺、三聚氰胺-甲醛树脂等
		合成树脂型 热塑性	聚乙酸乙烯、聚乙烯醇、聚氯乙烯、聚异丁烯、聚氨酯、聚酯、聚氨酯、聚醚、聚酰胺、聚丙烯酸酯等
		合成橡胶型	氯丁橡胶、丁苯橡胶、丁腈橡胶、有机硅橡胶等
		复合型	酚醛-丁腈橡胶、酚醛-氯丁橡胶、酚醛-聚氨酯胶、环氧-丁腈橡胶、环氧-聚硫橡胶等

（3）按胶黏剂的固化形式划分　分为溶剂挥发型、反应型、热熔型、压敏型和再湿型。

① 溶剂挥发型。溶剂从粘接表面挥发或者被粘接物吸收，形成粘接膜而粘接在一起，固化速度与环境温度、湿度、被粘物表面情况、粘接面大小及加压方法有关。如氯丁橡胶、聚乙酸乙烯酯等。

② 反应型。包括单组分、双组分和多组分室温固化型、加热固化型等多种形式，其固化是通过胶黏剂内部的固化剂引起胶黏剂基料发生化学反应而形成黏附力。如环氧树脂、酚醛树脂等。

③ 热熔型。是一种以热塑性塑料为基体的多组分混合物，如聚烯类、聚酰胺、聚酯。室温下为固体状或膜状，加热到一定温度后熔融为液态，涂布、润湿被粘物后，经压合、冷却，在很短时间内即可形成较强的粘接力。

④ 压敏型（黏附剂）。有可再剥离型（橡胶、丙烯酸类、聚硅氧烷）和永久黏合型。在室温条件下有黏性，只加轻微的压力便能黏附。

⑤ 再湿型。包括有机溶剂活性型和水活性型（淀粉、明胶、聚乙烯醇）。如在牛皮

纸等材料上面涂覆胶黏剂并干燥，使用时用水或溶剂润湿胶黏剂，使其重新产生黏性。

（4）按胶接部件的受力情况划分 分为结构胶黏剂、非结构胶黏剂和特种胶黏剂。

① 结构胶黏剂。结构胶黏剂是用于受力结构件胶接，并能长期承受较大动、静负荷的胶黏剂，如酚醛-缩醛，酚醛-丁腈，环氧-尼龙，环氧-丁腈等胶黏剂。

② 非结构胶黏剂。非结构胶黏剂适用于非受力结构件胶接，其所承受的外力作用较小，如聚乙酸乙烯、橡胶类、热熔胶、沥青等。

③ 特种胶黏剂。特种胶黏剂是供某些特殊场合应用的胶黏剂，如导热胶、导电胶、光敏胶、医用胶等。

1.3　胶黏剂的基本组成

胶黏剂主要由基料、固化剂、溶剂、填料、增塑剂、增韧剂、稀释剂组成，另外还有其他助剂如促进剂、引发剂、偶联剂、交联剂、增黏剂、增稠剂、防老化剂、防腐剂、阻聚剂、阻燃剂、消泡剂、光敏剂、稳定剂、配位剂、乳化剂、着色剂等。需要指出的是，以上组分并非所有的胶黏剂都必须包含，除基料以外，其他的组分都需要根据生产工艺要求及产品使用环境而选择是否添加。

1.3.1　基料

基料又称为黏料或胶料，是胶黏剂的主要成分，起黏合作用，要求有良好的黏附性与润湿性，并且能够在溶剂、热、压力的作用下流动。早期以天然高分子化合物及无机化合物为主，如淀粉、天然橡胶、硅酸盐、磷酸盐等，随着合成材料的发展，目前市场上大多以合成高分子化合物为主。

天然高分子化合物如淀粉、蛋白质、天然树脂等均可作为基料，它们一般都是水溶性的，使用方便，价格便宜，且大多是低毒或无毒的，但易受地区、环境、气候的影响而质量不稳定，并且粘接力较低，只能用于对粘接强度要求不大的场合，目前多数都被合成高分子代替。

硅酸盐、磷酸盐、硫酸盐、硼酸盐、氧化物等无机化合物作为基料，虽然有脆性的特点，但是耐高温、不燃烧，有些以无机化合物为基料的胶黏剂甚至耐高温可以达到3000℃，而有机基料的胶黏剂基本上无法达到此温度。

可以用作基料的合成高分子材料种类众多，是胶黏剂中的重要基料。由于其改性方法多，易操作，并且合成高分子胶黏剂粘接强度高，综合性能优良，耐久性好，使得新胶黏剂品种不断出现，也使得胶黏剂的应用渗透到了现代生活的方方面面。

1.3.2　固化剂

固化剂是胶黏剂中最主要的配合材料，它直接或者通过催化剂与主体聚合物反应，固化结果是使单体或者低聚物变成线型高聚物或者网状高聚物。在固化剂的作用下，胶黏剂从流动状态变为固态，从而可以承受各种负荷。固化可以是物理过程，也可以是化学过程。物理固化过程主要是指溶剂挥发、乳液凝聚、熔融体凝固等。化学固化过程主要是指低分子化合物与固化剂发生反应成为大分子或者形成高聚物等。

在三向交联结构的树脂中，固化剂使多官能团的单体三向交联，使胶黏剂固化，它是环氧树脂类胶黏剂中最主要的辅助材料。

固化剂的种类很多，要根据胶黏剂的主体材料的品种和性能而定。固化剂对胶黏剂的性能有重要影响，应根据胶黏剂中基料的类型、粘接件的性能要求、具体的工艺方法、环保问题、健康危害和价格等选择理想的固化剂。

1.3.3 增塑剂

增塑剂是一种能降低高分子化合物玻璃化转变温度和熔融温度，改善胶层脆性，增进熔融流动性，能使胶膜具有柔韧性的高沸点难挥发性液体或低熔点固体。按其作用可分为两种类型，即内增塑剂和外增塑剂。内增塑剂是可与高分子化合物发生化学反应的物质，如聚硫橡胶、不饱和聚酯树脂、聚酰胺树脂等。外增塑剂是不与高分子化合物发生任何化学反应的物质，如各种酯类等。要求增塑剂与胶黏剂的组分必须有良好的相溶性，以保证胶黏剂性能的稳定性和耐久性。

增塑剂还要具有持久性，防止增塑剂在使用过程中，由于渗出、迁移、挥发而损失，影响胶的物理机械性能，为此宜选用高沸点的增塑剂或高分子量的增塑剂，如聚酯树脂等。增塑剂的分子量及状态对粘接强度也有很大影响，增塑剂分子量越高，所配的胶液粘接强度越好，如环氧树脂胶选用树脂型或橡胶型增塑剂的粘接强度比选用邻苯二甲酸二丁酯的要好。配胶用的增塑剂主要有邻苯二甲酸酯类、磷酸酯类、己二酸酯和癸二酸酯等。

1.3.4 增韧剂

增韧剂能够降低胶黏剂的脆性，提高韧性，并且不影响胶黏剂其他方面的主要性能。增韧剂一般是一种单官能团或多官能团的化合物，能与基料起反应成为固化体系的一部分。它们大都是黏稠液体，常用的有不饱和聚酯树脂、聚硫橡胶、低分子聚酰胺树脂等。

1.3.5 稀释剂

稀释剂用于降低胶黏剂的黏度，增加流动性和渗透性。主要分为非活性和活性稀释剂。非活性稀释剂一般为有机溶剂，如丙酮、甲苯、二甲苯、正丁醇等。活性稀释剂是能参加固化反应的稀释剂，分子端基带有活性基团，如环氧丙烷苯基醚等。

1.3.6 填料

填料在胶黏剂组分中不与主体材料发生反应，但却可以改变其性能，降低成本，也可以改善物理力学性能。常用的填料为无机化合物如金属粉末、金属氧化物、矿物等。

填料主要用于改善树脂的某些性能，例如可降低树脂固化后的收缩率和膨胀系数，提高胶接强度和耐热性，增加机械强度和耐磨性等。但也有一定的负面影响，如增加黏度不利于涂布施工，容易造成气孔缺陷等。填料的种类、颗粒度、形状及添加量都对胶黏剂的性能有很大的影响，在添加时一定要根据使用要求进行选择。

1.3.7 其他添加剂

其他添加剂如甲醛吸附剂、增香剂、促进剂、引发剂、偶联剂、交联剂、增黏剂、增稠剂、防老化剂、防腐剂、阻聚剂、阻燃剂、消泡剂、光敏剂、稳定剂、配位剂、乳化剂、着色剂等，主要都是针对胶黏剂的实际用途有针对性地添加，以提高黏合的质量，实现黏合的某些性能，改善用户使用胶黏剂过程中的体验。例如甲醛吸附剂可以吸收胶黏剂释放的游离甲醛，减少对人体的伤害；增稠剂可以增加胶黏剂的稠度；阻聚剂防止胶黏剂在储存运输中自行交联而失效；防老化剂提高胶层的环境抗老化性；阻燃剂提高胶黏剂的耐火性等。

1.4　胶黏剂的应用与发展趋势

胶黏剂的应用领域非常广泛，涉及建筑、包装、航天航空、电子、汽车、机械设备、医疗卫生、纺织等各个领域。据 IHS 化学公司统计，2014 年全球胶黏剂产业的产量超过 1900 万吨，市场规模约 300 亿美元，中国地区胶类产品的消费量占到了整个亚太地区的 2/3，占到了全球胶类产品消费量的 32%，居全球首位。截至 2016 年，我国胶黏剂产量已经达到 700 多万吨，生产胶黏剂的企业超过千家，胶黏剂的品种也超过3000 种，预计在 2020 年年末我国胶黏剂的总产量将达到 1000 多万吨，销售额约为1300 亿元人民币。随着科技的进步，我国胶黏剂工业生产量及技术水平正逐步提高。

目前市场上的胶黏剂主要为合成高分子胶黏剂，天然型胶黏剂由于绿色环保、价格低廉的特点，被市场重新关注，而利用现代改性技术对天然型胶黏剂的原料进行优化处理，提高了天然型胶黏剂的性能，低毒或无毒的天然胶黏剂已成为市场的重要研发课题之一。

在我国生产的各类胶黏剂中，以"三醛"胶（脲醛、酚醛和三聚氰胺甲醛树脂胶）和乳液型胶黏剂产量最大。从应用情况看，胶合板和木工用胶量最大，约占总胶黏剂量的 47%，建筑材料用胶黏剂占 26%，包装及商标用胶黏剂约占 12%，制鞋及皮革用胶黏剂占 6%，其他胶黏剂占 9%。

从整个胶黏剂市场看，胶黏剂的交易价格呈上涨趋势，高价位、高附加值的产品需求量逐步增大。虽然我国胶黏剂产量日益增加，但是产品主要以中低档为主，同时胶黏剂的质量不高、技术含量低、品种单一，高档胶黏剂在市场上占据的份额相对较低，最终出现高产量低产值的现象，产值仅仅占到 7%。

胶黏剂行业的发展趋势总体上将是快固化、单组分、高强度、耐高温、无溶剂、低黏度、不污染环境、节约能源和多用途等，市场越来越需要更多适用于特定条件的专用胶黏剂，以获得更好的粘接效果。由于国家新环保标准的实施，胶黏剂的发展受到一定程度的影响。在市场对环保越来越重视的呼声下，对环境友好的绿色无污染将是新型胶黏剂研制优先考虑的因素，新合成技术的发展也将为设计开发高性能品种提供帮助。水性胶黏剂、热熔胶、反应型胶黏剂等环境友好型胶黏剂将是市场发展的主流产品。

2

胶黏剂的黏附机理

2.1　润湿性和粘接力

粘接作用的形成，润湿是先决条件，流变是第一阶段，扩散是重要过程，渗透是有益作用，成键是决定因素。粘接作用发生在相互接触的界面，粘接作用与润湿性和粘接力有关，为了获得优良的胶接强度，要求胶黏剂与被粘物表面应紧密地结合在一起。在胶接过程中胶黏剂必须成为液体，并且完全浸润固体的表面。完全浸润是获得高强度胶接接头的必要条件。如果浸润不完全，就会有气泡出现在界面中，易发生应力集中降低强度。

表 2-1　常见聚合物的临界表面张力 γ_c （20～25℃）

聚合物	$\gamma_c/(10^{-3}\text{N/m})$	聚合物	$\gamma_c/(10^{-3}\text{N/m})$
脲醛树脂	61	聚乙烯	31
聚丙烯腈	44	聚异戊二烯	31
聚氧化乙烯	43	聚三氟氯乙烯	31
聚对苯二甲酸乙二醇酯	43	聚甲基丙烯酸甲酯	39
尼龙 66	42.5	聚偏二氯乙烯	39
尼龙 6	42	聚氯乙烯	39
聚丙烯酸甲酯	41	乙酸纤维素	39
聚砜	41	淀粉	39
聚硫	41	聚乙烯醇缩甲醛	38～40
聚苯醚	41	氯丁橡胶	38
聚丙烯酰胺	35～40	聚氨酯	29
氯磺化聚乙烯	37	聚乙烯醇缩丁醛	28
聚乙酸乙烯酯	37	丁基橡胶	27
聚乙烯醇	37	聚异丁烯	27
聚苯乙烯	32.8	聚二甲基硅氧烷	24
尼龙 1010	32	硅橡胶	22
聚丁二烯（顺式）	32	聚四氟乙烯	18.5

润湿性是液体在固体表面分子间力作用下的均匀铺展现象，也就是液体对固体的亲和性。润湿性主要是由胶黏剂的表面张力和被粘物的临界表面张力所决定，还与工艺条

件、环境因素等有关。液体和固体间的接触角越小，固体表面就越容易被液体润湿。液体的润湿主要由表面张力所引起，液体和固体皆有表面张力，对液体称为表面张力，而对固体则称为表面能，常以符号 γ 表示。不同的物质的表面张力不同，一般来说金属及其氧化物、无机物的表面张力都比较高（$0.2 \sim 5N/m$），而聚合物固体、有机物、胶黏剂、水等的表面张力都比较低，一般小于 $0.1N/m$，其数值见表 2-1 和表 2-2。

表 2-2　常见胶黏剂的表面张力 γ_c（$20 \sim 25$℃）

胶黏剂	$\gamma_c/(10^{-3}N/m)$	胶黏剂	$\gamma_c/(10^{-3}N/m)$
酚醛树脂(酸固化)	78	动物胶	43
脲醛树脂	71	聚乙酸乙烯乳液	38
苯酚-间苯二酚-甲醛	52	天然橡胶-松香	36
间苯二酚甲醛树脂	51	一般环氧树脂	30
特殊环氧树脂	45	硝酸纤维素	26

粘接力是指胶黏剂与被粘物表面之间的连接力，它的产生不仅取决于胶黏剂和被粘物表面结构和状态，而且还与粘接过程的工艺条件密切相关，粘接力是胶黏剂与被粘物在界面上的作用力或结合力，包括机械嵌合力、分子间力和化学键力。机械嵌合力是胶黏剂分子经扩散渗透进入被粘物表面孔隙中固化后镶嵌而产生的结合力。分子间力是胶黏剂与被粘物分子之间相互吸引的力，包括范德华力和氢键，其作用距离为 $0.3 \sim 0.5nm$。范德华力接近于弱的化学键。分子间力是产生粘接力最普遍的原因。化学键力是胶黏剂与被粘物表面能够形成的化学键，有共价键、配位键、离子键、金属键等，键能比分子间力高得多，化学键的结合很牢固，对粘接强度的影响极大，若能形成化学键，则会使粘接力明显提高。

2.2　胶黏剂的黏附理论

胶黏剂和物体接触，首先润湿表面，然后通过一定的方式连接两个物体并使之具有一定的机械强度的过程称为胶接。胶接过程中必须经过一个便于浸润的液态或类液态向高分子固态转变的过程。胶接是一个复杂的物理化学过程。它包括胶黏剂与被粘物的接触、胶黏剂的液化流动、对被粘物的润湿、扩散、渗透、固化等。胶接涉及高分子化学、高分子物理学、界面化学、材料力学、热力学、流变学等多门学科。

2.2.1　机械锚合理论

胶黏剂必须渗入被粘物表面的空隙内，并排除其界面上吸附的空气，才能产生粘接作用。机械理论对解释木材等多孔材料及表面粗糙的材料的胶接很有说服力，并在实践中得到验证。如胶黏剂粘接表面经打磨的致密材料效果比表面光滑的致密材料好，因为经过机械锚合，形成了清洁的粘接表面，生成反应性表面，表面积增加，提高了胶接的质量。但是机械理论有一定的局限性，它无法解释非多孔材料，如玻璃、金属等物体的胶接现象，也无法解释材料表面的化学变化对胶接作用的影响。

2.2.2　吸附理论

吸附理论认为，胶接是由两材料间分子接触和界面力产生所引起的；粘接力主要来源于氢键力、范德华力等分子间作用力，胶接作用是物理吸附和化学吸附共同作用的结果。胶黏剂分子通过布朗运动向被粘物表面移动，使二者的极性分子基团和链段靠近，当分子间距小于 0.5～1nm 时，便产生分子间力，即范德华力，而形成粘接。胶黏剂与被粘物的连续接触的过程叫润湿，要使胶黏剂润湿固体表面，胶黏剂的表面张力应小于固体的临界表面张力。胶黏剂浸入固体表面的凹陷与空隙就会形成良好的润湿，但如果凹处被架空，便减少了胶黏剂与被粘物的实际接触面积，降低接头的粘接强度。同一种胶黏剂可以胶接不同材料，说明了吸附用途的普遍存在，但是吸附理论不能解释胶接的内聚破坏现象，无法解释非极性材料的胶接。

2.2.3 扩散理论

扩散理论又称为分子渗透理论，扩散理论认为粘接是通过胶黏剂与被粘物界面上分子扩散产生的，大分子相互缠绕交织或在界面发生互溶，导致界面消失和过渡区的产生，从而固化后形成牢固的胶合。扩散理论主要用来解释同种或结构、性能相近的高分子材料之间的胶接。如聚合物在溶剂或热作用下的自粘。溶解性相近的聚合物的表面粘接，无法解释聚合物胶黏剂与金属、玻璃、陶瓷等无机物的胶接过程；无法解释一些胶黏剂与被胶接物的溶解度参数近似却难以得到良好的胶接的现象。

2.2.4 静电理论

静电理论又称为双电层理论，它认为胶黏剂与被粘物接触的界面上形成双电层，由于静电的相互吸引而产生胶接力。当胶黏剂从被粘物上剥离时有明显的电荷存在，则是对该理论有力的证实。但是静电理论不能解释性能相同或相近的聚合物之间的胶接；无法解释导电胶黏剂以及用炭黑作填料的胶黏剂的胶接过程；无法解释温度等因素对剥离实验结果的影响。

2.2.5 化学键理论

该理论认为胶接作用是胶黏剂分子与被粘物表面通过化学反应形成化学键的结果。化学键能比分子间力要高 1～2 个数量级，如能形成化学键，则会获得高强度、抗老化的胶接。对于木材等的胶接很有指导意义。形成化学键胶接可以通过胶黏剂和被胶接物之间的活性基团在一定条件下反应形成化学键来实现，可以加入偶联剂或通过表面处理产生活性基团。但是化学键理论不能解释大多数不发生化学反应的胶接现象。

2.3 胶黏剂的固化过程

胶黏剂和被粘物之间通过各种机械、物理和化学的作用，产生黏附力，为使被粘物之间粘接牢固，胶黏剂必须以液态涂布于被粘物表面并且完全浸润。但是液态的胶黏剂填充在被粘物之间并没有抗剪切强度，如同两块玻璃中间的水，要把两块玻璃板拉开是十分困难的，但是一个很小的剪切力就可以把两者分开。因此，液态的胶黏剂浸润在被粘物表面后能通过适当的方法使胶黏剂变成固态才能承受各种负荷，这个过程即为胶黏剂的固化。胶黏剂的固化可以通过物理的方法，也可以通过化学的方法，使胶黏剂聚合成为固体的高分子物质。

2.3.1 热熔胶及热塑性高分子

热熔胶及热塑性高分子物质加热熔融之后就获得了流动性，许多高分子熔融体可以作为胶黏剂使用。高分子熔融体在浸润被粘表面之后经冷却就能发生固化。在配制热熔胶时必须解决胶黏剂的强度和熔融体黏度之间的矛盾。高分子物质必须有足够高的分子量才能具有一定的强度和韧性，但是熔融体的黏度也随着分子量的增高而迅速增大。提高温度当然能降低熔融体黏度，但是温度过高又会引起高分子的热降解，因此为了提高热熔胶的流动性和对被粘表面的黏附性，必须加入各种辅助成分。热熔胶可能包含下列各种成分：①基本树脂；②蜡；③增黏剂；④增塑剂；⑤填料；⑥抗氧剂。由于热熔胶只要将熔融体冷却即可固化，所以具有一系列优点：黏合速度快，便于机械化作业，无溶剂、安全、经济等。因此它在包装、装订、木材加工、制鞋等工业部门应用十分广泛。但是热熔胶也有耐热性较差、胶接时需要加热到较高的温度、对气候比较敏感、加热时易产生挥发性有机物等缺点。使用热熔胶时必须注意控制熔融温度和涂胶之后的晾置时间，如果聚合物是结晶性的，冷却速度也应加以控制。

另外，塑料的热封接和使用热熔胶有相似之处。热封接就是把塑料局部加热熔融并封接在一起。加热的方法有烙铁、热气、超声波、高频电磁场以及机械摩擦等。可以进行热封接的塑料有聚乙烯、聚氯乙烯、聚丙烯、聚苯乙烯、ABS塑料、聚甲醛、聚丙烯酸酯、乙酸纤维素、尼龙、聚碳酸酯、聚苯醚、聚砜等。

2.3.2 溶剂型胶黏剂

溶剂型胶黏剂将热塑性的高分子物质溶解在适当的溶剂中成为高分子溶液以获得流动性。在高分子溶液浸润被粘物表面之后溶剂挥发掉，就会产生黏附力。溶剂型胶黏剂固化过程的实质是随着溶剂的挥发，溶液浓度不断增大，最后达到一定的强度。溶剂型胶黏剂的固化速度决定于溶剂的挥发速度，一些难以挥发的溶剂要求很长的固化时间；但是溶剂的挥发速度过快，则涂刷时容易起皮，因此配胶时要选择适当的溶剂，也可将多种溶剂混合使用以调节溶剂的挥发速度。溶剂型胶黏剂的一个突出优点是固化温度比较低，这就使一些高温下容易分解的高分子物也可能作为溶剂型胶黏剂来使用，例如聚喹噁啉树脂，它的熔点超过了分解温度，因此不能制成热熔胶，但是它能够溶解于甲酚、四氯乙烷等溶剂中，可以配制成耐高温的溶剂型胶黏剂。多数溶剂型胶黏剂可以室温固化。溶剂型胶黏剂的缺点是胶接强度低，一般只能在非结构部件上应用，另外许多溶剂还有毒害和易燃的问题，严重污染环境，它将逐步被环境友好型的溶剂型胶黏剂取代。溶剂型胶黏剂在塑料胶接方面使用非常普遍。表2-3列出了一些常用的溶剂型胶黏剂的配方。

表2-3 常用溶剂型胶黏剂配方

被粘材料	胶黏剂的组成(质量份)
有机玻璃	二氯乙烷(95)、聚甲基丙烯酸甲酯(5)
聚氯乙烯	四氢呋喃(100)、甲乙酮(25)、聚氯乙烯或过氯乙烯(5)、增塑剂(适量)
聚苯乙烯	乙酸戊酯(60)、丙酮(20)、氯仿(13)、聚苯乙烯(7)
聚乙烯醇	水或甘油
聚碳酸酯	二氯乙烷(95)、聚碳酸酯(5)
聚苯醚	氯仿(95)、四氯化碳(5)、聚苯醚(5)
尼龙	苯酚(50)、氯仿(30)、尼龙(20)

被粘材料	胶黏剂的组成(质量份)
乙酸纤维素	丙酮(60)、甲基溶纤剂(30)、乙酸纤维素(10)
橡皮	甲苯(20)、汽油(80)、天然橡胶(5)、松香酯(适量)
皮革	乙酸乙酯(50)、乙酸戊酯(50)、聚氨酯(20)

用溶剂型胶黏剂胶接塑料，尤其是黏合薄的制品时，必须注意溶剂对被粘表面的腐蚀易造成被粘物变形的问题。有机玻璃、聚苯乙烯、聚碳酸酯等塑料制品在溶剂的作用下会产生细的裂缝，这是由于塑料本身的内应力引起的。采用快干型胶黏剂或者用聚合型胶黏剂可以减小产生裂缝的危险。外应力也能引起裂缝，所以黏合这些塑料时压力不能加得太高。

2.3.3 乳液胶黏剂

乳液胶黏剂是聚合物胶体在水中的分散体。胶体颗粒的直径通常是 $0.1 \sim 2\mu m$，它的周围由乳化剂保护，目前用作乳液胶黏剂的高分子主要是聚乙酸乙烯酯及其共聚物和丙烯酸酯的共聚物。乳液胶黏剂的固化过程为乳液中的水逐渐渗透到多孔性的被粘材料中并挥发，使乳液浓度不断增大，最后由于表面张力的作用，使高分子的胶体颗粒发生凝聚。环境温度对乳液的凝聚有很大的影响，当环境温度足够高时，乳液凝聚形成连续的胶膜，若环境温度低于最低成膜温度，就形成白色的不连续胶膜，强度很差。每种高分子都有最低成膜温度，通常比玻璃化温度略低一些，因此在使用乳液胶黏剂时环境温度不能低于最低成膜温度。乳液胶黏剂通常以水为分散介质，具有固体含量高、胶接强度优良、无毒以及价格低廉等优点，它适用于胶接多孔性材料如木材、纸张、纤维素制品等。但是乳液胶黏剂也有耐水性较差、容易发生蠕变等缺点。

也有使用有机溶剂作为分散介质的乳液胶黏剂，称为非水乳液，例如氯丁二烯与丙烯酸的共聚物可以分散在脂肪烃类溶剂（如庚烷）中，成为固体含量高达50%（质量分数）的非水乳液胶黏剂。塑料溶胶与乳液相似，是用增塑剂作为高分子的分散介质，这种具有流动性的分散体系称为"塑料溶胶"。塑料溶胶也可以作为胶黏剂和密封剂来使用。在塑料溶胶的固化过程中发生增塑剂溶解于高分子固体中以及高分子颗粒的融结等现象，所以体积收缩率很低，粘接效果很好。

2.3.4 热固性树脂

热固性树脂是具有三向交联结构的聚合物，它具有耐热性好，耐水、耐介质优良，蠕变低等优点。目前结构胶黏剂基本上以热固性树脂为主体。热固性胶黏剂获得交联结构有两种方法：①把线型高分子交联起来，如橡胶的硫化；②由多官能团的单体或预聚体聚合成为三向交联结构的树脂。常用的热固性胶黏剂，如酚醛树脂胶黏剂和环氧树脂胶黏剂是第2种方法获得交联结构的典型。在一些结构胶黏剂的固化过程中，这两类交联反应可能同时存在。热固性树脂的性能不仅决定于配方，固化周期也十分重要，因为固化周期对于固化产物的微观结构有很大的影响。

官能团单体或预聚体进行聚合反应时，随着分子量的增大同时进行着分子链的支化和交联，当反应达到一定程度时体系中开始出现不溶、不熔的凝胶，这种现象称为凝胶化。胶液凝胶化后，胶层一般可获得一定的粘接强度，但在凝胶化以后的较长时间内粘接强度还会不断提高。由于凝胶化后分子运动变慢，因此这类胶黏剂在初步固化后适当延长固化时间或适当提高固化温度，以促进后固化的顺利进行对粘接强度是极其有利的。对于某一特定的胶黏剂来说，设定的固化温度是不能降低的。温度降低的结果是固化不能完全，致使粘接强度下降，这种劣变是难以用延长固化时间来补偿的。对于设定在较高温度固化的胶种，最好采用程序升温固化，这样可以避免胶液溢流，不溶组分分离，并能减小胶层的内应力。

用固化剂固化的胶黏剂，固化剂用量一般是化学计量的，加入量不足时难以固化完全，过量加入则胶层发脆，均不利于粘接。为了保证固化完全，固化剂一般略过量一些。应用分子量较大的固化剂时，其用量范围可以稍大一些。用引发剂固化的胶黏剂，在一定范围内增大引发剂用量可以增大固化速度而胶层性能受影响不大。用量不足易使反应过早终止，不能固化完全；用量过大，聚合度降低，均使粘接强度降低。为了避免凝胶化现象对胶层的不利影响，可以使用复合引发剂，即将活性低与活性高的引发剂配合使用。加入引发剂后，再适当加入一些特殊的还原性物质（称为促进剂）可以大大降低反应的活化能，加大反应速率，甚至可以制成室温快固胶种，这就是氧化还原引发体系。由于还原剂在促进引发剂分解的同时降低了引发效率，因此在氧化还原引发体系中引发剂量应该加大。催化剂只改变反应速率，催化剂固化型胶黏剂在不加催化剂时反应极慢（指常温下），可以长期存放，加入催化剂后由于降低了固化反应的活化能而使固化反应变易，胶层可以固化。催化剂用量增大，固化速度变快，过量使用催化剂会使胶层性能劣化。在催化剂用量较少时适当提高固化温度也是可行的。

凝胶化的速度决定于官能团的反应活性以及多官能团单体的浓度和官能度。在合成树脂和胶黏剂的工艺中常常把凝胶化时间作为树脂工艺性能的一个指标。另外，在多官能团单体的浓度和官能度相同的情况下，可以通过测定凝胶时间来比较官能团的反应活性。相反，也可以根据凝胶点的反应程度来计算反应物的官能度。在凝胶化之后继续进行的反应大体上包括：①可溶性树脂的增长；②可溶性树脂分子间反应变成凝胶；③可溶性树脂与凝胶之间的反应；④凝胶内部进一步反应使交联密度提高。因此，热固性树脂固化产物不是结构均匀的整体，而是由交联密度乃至化学成分不同的区域所组成。同一种树脂采用不同的固化周期进行固化，将形成具有不同微观结构的产物，于是固化产物的性能也将有所差别。在使用热固性胶黏剂时，在一定的时间范围内延长固化时间和提高固化温度并不等效，对一种胶黏剂来说，降低固化温度难以用延长固化时间来补偿，降低固化温度往往以牺牲性能为代价。此外，为了获得性能优良的胶接接头，有时在胶黏剂和被粘物表面之间需要发生一定的化学作用。这种化学作用必须克服一定的能垒，因此只有在足够高的温度下才能进行。当然也不能认为在任何情况下提高固化温度都是有利的。在胶接两种膨胀系数相差很大的材料时，为了防止产生过高的热应力，宜采用较低的固化温度，最好选用常温固化的胶黏剂。有时过高的固化温度会引起胶黏剂的降解，或者使被粘物的性能发生变化，因此固化温度应该加以准确地控制。

有些热固性胶黏剂在固化过程中会产生小分子挥发性副产物，例如酚醛树脂固化时放出水，它会在胶层中形成气泡，在这种情况下固化时必须加以一定的压力，如果固化时不产生挥发性副产物，那么只要微微加压使被粘物保持接触即可。

以上只是简单讨论了胶黏剂的固化情况，对于某一特定的胶黏剂，有时应用了几种固化方式，这样可以获得更好的综合性能。例如，反应型热熔胶、反应型压敏胶等均有比普通品种更好的粘接性能。

2.4　胶黏剂的粘接强度及影响因素

　　胶黏剂的种类繁多，但是总结起来，就是所有能起到机械锚合、吸附等作用的物质，都能起到黏合的作用，都能用作黏合剂。许多的黏合剂都能黏合多种材料，例如橡胶黏合剂可以黏合多种材料，环氧树脂胶黏剂除了非极性材料和聚乙烯以及聚四氟乙烯塑料外几乎可以黏合一切物质，俗称"万能胶"。但是在实际应用中要获得最佳粘接强度，还必须使胶黏剂与被粘物中所具有的物理作用力和化学作用力均能发挥到较为理想的程度。有许多因素影响着粘接强度。单位粘接面上承受的粘接力称为粘接强度。粘接强度的概念主要包括胶层的内聚强度和胶层与被粘面间的黏附强度，其大小与胶黏剂的组成、基料的结构与性质、被粘物的性能与表面状况及使用时的操作方式等因素有关。

2.4.1　胶黏剂基料的物理力学性能

　　合成胶黏剂的基料多为合成高分子化合物，从结构上看，合成高分子化合物可分为热塑性与热固性的，热塑性的又可分为晶态和非晶态的，不同的组成与结构对其物理力学性能影响很大。

2.4.2　影响粘接强度的物理因素

　　(1) 弱界面层　影响粘接作用形成并使粘接强度降低的表面层称为弱边界层，不仅聚合物表面存在，纤维、金属等表面也都存在着弱边界层。弱边界层来自胶黏剂、被粘物、环境或三者的任意组合。如果杂质集中在粘接界面附近，并与被粘物结合不牢，在胶黏剂和被粘物中都可能出现弱边界层。当发生破坏时，看起来是发生在胶黏剂和被粘物界面，但实际上是弱边界层的破坏。

　　(2) 胶黏剂的黏度　胶黏剂对被粘物表面的浸润和黏附，实质上是两者相互作用，达到能量最低的结合，要使这些力发生作用，必须使两种物质的分子充分接近到间距小于 5×10^{-8} cm。在实际胶接时，由于固体表面都不是绝对平滑的，因此，胶黏剂因流动或变形而渗入被粘物表面的空隙内或细缝内，此时必须赶出缝隙内的空气，才能达到浸润目的。由此可见，胶黏剂的实际浸润与其黏度有密切关系。黏度小流动性好，从而有利于实际浸润。对于黏度较大的胶黏剂，就有必要进行加热、加压，以改善其浸润性。

　　(3) 被粘物的表面处理　任何物质的表面都具有吸附性。为了得到最佳粘接效果，任何物质的表面都必须进行表面处理。被粘接材料表面的性质，对于粘接强度的影响极大。表面状态不佳，往往是造成粘接接头破坏的主要原因。凡是表面经过适当处理的金属，其粘接强度都有不同程度的提高，其中，尤以铝合金最为显著，其抗剪切强度可提高 $25\%\sim70\%$。因此，如何处理好被粘物的表面是一个极其重要的问题。

　　(4) 粘接件中的内应力　内应力有两个来源：一个是胶黏剂固化过程中由于体积收缩产生的收缩应力；另一个来源是胶黏剂和被粘物的热膨胀系数不同，在温度变化时产生热应力。粘接件中存在内应力将导致粘接强度大大下降，甚至会造成粘接自动破裂。单位截面上附加的力为应力，接头在未受到外力作用时内部所具有的应力为内应力。在胶层固化时因体积收缩而产生的内应力为收缩应力；胶层与被粘物之间由于膨胀系数不同，在温度变化时产生的应力为热应力。这是胶层内应力的两个主要来源，内应力具有永久性；热应力为暂时性的，在温度回原后随之消失。

粘接件的内应力与老化过程有着十分密切的关系。在热老化过程中，由于热氧的作用和挥发性物质的逸出，胶黏剂层进一步收缩。相反，在潮湿环境中胶黏剂的吸湿也会造成胶层膨胀。因此，在老化过程中粘接件的内应力也在不断地变化着。粘接件的内应力还可能加速老化的进程。已经证明，对于某些环氧胶黏剂和聚氨酯胶黏剂，相当于强度的 3% 的外加负荷能使粘接件的湿热老化大大加剧。因此，在制备粘接件时必须采取各种措施来降低内应力。

胶黏剂不管用什么方法固化，都难免发生一定的体积收缩。如果在失去流动性之后体积还没有达到平衡的数值，进一步固化就会产生内应力。溶液胶黏剂固体含量一般只有 20%～60%，因此在固化过程中也伴随着严重的体积收缩。熔融聚苯乙烯冷却至室温体积收缩率为 5%。而具有结晶性的聚乙烯从熔融状态冷却至室温体积收缩率高达 14%。通过化学反应来固化的胶黏剂，体积收缩率分布在一个较宽的范围内。缩聚反应体积收缩很严重，因为缩聚时反应物分子中有一部分变成小分子副产物逸出。例如酚醛树脂固化时放出水分子，因此酚醛树脂固化过程中收缩率可能比环氧树脂大 6～10 倍。烯类单体或预聚体的双键发生加聚反应时，两个双键由范德华力结合变成共价键结合，原子间距离大大缩短，所以体积收缩率也比较大。例如不饱和聚酯固化过程中体积收缩率高达 10%，比环氧树脂高 1～4 倍。开环聚合时，有一对原子由范德华力作用变成化学键结合，而另一对原子却由原来的化学键结合变成接近于范德华力作用。因此开环聚合时体积收缩比较小。环氧树脂固化过程中体积收缩率比较低，这是环氧胶黏剂能有很高的粘接强度的重要原因。必须注意，收缩应力的大小不是正比于整个固化过程的体积收缩率，而是正比于失去流动性之后进一步固化所发生的那部分体积收缩，因为处于自由流动的状态下内应力可以释放出来。

对于热固性胶黏剂来说，凝胶化之后分子运动受到了阻碍，特别是在玻璃化之后分子运动就更困难了。所以，凝胶化之后进一步的固化反应是造成收缩应力的主要原因。凝胶化理论表明反应物的官能度愈高，发生凝胶化时官能团的反应程度就愈低。因此，官能度很高的胶黏剂体系在固化之后将会产生较高的内应力。这可能是高官能度的环氧化酚醛树脂胶黏剂的粘接强度低于双酚 A 型环氧树脂胶黏剂的主要原因。

降低固化过程中的体积收缩率对于热固性树脂的许多应用部门都有十分重要的意义。降低收缩率通常采取下列各种办法。

① 降低反应体系中官能团的浓度。因为总的体积收缩率正比于体系中参加反应的官能团的浓度，通过共聚或者提高预聚体的分子量等方法来降低反应体系中官能团的浓度，是降低收缩应力的有效措施。已经证明，双酚 A 型环氧树脂胶黏剂的粘接强度与树脂的分子量有关，抗剪强度随着分子量的增大而提高。

② 加入高分子聚合物来增韧。要求高分子聚合物能溶于树脂的预聚体中，在固化过程中由于树脂分子量的增大能使高分子聚合物析出，相分离时所发生的体积膨胀可以抵消掉一部分体积收缩。例如在不饱和聚酯中加入聚乙酸乙烯酯、聚乙烯醇缩醛、聚酯等热塑性高分子能使固化收缩显著降低。

③ 加入无机填料。由于填料不参与化学反应，加入填料能使固化收缩按比例降低。加入无机填料还能降低热膨胀系数，提高弹性模量。因此，加入适量填料能使某些胶黏

剂的强度显著提高，但是填料用量不宜太大。

收缩应力胶黏剂无论用什么方法固化，都会发生一定的体积收缩。而在胶黏剂失去流动性之后，体积还没有达到平衡数值时，进一步固化引起体积收缩就会产生内应力。

溶剂型胶黏剂在溶剂挥发使胶层失去变形能力时就会产生内应力。热熔胶黏剂的固化也伴随着严重的体积收缩。熔融聚苯乙烯冷却至室温时的体积收缩率为5%。通过化学反应固化的胶黏剂，体积收缩率分布在一个较宽的范围内。环氧树脂固化过程中，因开环聚合时原子间距离变化小而有较低的体积收缩率。不饱和聚酯树脂固化过程中因两个双键由范德华力结合转变为共价键结合，原子间距离缩短，产生较大的体积收缩，其体积收缩率达10%。按缩聚反应历程进行固化的一类高分子材料，如酚醛树脂，因固化时有低分子反应物逸出，所以有较大的体积收缩。

热应力高分子材料与金属、无机材料的热膨胀系数相差很大，见表2-4。

表2-4　常见材料的热膨胀系数

材料种类	热膨胀系数/$10^{-6}℃^{-1}$	材料种类	热膨胀系数/$10^{-6}℃^{-1}$
石英	0.5	酚醛树脂(未加填料)	约45
陶瓷	2.5~4.5	铸型尼龙	40~70
钢	约11	环氧树脂(未加填料)	约110
不锈钢	约20	高密度聚乙烯	约120
铝	约24	天然橡胶	约220

热膨胀系数不同的材料粘接在一起，温度变化会在界面中造成热应力。热应力的大小正比于温度的变化、胶黏剂与被粘物热膨胀系数的差别以及材料的弹性模量。在粘接两种热膨胀系数相差很大的材料时，热应力的影响尤其明显。当温度变化时就会在粘接界面产生热应力。热应力的大小与温度的变化、胶黏剂与被粘物热膨胀系数的差别以及材料的物理状态和弹性模量有关。为了避免热应力，粘接热膨胀系数相差甚大的材料一般选择比较低的固化温度，最好采用室温固化的胶黏剂。例如不锈钢与尼龙之间的粘接，如果采用高温固化的环氧胶黏剂只能得到很低的粘接强度，而采用室温固化的环氧-聚酰胺胶黏剂就能得到满意的粘接强度。

为了粘接热膨胀系数不能匹配的材料，使之在温度交变时不发生破裂，一般应采用模量低、延伸率高的胶黏剂，使热应力能通过胶黏剂的变形释放出来。在这种情况下提高胶层厚度有利于应力释放。现在已经有许多应力释放材料可供选择，例如室温熟化硅橡胶、聚硫橡胶、软聚氨酯等。硬铝与陶瓷的粘接，如果改用室温熟化硅橡胶就可以解决在温度交变时发生破裂的问题。

收缩应力和热应力一旦形成，即使还没能引起粘接接头本身的破坏，也必然要降低粘接强度。

在胶黏剂中加入增韧剂，借助其柔性链节的移动，可以降低其内应力；加入无机填料，可使固化收缩率和热膨胀系数下降。这些措施对降低这两种应力都是比较有效的。

胶黏剂固化时的相态变化、胶液组成、固化温度及粘接工件的使用时间变化等都将在接头中产生内应力。为了获得良好的粘接，应该设法消除或减少内应力，因为内应力可以抵消粘接力，降低粘接强度。在胶黏剂中适当加入易于产生蠕动或有助于基料分子产生蠕动的物料；采用程序升温方法固化胶层；设法使胶液在流动状态下完成大部分体积收缩；加入适当的填充料；选用与被粘物热膨胀性能相近的胶种等操作均有利于减少或消除内应力。

（5）胶层厚度　较厚的胶层易产生气泡、缺陷和早期断裂，因此应使胶层尽可能薄一些，以获得较高的粘接强度。另外，厚胶层在受热后的热膨胀在界面区所造成的热应力也较大，更容易引起接头破坏。因此，厚的胶层往往存在较多的缺陷，一般来说胶层厚度减少，粘接强度升高。当然，胶层过薄也会引起缺陷而降低粘接强度。不同的胶黏剂或同种胶黏剂使用目的不同，要求胶层厚度也不同，大多数合成胶黏剂以 0.05～0.1mm 为宜，无机胶黏剂以 0.1～0.2mm 为宜。

胶层厚度也与接头所承受的应力类型有关。单纯的拉伸、压缩或剪切，胶层越薄，强度越大。胶层厚时剥离强度会适当提高。对于冲击负荷，弹性模量小的胶黏剂，胶层厚则抗冲击强度高；而对弹性模量大的胶黏剂，冲击强度与胶层厚度无关。一般认为，胶层的厚度与粘接强度有密切关系。一般规律是，在保证不缺胶黏剂的情况下，粘接强度随胶层厚度的减少而增加。在实际工作中，用涂胶量以及固化时加压来保证一定的胶层厚度。

（6）使用时间　随着使用时间增长，常因基料的老化而降低粘接强度。胶层的老化与胶黏剂的物理化学变化，使用时的受力情况及使用环境有关。冬夏交替或频繁的热冷变更将引起接头中内应力不断地循环交变，使粘接强度迅速下降。环境温度对粘接强度的影响也很大，有可水解性基团的基料构成的胶黏剂可因基料的水解而破坏胶层；多极性基团基料组成的胶黏剂在使用过程中会因干湿交替而脱胶。另外，光、热、氧等也能造成胶层老化。因此，在制备胶黏剂时应选用耐老化的基料或加入抑制老化的助剂。

2.4.3　影响粘接强度的化学因素

粘接体系在受力破坏时大多数呈现内聚破坏和混合破坏，胶黏剂的粘接强度在很大程度上取决于胶层的内聚力，而其内聚力是与基料的化学结构密切相关的。

（1）内聚能与内聚能密度　内聚能是为克服分子间作用力，把 1mol 液体或固体分子移到其分子间的引力范围之外所需要的能量，单位体积的内聚能称为内聚能密度（CED）。内聚能密度是评价高分子间作用力大小的一个物理量，主要反映基团间的相互作用。内聚能密度的概念不仅能够分析材料的粘接强度，更能分析有机高分子材料能否用作胶黏剂。测定内聚能密度的方法主要是最大溶胀比法和最大特性黏数法。一般来说，分子中所含基团的极性越大，分子间的作用力就越大，则相应的内聚能密度就越大；反之亦然。

$$CED = \Delta E / V （式中 \Delta E 表示内聚能，V 表示摩尔体积）$$

CED 在 300 以下的聚合物，都是非极性聚合物，分子间的作用力主要是色散力，比较弱，分子链属于柔性链，具有高弹性，可用作橡胶，其中聚乙烯例外，它易于结晶而失去弹性，呈现出塑料特性；CED 在 400 以上的聚合物，由于分子链上有强的极性基团或者分子间能形成氢键，相互作用很强，因而有较好的力学强度和耐热性，并且易于结晶和取向，可成为优良的纤维材料；CED 在 300～400 之间的聚合物，分子间相互作用居中，适合于作塑料。

对于聚合物极性，一般认为，物质中每个原子由带正电的原子核及带负电的电子组成。原子在构成分子时，若正负电荷中心相互重合，分子的电性为中性即为非极性结构。如果正负电荷中心不重合（电子云偏转），则分子存在两电极（偶极），即为极性结构，分子偶极中的电荷 e 和两极之间距离 l 的乘积称为偶极矩。

当极性分子相互靠近时，同性电荷互相排斥，异性电荷互相吸引。故极性分子之间的作用力是带方向性的次价键结合力。对非极性分子来说，其次价键力没有方向性。

聚合物极性基团对粘接力影响的例子很多。吸附理论的倡导者们认为胶黏剂的极性越强，其粘接强度越大，这种观点仅适合于高表面能被粘物的粘接。对于低表面能被粘物来说，胶黏剂极性的增大往往导致粘接体系的湿润性变差而使粘接力下降。这是因为低表面能的材料多为非极性材料，它不易再与极性胶黏剂形成低能结合，故浸润不好（如同水不能在油面上铺展一样），故不能很好粘接。但如果采用化学表面处理，使非极性材料表面产生极性，就可以采用极性胶黏剂进行胶接，同样可获得较好的粘接强度。在聚合物的结构中，极性基团的强弱和多少，对胶黏剂的内聚强度和黏附强度均有较大的影响。例如，环氧树脂分子中的环氧基、羟基、醚键，丁腈橡胶中的氰基等，都是极性较强的基团。根据吸附作用原理，极性基团的相互作用，能够大大提高粘接强度。因此，含有较多极性基团的聚合物，如环氧树脂、酚醛树脂、丁腈橡胶、氯丁橡胶等，都常被用作胶黏剂的主体材料。

（2）分子量与分子量分布　聚合物的分子量对聚合物的一系列性能起着决定性的作用。对于用直链聚合物基料构成的胶黏剂，在发生内聚破坏的情况下，粘接强度随分子量升高而增大，升高到一定范围后逐渐趋向一个定值。在发生多种形式破坏时，分子量较低的一般发生内聚破坏，随分子量增加粘接强度增大，并趋向一个定值。当分子量增大到使胶层的内聚力与界面的粘接力相等时，开始发生混合破坏；分子量继续增大，胶液的润湿能力下降，粘接体系发生界面破坏而使粘接强度显著降低。也就是说，基料聚合物的分子量与胶层的内聚强度、胶液对被粘物表面的润湿性能密切相关，从而严重影响粘接体系的粘接强度与接头破坏类型。另外，从力学性能来说，分子量提高对韧性有利；平均分子量相同而分子量分布不同时，其粘接性能也有所不同。低聚物多，胶层倾向于内聚破坏。随高聚物比例增大，由于内聚强度增大，胶层逐渐转变为界面破坏，达到某一特定比例时可获得最大粘接强度。

由表 2-5 可以看出：当聚异丁烯分子量较小（7000）时，发生内聚破坏而剥离强度近似为零，说明聚异丁烯的分子量为 7000 时，几乎没有内聚强度。当聚异丁烯分子量增加到 20000 时，剥离强度急剧增加，并且破坏特征为内聚破坏和黏附破坏的混合状态，说明此时聚异丁烯的内聚强度和黏附强度适当，都表现出了较高的数值。聚异丁烯分子量继续增加到 100000 时，剥离强度反而降低，并且表现出黏附破坏的特征，说明聚异丁烯的分子量过大时，黏附强度下降。由此看出，选择适当的分子量，对于提高粘接强度有很大影响。

表 2-5　聚异丁烯分子量的影响

分子量	剥离强度/(N/cm)	破坏形式
7000	0	内聚
20000	3.62	混合
100000	0.66	界面
150000	0.66	界面
200000	0.67	界面

胶黏剂聚合物平均分子量相同而分子量分布情况不同时，其粘接性能亦有所不同。

例如，用聚合度为1535的聚乙烯醇缩丁醛（组分1）和聚合度为395的聚乙烯醇缩丁醛（组分2）混合制成的胶黏剂粘接硬铝时，两种组分的比例不同对剥离强度的影响见表2-6，可以看到，低聚物与少量高聚物混合时，胶层往往呈内聚破坏。当高聚物含量增加时，由于胶层内聚力的增加，转而成界面破坏。当高聚物与低聚物两组分按10：90混合时得到最大的粘接强度。

表2-6　聚合物分布对粘接强度的影响

组分1	组分2	平均聚合度	剥离强度/(N/cm)
100	0	1535	18.82
50	50	628	18.82
30	70	513	24.41
25	75	485	26.77
20	80	468	31.77
10	90	433	48.84
0	100	395	24.71

（3）主链结构　胶黏剂基料分子的主链结构主要决定胶层的刚柔性。主链全由单键组成的聚合物，由于分子链或链段运动较容易而柔性大，抗冲击强度好。含有芳环、芳杂环等不易内旋转的结构时，胶黏剂刚性大，粘接性能较差，但耐热性好。如果分子中既含有柔性结构，又含有刚性结构，又含有极性基团，则一定具有较好的综合物理力学性能。例如，环氧树脂的主链结构具备这些特点，因此它作胶黏剂基料时所制得的胶种具有很好的综合性能。

聚合物分子主键若全部由单键组成，由于每个键都能发生内旋转，因此，聚合物的柔性大。此外，单键的键长和键角增大，分子链内旋转作用变强，聚硅氧烷有很大的柔性就是此原因造成的；主链中如含有芳杂环结构，由于芳杂环不易内旋转，故此类聚合物如聚砜、聚苯醚、聚酰亚胺等的刚性都较大；含有孤立双键的大分子，虽然双键本身不能内旋转，但它使邻近单键的内旋转易于产生，如聚丁二烯的柔性大于聚乙烯等；含有共轭双键的聚合物，其分子没有内旋转作用，刚性大、耐热性好，但其粘接性能较差，聚苯、聚乙炔等属于此类聚合物。

（4）侧链结构　胶黏剂基料聚合物含有侧链的种类、体积、位置和数量等对胶层的性能有重大影响。基团的极性对分子间力影响极大，极性小，分子的柔性好；极性大，分子的刚性大。基团间距离越大，柔性越好。直链状的侧基在一定范围内链增长，分子的柔性大，具有内增塑作用。如果链太长则互相缠绕，不利于内旋转而使柔性与粘接力降低。

聚丙烯、聚氯乙烯及聚丙烯腈三种聚合物中，聚丙烯的侧基基团是甲基，属弱极性基团；聚氯乙烯的侧基基团是氯原子，属极性基团；聚丙烯腈的侧基（氰基）为强极性基团。三种聚合物柔性大小的顺序是：聚丙烯＞聚氯乙烯＞聚丙烯腈。

两个侧链基团在主链上的间隔距离越远，它们之间的作用力及空间位阻作用越小，分子内旋转作用的阻力也越小，聚氯丁二烯每四个碳原子有一个氯原子侧基，而聚氯乙烯每两个碳原子有一个氯原子侧基，故前者的柔性大于后者。

侧链基团体积大小也决定其位阻作用的大小。聚苯乙烯分子中，苯基的极性较小，但因为它体积大、位阻大，使聚苯乙烯具有较大的刚性。

侧链长短对聚合物的性能也有明显的影响。直链状的侧链，在一定范围内随其链长增大，位阻作用下降，聚合物的柔性增大。但如果侧链太长，有时会导致分子间的纠缠，反而不利于内旋转作用，而使聚合物的柔性及粘接性能降低。聚乙烯醇缩醛类、聚丙烯酸及甲基丙烯酸酯类聚合物等其侧链若含有 10 个碳原子，则具有较好的柔性和粘接性能。

侧链基团的位置也影响聚合物粘接性能。聚合物分子中同一个碳原子连接两个不同的取代基团会降低其分子链的柔性，如聚甲基丙烯酸甲酯的柔性低于聚丙烯酸甲酯。

（5）交联度　线型聚合物产生交联时原来链间的次价键力（分子间力）变成了化学键力，此时聚合物的各种性能都发生重大变化。在交联度不高的情况下，链段运动仍可进行，材料仍具有较高的柔性和耐热等性能。交联点增多，尤其是交联桥同时变短时，聚合物材料变硬发脆。也就是说交联度增大聚合物材料蠕变减少，模量提高，延伸率降低，润湿性变差等。由于粘接体系在胶液固化前就能完成扩散和润湿等过程，所以通过适当交联来提高胶层的内聚力可以大大提高粘接强度，这在以内聚破坏为主的粘接体系中更为重要。

一些专家认为，线型聚合物的内聚力，主要取决于分子间的作用力。因此，以线型聚合物为主要成分的胶黏剂，一般粘接强度不高，分子易于滑动，所以它可溶可熔，表现出耐热、耐溶剂性能很差。如果把线型结构交联成体型结构，则可显著地提高其内聚强度。通常情况下，内聚强度随交联密度的增加而增大。如果交联密度过大，间距太短，则聚合物的刚性过大，从而导致变硬、变脆，其强度反而下降。

胶黏剂聚合物的交联作用，一般包括以下几种不同的类型。

① 在聚合物分子链上任意链段位置交联。如二烯类橡胶、硅橡胶、氟橡胶等在硫化剂存在下均可发生此种交联过程。这种交联作用形成的交联度取决于聚合物的主链结构、交联剂的种类及数量、交联工艺条件等。

② 通过聚合物末端的官能基团进行交联。

③ 通过侧链官能基进行交联。

④ 某些嵌段共聚物，可通过加热呈塑性流动而后冷却，并通过次价键力形成类似于交联点的聚集点，从而增加聚合物的内聚力。这种方法有人称为物理交联。

（6）聚合物的聚集状态　有些线型聚合物可以处于部分结晶状态。这种结晶对粘接性能影响较大，尤是在玻璃化温度到熔点之间的温度范围内的影响更大，而液态聚合物的结晶在其玻璃化之前完成时效果才好。

一般来说，聚合物结晶度增大，其屈服应力、强度和模量及耐热性均提高，而伸长率、抗冲击性能却降低。高结晶度的聚合物往往较硬较脆，粘接性能不好。较大的球状结晶容易使胶层产生缺陷，常使力学性能降低；线型纤维状结晶却能使力学性能提高。线型聚合物在胶液中或在粘接前（如热熔胶）一般是非结晶状，在某些情况下设法使之在固化时产生一定量的结晶可以提高胶层的粘接强度及其他性能。例如，氯丁胶液固化时产生的结晶及热熔胶冷却时形成的微晶均能提高粘接强度。

3

纸用胶黏剂配方与生产

3.1 纸用胶黏剂简介

纸用胶黏剂主要应用于包装和文体办公两大方面。在文体办公方面胶黏剂是不可缺少的工具，常应用于纸张黏合、书籍装订、信封黏合等场合；在包装领域，胶黏剂主要应用于包装材料的制造（如镀金属膜、软包装材料复合、纸张与高分子材料复合、纸张或纸板复合等）、纸箱黏合、纸盒黏合、标签的胶接、胶带制造等方面。胶黏剂为包装生产过程的简化工艺、节约能源、降低成本、提高效益和资源回收提供了非常有效的途径。

纸用胶黏剂包括天然胶黏剂和合成胶黏剂。天然胶黏剂主要是以淀粉、改性淀粉、糊精、骨胶、明胶等为主要成分的胶黏剂，合成胶黏剂主要是以聚乙酸乙烯酯、聚苯乙烯、丙烯酸酯、聚氨酯、丙烯酸丁酯等高分子聚合物为主要成分的胶黏剂。用于书刊装订的胶黏剂种类繁多，其中用量最大的就是热熔胶。合成树脂型 EVA 热熔胶在高速无线胶粘订联动生产线及单机上均有使用。物流包装领域用得最多的胶黏剂是水玻璃胶黏剂、淀粉及其改性胶黏剂。水玻璃为硅酸钠溶液状态，南方多称水玻璃，北方多称泡花碱。水玻璃胶黏剂的粘接作用，实质上是二氧化硅溶胶变成二氧化硅凝胶的过程。

纸用胶黏剂的市场对价格非常敏感，天然胶黏剂凭着价格低廉，易于清除及环保的优点，被市场广泛应用，而合成胶黏剂凭着操作简便，性能优异稳定的特点在市场上有着更好的发展前景。随着近些年物流产业的迅猛发展，包装产业也在不断壮大，使得市场对于纸用胶黏剂的需求不断增加，同时也提高了对胶黏剂的质量要求，特别是在环境保护方面，纸用胶黏剂需要更加突出自身的绿色环保特点，才能取得更好的市场发展前景。

3.2 纸用胶黏剂实例

配方1 固体胶

特性：固体胶水是一种用于粘纸的办公用品，由于它使用时既方便又卫生，受到消费者欢迎。本品是以聚乙烯醇缩醛为黏性主要成分，加入其他助剂配制而成。固体胶水装在塑料壳内，通过旋转塑料壳底座，固体胶水即可进退自如地进行涂抹，涂层均匀，粘接力强，能在－5～36℃下使用。

配方（质量份）：

原料名称	用量	原料名称	用量
聚乙烯醇	10	乙二醇	7
甲醛	4	凝胶基质	10
盐酸	适量	香精	适量
氢氧化钠(30%)	适量	水	80
增黏剂	1		

制法：在带搅拌器的反应釜中加入水及聚乙烯醇，用约0.5h将反应物温度均匀升至88～92℃，使聚乙烯醇溶解成透明溶液。加入甲醛，搅匀后加入适量盐酸，使pH值保持在2.0～2.5之间。在90℃左右进行反应，当出现醛水分离现象时停止反应。加入适量氢氧化钠溶液，调节pH值至7.0～8.0。加入乙二醇、凝胶基质及增黏剂，搅拌30～40min。冷却至50～60℃，加入香精后搅匀，装料入桶，再分装至塑料壳中，冷却至室温时胶液凝固，即制成固体胶。

配方2 日用糨糊

特性：制备工艺简便，成本低廉，主要用于纸制品粘接、办公用品和日用品的粘接等。

配方（质量份）：

原料名称	用量	原料名称	用量
小麦淀粉	100	油酸钠	1
氢氧化钠(30%)	25	盐酸	适量
甲醛(38%)	10	水	300

制法：先将淀粉加入55～60℃的水中，进行混合搅拌，然后再加入氢氧化钠，连续搅拌1h即可。此后，用适量盐酸中和胶液pH值至7.5。再加入油酸钠和甲醛溶液，搅拌使其反应10～15min即可。

配方3 EVA热熔胶

特性：此配方热熔胶剥离强度大，低温柔韧性好，用于书籍的无线装订，也可粘接木材。

配方（质量份）：

原料名称	用量	原料名称	用量
EVA(28/150)树脂	20	邻苯二甲酸二丁酯(DBP)	9
热塑性酚醛树脂	15	碳酸钙(化学纯)	5
低分子量聚乙烯	2		

制法：先将EVA树脂、热塑性酚醛树脂、邻苯二甲酸二丁酯、低分子量聚乙烯、碳酸钙加入三口烧瓶中，用电热套缓慢加热至120℃左右，并不断搅拌使之混合均匀，保温，倒入容器中冷却即可。

配方4 淀粉胶黏剂

特性：以山芋粉或玉米粉等为主体原料，经化学加工而成，它可代替水玻璃黏合纸板、纸箱等工业用包装产品，可降低使用成本。

配方（质量份）：

原料名称	用量	原料名称	用量
淀粉	170	苯甲酸钠	2
盐酸(31%)	4	硼砂	1
氢氧化钠(40%)	6	水	830

制法：将淀粉投入水中，并加盐酸，加热至（70±5）℃，在搅拌下保持30min至溶液呈淡黄色为止。

在上述溶液中用含量为10%氢氧化钠溶液进行中和至pH值为7～7.5，以终止酸的水解，达到完全糊化的程度，同时破坏淀粉分子，降低其黏度，使溶液具有流动性。在糊化好的制品中投入事先用40℃水溶解的硼砂和苯甲酸钠溶液，这样既可增强黏合力，也可起到防腐作用。

配方5　粉状干性膨化淀粉胶黏剂

特性：以膨化玉米淀粉为主要原料生产的粉状胶黏剂，初粘力好，强度大，易储存，便于运输，使用方便。膨化糊化比加热糊化或加碱糊化的初粘力更大，同时加入明矾和氯化钙初粘力较好。加入膨润土，可提高固含量，减少水分，堵塞瓦楞纸表面的孔隙，可明显加快自然干燥速度。

配方（质量份）：

原料名称	用量	原料名称	用量
膨化淀粉	800	氯化钠	40
硼砂	4	膨润土	10
明矾	40	防腐剂	1

制法：取洁净的玉米经脱皮、破渣，提取玉米胚芽后，放入膨化机中膨化。膨化后随时粉碎、过筛，收集100目细粉，即得膨化玉米淀粉。按配方比例，将各组分依次放入粉碎混合机中粉碎混合均匀，过100目筛，即得成品。

使用时取粉状膨化玉米淀粉胶黏剂1份，加入5份的水，搅拌均匀即可使用。

配方6　脲醛酯化改性木薯淀粉胶黏剂

特性：该胶黏剂主要适于瓦楞纸板箱的上机操作使用，黏度为30～40Pa·s，由于糊化和氧化深度适宜，加之经脲醛处理，干燥速度加快，且耐储存性、防潮、耐水性大幅度提高。

配方（质量份）：

原料名称	用量	原料名称	用量
木薯淀粉(≥100目)	20.0	白土	6.0
30%双氧水	1.8	磷酸三丁酯	少量
氢氧化钠	2.0	脲醛树脂	1.5～2.0
硼砂	0.1	水	100.0
亚硫酸氢钠	0.5		

制法：按原料配比配制木薯淀粉乳液，搅拌均匀加热到60℃，依次加入30%双氧水和氢氧化钠，恒温60℃，搅拌50min，制得木薯淀粉胶黏剂；然后依次加入硼砂、磷

酸三丁酯、亚硫酸氢钠，恒温 60℃，搅拌至泡沫消失；再逐次加入适量的脲醛树脂、白土（0.15mm 粒径），恒温 60℃搅拌调匀即得成品。

配方7　铝箔纸复合用环保丙烯酸胶黏剂

特性：用该铝箔胶进行 0.07mm 铝箔与衬纸黏合，制品黏合牢固，铝箔与衬纸撕不开。效果优于聚乙酸乙烯酯乳液，能满足高速铝箔机（150m/min 以上）的使用要求。

配方（质量份）：

原料名称	用量	原料名称	用量
乙酸乙烯酯(工业品)	30	聚乙二醇辛基苯基醚(化学纯)	0.8~1.2
丙烯酸丁酯(工业品)	3~9	十二烷基硫酸钠(化学纯)	0.4~0.6
丙烯酸(工业品)	0.3~0.6	邻苯二甲酸二丁酯(工业品)	3
聚乙烯醇(工业品)	4~8	磷酸三丁酯(工业品)	0.2
过硫酸铵(化学纯)	0.1~0.2	蒸馏水	80

制法：在装有调速搅拌器、温度计、回流冷凝器的四口烧瓶中加入一定量的蒸馏水、聚乙烯醇及磷酸三丁酯，室温溶胀 30min 后缓慢升温至 90~95℃，使聚乙烯醇充分溶解，降温至 60℃，加入复合乳化剂分散 10~15min，再加入单体总量 10%~15% 的混合单体搅拌乳化 10~20min 后，加入过硫酸铵总量 1/3~1/2 的过硫酸铵水溶液，于 60~70℃反应约 1h。待物料呈微蓝色，无明显回流后升温至 70~75℃，开始滴加余下的混合单体，同时定时补加过硫酸铵溶液。当混合单体滴加完毕后，开始计时，10min 加完余下的过硫酸铵水溶液。继续保温反应，待无明显回流时，将内温升至 80~85℃反应 1h，加入增塑剂邻苯二甲酸二丁酯，降温至 60℃，调节 pH 值至 4~6，降温出料。

配方8　水基纸塑复合胶黏剂

特性：主要用于聚烯烃材料的粘接。该复合胶黏剂的各项性能指标优，价格明显低于同类产品。采用预乳化工艺制得的聚合乳液，颗粒更均匀，反应更完全，剩余单体更少，气味更小，污染更少。加入增黏树脂，不仅增大了胶黏剂的剥离强度，而且使得胶黏剂不粘辊，非常便于清洗。采用高速共混工艺，设备投资少，生产过程无"三废"排放，符合环保要求。

配方（质量份）：

原料名称	用量	原料名称	用量
丙烯酸乙酯(工业品)	40	乳化剂	适量
丙烯酸丁酯(工业品)	10	引发剂	适量
丙烯酸(工业品)	20	磷酸酯(试剂)	适量
乙酸乙烯酯(工业品)	20	消泡剂	适量
松香乳液	30	水	适量

制法：在带有搅拌器的密闭反应釜中，加入水、乳化剂和丙烯酸及酯类单体，高速搅拌进行乳化，即得乳液。采取半连续乳液聚合法。即将部分经预乳化的乳液投入聚合反应釜中，升温至 60℃左右，加入部分引发剂，继续升温至 65℃，釜内乳液变蓝并出现回流，至回流停止后开始滴加余下的乳化液和余下的引发剂溶液。4h 内滴完余下的乳化液和余下的引发剂溶液。然后升温至 85℃，保温 1h，降温至 30℃，调 pH 值至 7

左右放料。这种方式得到的乳液，稳定性好，颗粒均匀，有利于覆膜。

将聚合乳液、大颗粒胶和松香乳液按 3：4：3 的比例与磷酸酯、消泡剂在带有高速搅拌的槽中混合均匀，即得产品。

配方 9　环保型啤酒瓶标签胶黏剂

特性： 以干酪素、聚乙烯醇、酸变性淀粉等为主要原料制备的改性酪蛋白啤酒瓶标签胶，具有黏度大、流动性好、耐水性强、初粘力强、干燥速度快、无毒无污染，制造和使用工艺简便的优点。并且在制备酸变性淀粉改性酪蛋白标签胶时加入了较大量的酸变性淀粉，降低了酪蛋白标签胶的生产成本。

配方（质量份）：

原料名称	用量	原料名称	用量
干酪素	15	交联剂	0.8
变性淀粉	10	磷酸钠	1.5
聚乙烯醇	10	苯甲酸(防腐剂)	0.5
聚丙烯酰胺	1	氢氧化钠	0.6
尿素	8.4	水	适量

制法： 在装有电动搅拌器和回流冷凝器的四口烧瓶中加入 10 份聚乙烯醇，1 份聚丙烯酰胺及 57.3 份水，搅拌升温至 94～95℃保温，使聚乙烯醇和聚丙烯酰胺完全溶解。然后降温至（60±2）℃，慢慢加入变性淀粉 10 份，干酪素 15 份，尿素 8.4 份，磷酸钠 1.5 份和 10 份水，保温反应 1h；然后加入 0.8 份交联剂和 10 份水，保温反应 1h；再加入防腐剂苯甲酸 0.5 份，搅拌均匀，滴加氢氧化钠溶液（0.6 份加 10 份水），调pH 值至 7～7.5，搅拌 5～10min，再用 pH 试纸测产品 pH 值，若 pH 值维持在 7～7.5，即得产品。

配方 10　裱纸胶黏剂

特性： 本品原料易得，成本低，工艺流程简单，性能稳定，胶液存放时间长，黏性好，使用方便。本品可用于扑克牌、墙纸等纸品生产行业。使用时，只需在常温下将粉末状成品按比例加冷水调和，不需使用蒸汽，在 20min 内便可以制成胶液。

配方（质量份）：

原料名称	配比 1	配比 2	配比 3	配比 4
高锰酸钾	6	5	5	5
磷酸三钠	3	3	3	3
水	1200	1200	1200	1200
玉米淀粉	800	800	800	800
草酸	6	6	6	6
石灰粉	35	35	35	35
硫酸	4	4	4	4

制法： 将水、玉米淀粉、高锰酸钾、磷酸三钠混合后搅拌升温至 30～60℃，搅拌时间为 8～12min；随后测量胶液黏度，当黏度达到规定标准时，加入草酸、石灰粉，保温反应 8～12h，再加入硫酸，最后经脱水、洗涤、干燥即得白色粉末状成品。

配方 11　脲醛树脂改性淀粉胶黏剂

特性： 本品原料易得，成本低；产品为中性，对货物无污染，稳定性好，不易吸潮，储存期限长；可以在一般室温下黏合，并且能够在使用泡花碱胶黏剂生产的设备下使用。本品为瓦楞纸板胶黏剂，适用于制造瓦楞纸包装箱。

配方（质量份）：

原料名称	用量	原料名称	用量
玉米淀粉	100	氢氧化钠	68
水	适量	硫酸	100
硫酸亚铁	2	硼砂	2
双氧水	4	脲醛树脂	16

制法：

① 将玉米淀粉放置于装有搅拌器的三口烧瓶中，加入水，并用水浴加热至 45～50℃，同时进行搅拌；当温度达到 40℃时，加入硫酸亚铁继续搅拌，10min 后徐徐滴入用水稀释后的双氧水进行氧化反应；

② 当玉米淀粉由灰白色逐渐变成黄棕色，pH 值为 3～4 时，加入水，并用氢氧化钠水溶液进行糊化，糊化速度要慢，并施以强力搅拌；

③ 待糊化到胶液呈稀糊状，并能起丝时，立即用硫酸逐渐调节 pH 值，当 pH 值达到 7～8 时黏度迅速下降，此时再加入硼砂和脲醛树脂，并用水调节至适宜的黏度即可。

配方 12 封边胶黏剂

特性：本品成本低，生产设备简易（普通不锈钢罐、铁罐均可），操作方便；质量稳定，粘接力强，干燥速度快，不发黄、不脱胶、不沉淀，产品密度小，存放时间长。本品主要用于纸盒、纸箱、纸袋的封边。

配方（质量份）：

原料名称	用量	原料名称	用量
乙酸乙烯共聚物	600	乙醇	1
松香树脂	180	平平加	9
纤维素	20	二甲苯	180

制法：将乙酸乙烯共聚物、二甲苯、松香树脂、纤维素加入搅拌罐内搅拌均匀，再加入乙醇、平平加搅拌 2.5～3h，检测合格后计量包装即得成品。

配方 13 复合胶黏剂

特性：本品工艺合理，性能优良，粘接强度高，耐高温，耐湿，使用效果好。本品适用于食品包装行业中生产高温蒸煮袋的黏合。

配方（质量份）：

原料名称	配比 1	配比 2	配比 3
二甘醇	16	14	19
癸二酸	24	26	23
1,2-丙二醇	3	2	3
间苯二甲酸	6	6	6
二苯基甲烷二异氰酸酯	5	4	6
乙酸乙酯	46	49	44

制法：

① 将二甘醇和癸二酸混合加热至（220±2）℃，在氮气和胺类催化剂的作用下持续

反应 25h，然后加入 1,2-丙二醇和间苯二甲酸，在（200±2）℃的条件下持续反应 12h；

② 将工序①减压至 0.1MPa，生成中间原料聚酯及废水、废醇，完成缩聚反应；

③ 将步骤②中生成的聚酯加入二苯基甲烷二异氰酸酯中，升温至 90～100℃生成主胶；

④ 将步骤③中制得的主胶加入乙酸乙酯中，升温至 80～90℃，即得成品。

配方 14　甘薯粉胶黏剂

特性：本品初黏度高，干燥速度快，黏合牢固，耐潮性好，保质期长（密封状态下为 3～6 个月，敞口放置，5 天仍可正常使用）；成本低，工艺流程简单，制备过程不需加热，不需干燥设备，质量容易控制，生产周期短。本品为纸品胶黏剂，广泛适用于瓦楞纸箱、纸袋、纸盒等纸制品行业，也可用于标签粘贴及日常生活纸制品黏合，还可在包装用纸的生产中作为施胶剂。

配方（质量份）：

原料名称	配比 1	配比 2	配比 3
甘薯粉	100	100	100
浓硫酸	6	10	8
过氧化氢	8	7	8
氢氧化钠	15	17	18
硼砂	2	3	2
水	760	780	800

制法：

① 将浓硫酸与水按 1∶3 配合，过氧化氢与水按 1∶3 配合，氢氧化钠加水配制成氢氧化钠溶液，硼砂与热水按 1∶6 配制成硼砂溶液。

② 将甘薯粉加入水搅拌成乳浆后，加入步骤①中配制的硫酸，搅拌反应 40～60min，再加入配制的过氧化氢，搅拌进行氧化反应 30～40min 后，加入水稀释，再加入氢氧化钠溶液，进行糊化反应 30～40min 后，静置 20～30min，再加入剩余的水稀释，最后加入硼砂溶液搅拌均匀，即为成品。

配方 15　高强度淀粉胶黏剂

特性：本品工艺简单，设备投资小，能耗低，生产步骤均在不停机的状况下一次完成，便于操作；综合性能好，黏度大，强度高，储存期限长，不氧化、不腐烂。本品主要用于各种纸制物品和包装箱的粘接。

配方（质量份）：

原料名称	用量	原料名称	用量
玉米淀粉	20	硫代硫酸钠	0.04
硫酸镍	0.04	硼砂	0.1
氢氧化钠	14	磷酸三丁酯	0.05
次氯酸钠	8	水	120

制法：将玉米淀粉和水经搅拌混合使之溶胀，在搅拌过程中加入催化剂硫酸镍，以使玉米淀粉进行水解，搅拌 10min 后，加入氢氧化钠水溶液（含量 25%），使之糊化，糊化时间为 15min，随后放入氧化剂次氯酸钠，使之氧化，氧化时间为 10min，然后加入硫代硫酸钠，反应 10min 后放入硼砂或硼砂水溶液，搅拌 10min，最后加入磷酸三丁

酯，再搅拌10min后即得成品（上述各步骤均在搅拌混合中进行，水温应在10～13℃之间，水温越高反应时间越短，反之反应时间越长）。

配方16 高强度快干胶黏剂

特性：本品性能稳定，储存期长，常温下干燥快，使用本品糊制瓦楞纸箱外观坚挺平整，不脱胶，不跑棱，耐堆放，无吸潮泛碱现象。原料广泛易得，成本低，工艺简单，生产设备无特殊要求，无须烘干设备，投资小，实用性强，节省资金与能源。本品主要用于糊制瓦楞纸箱，也可广泛应用于纸盒、纸管、纸袋、复合袋、铝箔纸、烟纸、扑克纸、墙纸、商标广告等纸制品的粘贴。

配方（质量份）：

原料名称	配比1	配比2	原料名称	配比1	配比2
淀粉	10	14	轻质碳酸钙	4	7
复合氧化剂	0.5	0.4	添加剂	适量	适量
氢氧化钠	2	1	糊化剂	适量（另行包装）	适量（另行包装）
硼砂	1	0.5	水	100	100

制法：

① 在常温下将淀粉加入水中，搅拌均匀，再加入预先配制好的复合氧化剂（过氧化氢和过硫酸钾复合），氧化60～90min，充分反应得到酸变性淀粉，调节pH值至中性，然后加入水和轻质碳酸钙，再依次加入氢氧化钠和硼砂，搅拌反应5～10min，最后加入添加剂，静置10min，即可制得液体成品。

② 当上述步骤进行到催化氧化后，将酸变性淀粉洗涤吸滤、脱水干燥，然后与除糊化剂和水以外的其他各种组分进行混料，而将糊化剂固体另行包装，即可制得粉剂固体成品，使用时即配即用。

配方17 高强度速干胶黏剂

特性：本品成本低，工艺简单，粘接强度高，固化速度快，不吸潮。本品可广泛用于瓦楞纸箱的粘接，也可用于纸袋及卷烟行业的粘接。

配方（质量份）：

原料名称	用量	原料名称	用量
小麦粉	8	氢氧化钠	1
过氧化二异丙苯	1	苯甲酸	0.2
盐酸	2	磷酸三丁酯	0.1
水	85		

制法：

① 将小麦粉加入水总量的50%中搅拌均匀；

② 将盐酸用剩余的水稀释搅拌均匀；

③ 将步骤①和步骤②中的溶液混合搅拌均匀，加入配方量50%过氧化二异丙苯，搅拌30～50min，加入配方量50%氢氧化钠溶液，再加入剩余的过氧化二异丙苯搅拌20～30min，继而加入剩余的氢氧化钠溶液搅拌，使pH值为9～10；

④ 用过氧化二异丙苯调节黏度与流动性，再加入苯甲酸（防腐剂）及磷酸三丁酯（消泡剂），搅拌均匀，即得成品。

配方18 高强度天然纸板胶黏剂

特性：本品成本很低，外观颜色浅而透明，黏度稳定性良好，粘接强度高，储存期长，在储存期不分层，不凝冻；可制成不同稠度的流动液态胶。本品主要用于黏合瓦楞纸板、纱管，也可作为内墙涂料或塑料壁纸的胶黏剂。

配方（质量份）：

原料名称	用量	原料名称	用量
山芋粉	100	过硫酸盐	0.05
硫酸	1	氢氧化钠溶液	8
氯酸盐	2	尿素	4

制法：将山芋粉加水搅拌，在硫酸介质中加入氯酸盐和过硫酸盐水溶液，升温至50～60℃，恒温反应2h，反应结束趁热过滤，滤饼加一定量水搅拌，在室温下加入氢氧化钠溶液，再加入尿素，搅拌至溶解为止，即得成品。

配方19 高强力干粉胶黏剂

特性：本品成本低，工艺简单，设备投资小，不需要干燥设备；粘接力强，干燥速度快，抗压强度高，防腐性能好，单位面积用量少；无不良反应，对环境无污染。本品广泛适用于瓦楞纸箱、纸盒、纸板、纸芯、纸袋及食品纸盒、烟盒等的粘接。

配方（质量份）：

原料名称	用量	原料名称	用量
淀粉	100	硼砂	10
碳酸氢钠	4	氯化镁	4
石膏	13	氯化钠	13
高锰酸钾	9	消泡剂	适量
亚硫酸钠	10	水	850

制法：将以上各原料进行混配，即成干粉产品。

水分两次兑入干粉中。第一次兑入2/3的水后，待3min开始搅拌15min，静置10min，再进行搅拌直到用棒挑起丝时，将余下的1/3的水加入，搅拌均匀即得液体成品。

配方20 机械贴标胶黏剂

特性：本品成本低，工艺流程简单，易于工业化实施；解决了产品黏度、流变性存在储存稳定性差，不易施胶的难题，透明度和白度得以提高；无刺激性气味，有利于人体健康和环境保护。本品适用于高速机械贴标。

配方（质量份）：

原料名称	配比1	配比2	配比3
水	300	350	350
干酪素	120	90	110
尿素	60	100	100
交联剂	4	4	4
玉米淀粉	10	15	12
液化剂	适量	适量	适量
亚硫酸铵(流变调节剂)	7	6	6
磷酸三丁酯(消泡剂)	2	2	3
双乙酸钠(防霉杀菌剂)	3	2	3

制法：将水加入反应釜中，启动搅拌，边升温边加入交联剂和磷酸三丁酯（消泡剂），使其溶解，搅拌均匀。交联剂由硫酸锌和氧化锌复配而成，比例为硫酸锌：氧化锌＝（2～5）：（0.5～2）。

当系统温度达到 40℃，加入尿素和玉米淀粉，在 50℃条件下，进行淀粉变性 30min，然后加入干酪素，在 60～80℃条件下，热糊化 60～90min，制备出非透明的分散性胶体，然后加入液化剂，并调 pH 值到 6.5～7.5，液化时间为 30min，加入防霉杀菌剂，降温至 40℃，倒入流变调节剂处理 30min，即得成品。

配方 21　高黏性速干胶黏剂

特性：本品黏性强，干燥速度快，稳定性好，适用范围广；成本低，生产工艺简单，操作方便，不需加热，生产周期短，储存期长。本品主要作为生产纸箱、纸盒、纸袋的胶黏剂。

配方（质量份）：

原料名称	用量	原料名称	用量
淀粉	75	硫代硫酸钠	1
高锰酸钾	1	骨胶	2
盐酸	5	轻质碳酸钙	3
氢氧化钠	8	冷水	700
硼砂	2		

制法：在搅拌池中加入 250 份冷水和淀粉，然后将高锰酸钾、盐酸倒入盛有淀粉液的搅拌池中，进行搅拌氧化，然后加入氢氧化钠溶液（预先配成 10% 含量）进行糊化，至一定流动性后再加冷水 450 份，最后加入硼砂、骨胶、硫代硫酸钠、轻质碳酸钙等即得成品。

配方 22　混合型淀粉胶黏剂

特性：本品成本低，在常温条件下冷法生产，工艺流程简单，耗能极小，黏着性及柔韧性好，抗水性强，碱性弱，性能稳定，在放置或使用中不凝胶，不起梗、不起泡沫；减少了添加剂的配入品种，使用安全可靠。本品主要用于瓦楞纸箱粘接。

配方（质量份）：

原料名称	配比 1	配比 2	配比 3
玉米淀粉	9	9	9
面粉	2	2	2
水	150	1300	1000
98%氢氧化钠	2	2	2
硼砂	2	2	2
甘油	—	—	0.3

制法：

① 将适量水加入打糊桶中，加入面粉，混合搅拌，再徐徐加入玉米淀粉并持续搅拌打成糊浆，备用；

② 将 98% 氢氧化钠加入 4～5 倍水中搅拌，保持 5～10min 制成氢氧化钠水溶液备用；

③ 将硼砂以 4～5 倍、80～85℃ 热水溶解成水溶液备用；

④ 将甘油用水调成稀释甘油水溶液备用；

⑤ 将剩余的水注入制备缸，在搅拌中缓慢加入糊浆，然后加入氢氧化钠水溶液、硼砂水溶液、甘油水溶液，搅拌均匀放置 8h 即得成品。

配方 23　快干高强胶黏剂

特性：本品工艺简单，不需加热，不受季节影响，生产周期短；成品质量稳定，黏合力强，干燥速度快，不跑棱、不吸潮、不泛碱；无毒，使用安全。本品可广泛用于食品纸箱、果品箱和各种高档纸箱的黏合。

配方（质量份）：

原料名称	用量	原料名称	用量
淀粉	150	硫代硫酸钠	2
氢氧化钠	18	次氯酸钠	35
硼砂	4	强固剂	5
催化剂	3	水	800

制法：

① 在反应釜内加入水，再加入淀粉搅拌均匀；

② 将强固剂用 5 倍热水溶解，加入反应釜中搅拌均匀，再将催化剂用 5 倍热水溶解，加入反应釜中，搅拌均匀，然后加入次氯酸钠搅拌 5min；

③ 将氢氧化钠用 5 倍冷水溶解，加入反应釜中，搅拌 15min，再将硼砂用 10 倍水溶解加入反应釜中，搅拌 3min，最后将硫代硫酸钠用 5 倍热水溶解，加入反应釜中，搅拌均匀即得成品。

配方 24　快干型淀粉胶黏剂

特性：本品生产成本低，设备简单，反应时间短；密度小，黏合力强，干燥快，流动性好，不渗胶、不结皮、不易发黄；质量稳定，存放时间长。本品主要用于纸品印刷行业的纸箱、纸板、彩盒的复合。

配方（质量份）：

原料名称	用量	原料名称	用量
淀粉	100	磷酸三丁酯	0.4
氢氧化钠	10	硼砂	0.4
水	700	碳酸钠	2
过氧化氢	0.4	硫酸镁	0.1

制法：将淀粉放入搅拌器搅拌均匀，然后加入氢氧化钠溶液进行碱化反应；加入过氧化氢、水，氧化反应 40min；加入磷酸三丁酯、硼砂、碳酸钠、硫酸镁，搅拌 10min，使液体反应成乳白色或浅米黄色，流平时间为 28～38s，即得成品。

配方 25　铝箔/纸复合胶黏剂

特性：本品成本低，投资少，工艺流程简单，综合性能优良，使用效果好。可用于 80～100m/min 高速复合生产线上衬纸/铝箔、白卡纸/铝箔和灰卡纸/铝箔间的复合。

配方（质量份）：

原料名称	配比 1	配比 2	配比 3
含有机硅氧烷基团的乙酸乙烯-乙烯共聚物乳液	72	73	74
聚乙烯醇	4	3	3
邻苯二甲酸二丁酯	2	2	2
表面活性剂 TX-10	0.3	0.3	0.3
水	23	22	22

制法：将水投入调和反应器，升温至（80±5）℃，在搅拌情况下加入聚乙烯醇，搅拌溶解后，降温至（60±5）℃，依次加入含有机硅氧烷基团的乙酸乙烯-乙烯共聚物乳液、邻苯二甲酸二丁酯、表面活性剂 TX-10，在 60℃ 左右搅拌 30min，黏度稳定后即得成品。

配方 26 耐水标签胶黏剂

特性： 本品原料易得，成本低，工艺流程简单；黏合性能优良，耐水性好，并且易于高温碱洗，脱标速度快。本品主要适用于机械化高速粘贴金属箔标签及纸类标签。

配方（质量份）：

原料名称	用量	原料名称	用量
水	500	淀粉	20
硫酸铜	2	尿素	200
磷酸三丁酯	5	干酪素	200
硫酸锌	6	氢氧化钙	10
苯甲酸钠	5	VAE 乳液	100
糊精	10	氨水	10

制法：

① 在带有加热装置的反应釜内加入水，在搅拌状态下再依次加入磷酸三丁酯、硫酸铜、硫酸锌、苯甲酸钠、糊精、淀粉、尿素、干酪素，然后升温至70～80℃；

② 将氢氧化钙、氨水依次加入反应釜内，在 70～80℃ 温度下，搅拌 30min 至干酪素完全溶解，然后降温至40℃；

③ 将 VAE 乳液加入反应釜内，搅拌 10～20min，即得成品。

配方 27 膨润土纸制品胶黏剂

特性： 本品原料易得，成本低，性能优良，黏合牢固，干燥速度快。本品为纸品胶黏剂，可用于包装纸箱的生产。

配方（质量份）：

原料名称	配比 1	配比 2	配比 3	配比 4
膨润土	100	500	500	15
水①	650	2100	2500	55
水②	450	1500	1050	45
水③	1000	4500	4000	140
碳酸钠	60	50	60	1
干淀粉	0.4	250	230	7
硫酸亚铁	1	2	2	0.05
双氧水	适量	适量	适量	适量
亚硫酸钠	1	3	3	0.05
硼砂	1	30	30	60

制法：

① 将细度在 200 目以上的膨润土加水①后搅拌 5～30min，然后静置15～30h；

② 将步骤①中的膨润土搅拌 10～45min，滤去渣后加入碳酸钠，搅拌 40～90min 备用；

③ 取干淀粉，加入水②，搅拌 10～60min，加入硫酸亚铁，搅拌 5～10min，然后加入双氧水，搅拌 1～2h，再加入亚硫酸钠，搅拌 5～10min 备用；

④ 将步骤③中的淀粉胶和步骤②中的膨润土浆按淀粉胶：膨润土浆＝(0.5～0.6)：1
的比例混合，再加入水③，搅拌，加热至40～70℃，加入硼砂，搅拌0.5～1.5h，即可
得成品。

配方28　起皱胶黏剂

特性：本品成本低廉，采用一步法制备，工艺简单；使用效果好，能有效改善纸产
品质量并提高生产率。本品适用于生产制造薄页纸或毛巾纸。

配方（质量份）：

原料名称	配比1	配比2	配比3
聚酰胺树脂	26	20	20
聚乙烯亚胺	3	3	7
表氯醇	2	2	3
聚乙烯醇	2	1	3
pH调节剂	适量	适量	适量
防腐剂	适量	适量	适量
稳定剂	适量	适量	适量
水	适量	适量	适量

制法：在烧瓶中依次加入聚酰胺树脂、聚乙烯亚胺、聚乙烯醇和1.5倍上述聚合物
质量的水，并将温度调至40℃，搅拌溶解、分散均匀后，加入表氯醇，反应开始放热，
同时将反应混合物维持在约60℃，直至达到"S"至"T"的Gardneγ-Holt黏度为止。

添加水以使固体含量下降，并将温度调节至70℃，保持该温度，直至达到"T"至
"U"的Gardneγ-Holt黏度为止，停止加热。

将pH调节剂和水添加至反应中，以使固体含量约为20%。在冷却至约35℃之后，
利用pH调节剂将pH值调节至6以下，并适当添加其他的一些防腐剂和稳定剂即可。

配方29　书画粘裱胶黏剂

特性：本品性能优良，黏度大、附着力强，不受气候的影响，耐冷热，可长久地保
持书画艺术品粘裱面平整、美观、有光泽。本品适用于粘裱书画艺术品，尤其适合于粘
裱真丝制品。

配方（质量份）：

原料名称	配比1	配比2	配比3
面粉	80	82	85
桃胶	5	6	7
盐	4	2	0.3
明矾	4	3	4
甘油	7	7	4

制法：按比例将以上各组分熬制成糨糊，即为成品。

配方30　水基淀粉纸塑胶黏剂

特性：本品原料易得，成本低，设备简单投资小，生产无"三废"排放，无毒无
害，节约能源，有利于环境保护；使用方便，高低温均可，使用后不伤纸质，不损塑
料，容器易清洗；稳定性好，长期保存不干不霉。本品可用于各种纸品与塑料的粘接，
特别适用于装食品、医药的塑料容器使用；尤其能使纸与难粘塑料（聚乙烯、聚丙烯、
聚酯等）牢固黏合；还可作为纸品通用胶使用。使用时用水稀释，可手工涂覆，也可机
械化操作，能够满足自动化生产线的要求。

配方（质量份）：

原料名称	配比1	配比2	原料名称	配比1	配比2
水	50	97	氢氧化钠	3	11
双氧水	1	4	乙酸	6	22
植物淀粉	12	55	环氧氯丙烷	—	15
聚丙烯酰胺	1	5	甘油	适量	适量

制法：

① 冷制法。先加入水和双氧水，待双氧水完全溶解后加入植物淀粉，搅拌均匀后加入溶解成溶液态的聚丙烯酰胺；搅拌均匀后加入含量不低于15%的氢氧化钠溶液，在碱性条件下，使植物淀粉氧化，并使聚丙烯酰胺降解，以形成丙烯酰胺和丙烯酸共聚物；充分搅拌均匀后常温放置1～12h，待完全液化后加入乙酸溶液调节pH值呈酸性，再加入环氧氯丙烷，完全拌匀即得成品。

② 热制法。先加入水和植物淀粉，再加入用适量水溶解好的聚丙烯酰胺溶液，充分搅拌均匀后，加入双氧水，继续搅拌，加入含量不低于15%的氢氧化钠溶液，搅拌均匀，在40～100℃温度条件下反应0.5～2h，待完全液化后加入乙酸，调节至溶液呈酸性，搅拌均匀后再加入环氧氯丙烷，继续在40～100℃温度下反应至无环氧氯丙烷即得成品。为使本品不干燥易存放，应在最后工序中加入适量甘油。

配方31 水基型固态胶黏剂

特性：本品生产工艺简单，反应周期短，操作方便，价格低廉；粘接快速、牢固，性质稳定，无毒、无异味，长期存放不变质。本品适用于信封、纸张、照片、金属箔、纺织品及墙纸等的粘贴。

配方（质量份）：

原料名称	配比1	配比2	原料名称	配比1	配比2
聚乙烯醇	100	100	硬脂酸钠	100	75
聚丙烯酰胺	5	5	聚乙二醇	—	10
羧甲基纤维素(CMC)	25	20	水	750	600

制法：将聚乙烯醇（PVA）、聚丙烯酰胺（PAM）放入水中，加热搅拌至完全溶解，然后加入羧甲基纤维素（CMC）、聚乙二醇、硬脂酸钠，加热搅拌至成为黏稠流体，反应温度控制在70～80℃，反应时间为0.5～1h，将反应所得混合物均质处理后即为固态成品。

配方32 水乳液纸塑胶黏剂

特性：本品性能优良，黏合强度高，使用方便，效果好；以水作为分散介质，不含有机溶剂，无毒无污染，不损害人体健康，有利于环境保护。本品适用于纸张与聚酯膜、双向拉伸聚丙烯膜、聚氯乙烯膜、UV光固膜等塑料薄膜的粘接复合。

配方（质量份）：

原料名称	配比1	配比2
聚丙烯酸酯乳液	5	3
乙酸乙烯-丙烯酸酯共聚乳液	2	5
聚乙烯醇缩甲醛胶	3	3

制法：将聚丙烯酸酯乳液、乙酸乙烯-丙烯酸酯共聚乳液、聚乙烯醇缩甲醛胶共混

搅匀，即得成品。

聚丙烯酸酯乳液通过以下方法制得：将丙烯酸酯类单体、乳化剂、交联剂及1/3的水共混配制成预乳化液；并将引发剂配制成3%~10%的水溶液。在带有搅拌器、冷凝器和温度计的反应釜中，加入剩余的水，升温至80℃，加入1/10的预乳化液和1/4的引发剂水溶液，进行种子聚合；30min后，滴加剩余的预乳化液和引发剂水溶液，控制温度在82~86℃，2~3h加完，保温1h，降温过滤即可。

乙酸乙烯-丙烯酸酯共聚乳液通过以下方法制得：将单体混合，并将引发剂配制成3%~10%水溶液。在带有搅拌器、冷凝器和温度计的反应釜中，加入水、乳化剂、聚乙烯醇，升温至90~95℃，溶解1~2h；降温至70~75℃，开始滴加混合单体和引发剂水溶液，4~5h加完，升温至80~85℃，保温1~2h，降温过滤即可。

配方 33　无毒纸塑胶黏剂

特性：本品黏合牢固，剥离强度高，不脱落，平整光亮，无气泡、打皱现象；以工业乙醇作稀释溶剂，常温下干燥性能良好，具有热塑性，无毒，对人体无害，不污染环境。本品适用于纸质印刷品与塑料薄膜层压黏合。

配方（质量份）：

原料名称	用量	原料名称	用量
丙烯酸丁酯	113	过氧化苯甲酰	1
乙酸乙烯酯	108	工业乙醇	750
丙烯酸	30	氨气	适量

制法：

① 在反应釜中加入部分工业乙醇，升温至70℃后，保持恒温；

② 将丙烯酸丁酯、乙酸乙烯酯、丙烯酸、过氧化苯甲酰在混合釜中混合互溶后，取1/3的量一次性投入反应釜中，开启搅拌，温度控制在70~75℃，反应时间为3h；

③ 在搅拌的情况下，滴加剩余2/3的混合互溶物，4h内均匀滴加完毕，温度控制在70~75℃；

④ 滴加完毕后，继续搅拌反应12h，温度控制在70~75℃，得到无色透明液体，然后冷却至45℃，在搅拌情况下，从胶液底部通入氨气，时间约为15min；

⑤ 将剩余的工业乙醇加入，继续搅拌30min，出料即可。

配方 34　印刷装订胶黏剂

特性：本品成本低，制备工艺简单，反应容易控制；在-5℃以上不凝胶、不结皮，初粘力大，流动性好，使用方便，无须电炉预热保温；无毒无腐蚀，无刺激性气味，耐储存，有利于改善工作环境，提高工作效率。本品适用于机械化书籍装订黏合。

配方（质量份）：

原料名称	配比1	配比2	配比3	配比4
聚乙烯醇	13	12	2	14
硼砂	0.4	0.3	0.2	0.1
硅藻土	—	4	—	—
水	适量	适量	适量	适量

制法：

① 将聚乙烯醇和硅藻土放入0~60℃水中，搅拌均匀后升温至70~100℃，恒温搅

拌至聚乙烯醇完全溶解；

② 在 70~100℃加入硼砂水溶液，搅拌反应 2~4h，直到凝胶分散均匀后，降至室温，即得成品。

配方 35　玉米面粉胶黏剂

特性：本品原料广泛易得，成本低，设备投资小，工艺简单；初粘性好，黏度适当，粘接强度高，干燥较快，不易凝胶；无毒，有利于环境保护。本品广泛应用于纸制品及包装如瓦楞纸箱、粘贴壁纸、邮票、啤酒瓶标签、信封封口等方面。

配方（质量份）：

原料名称	配比 1	配比 2	原料名称	配比 1	配比 2
玉米面粉	8	12	硼砂	0.3	0.1
氢氧化钠	1	2	硫代硫酸钠	0.06	0.1
次氯酸钠	适量	2	水	140	100

制法：将玉米面粉放入三口烧瓶中（恒温水浴，30℃），加入水，在搅拌情况下加入次氯酸钠，并使三口烧瓶中的 pH 值为 8~10，30min 后加入氢氧化钠总量的 1/3，搅拌 1h，使其充分氧化；氧化完成后，将剩余的氢氧化钠逐滴加入三口烧瓶中，糊化 30min 后再将硼砂和硫代硫酸钠加入三口烧瓶中迅速搅拌 10min，即得成品。

配方 36　纸品机裱胶黏剂

特性：本品成本低，设备投资小，可采用常温水调和，制胶简便，不受气候和温度的影响，质量易于控制；防腐、防固化性能好；成品为粉末状，保存期限长（可达 20~26 个月）；使用效果好，涂在纸品上平整光滑、不掉粉、拉毛强度高，挺度好，白度增加，机裱复合黏度牢固，耐水性能好，印刷性能明显提高。

配方（质量份）：

原料名称	用量	原料名称	用量
玉米淀粉	38	氯丙烷	1
氢氧化钠	0.1	甲醛	0.4
次氯酸盐	10	盐酸	适量
亚硫酸钠	0.2	水	52
氯化钠	0.1		

制法：将水放入反应釜中，依次加入氢氧化钠、玉米淀粉，充分搅拌，升温至 40℃，加入次氯酸盐，反应 10min 后测定黏度指标，直至达到标准后再加入亚硫酸钠、氯化钠、氯丙烷、甲醛，在 40℃保温 6~8h，测定透光率和流动性，达到指标后用盐酸调节 pH 值至 4~5，用离心机脱水、洗涤，甩干、烘干，即得成品。

配方 37　纸箱胶黏剂

特性：本品粘接力强，使用效果好，中性无毒，不吸潮、不泛碱，耐水性好，成本低，工艺流程简单。本品用于纸箱包装的箱板纸和瓦楞纸之间的黏合。

配方（质量份）：

原料名称	用量	原料名称	用量
聚乙烯醇	5	液体稳定剂	1
精制聚乙烯醇	0.02	水	加至 100
固体稳定剂	2		

制法：将聚乙烯醇及精制聚乙烯醇缓慢放入溶解槽内进行溶解，加料的水温为25℃左右，保持温度充分搅拌10～15min，开始升温，将槽内溶解温度升至95℃左右，最高可达150℃，处理5min（加热方法是直接向溶液中吹入蒸汽，也可以用夹套间接加热的方法，还可以采用水浴和油浴的间接加热法）。

在95℃温度下边溶解边搅拌，并加入固体稳定剂直到固体全部溶解，调节好因蒸汽冷凝水掺入后的增水量，再加水到指定浓度，冷却到60℃以下，边搅拌边滴加液体稳定剂，即得成品。

液体稳定剂由二醇类物质组成，可选用乙二醇、亚丙基二醇、亚丁基二醇、亚戊基二醇、亚己基二醇、丙三醇、二甘醇、三甘醇等中的任意三种（不得少于三种）按1：1：1均匀混合即可。

固体稳定剂由硼酸、硼砂及工业氯化钠按85：5：10混匀制得。

配方38　水玻璃商标胶黏剂

特性：本品成本低，工艺流程简单，应用广泛；干燥速度快，粘贴牢固，不易潮解，长期放置不发霉变质。本品适用于粘贴商标，特别是用于食品饮料等类商品的商标粘贴，也可用于各种纸张的粘贴，此外也可以在自动化的商标粘贴流水线上使用。

配方（质量份）：

原料名称	配比1	配比2	配比3	配比4	配比5
水玻璃40°Bé	1000	1000	1000	1000	1000
氧化硅	5	6	—	8	7
氯化钠	3	3	0.1	1	1
氟化铵	7	15	9	7	8

制法：在常规的搅拌釜内先加入水玻璃，然后依次加入氧化硅、氯化钠及氟化铵，在常压、室温（10～35℃）条件下搅拌5～50min，使得各组分充分溶解或混合均匀，最后将反应所得产物静置10～120min，即可得到成品。

配方39　水玻璃纸箱胶黏剂

特性：本品成本低，工艺流程简单；黏合牢固，防潮性能好，使用方便，用量少；无"三废"产生，有利于环境保护。本品适用于各种纸箱制品的黏合。

配方（质量份）：

原料名称	配比1	配比2	配比3	配比4
面粉	100	113	127	140
碳酸钠	1	2	2	3
硅酸钠	300	350	400	450
膨润土	40	53	67	80
乙二醇	0.1	0.2	0.4	0.5
水	900	1035	1070	1300

制法：将面粉、碳酸钠、膨润土、水混合在一起，搅拌均匀，加热升温至93℃，加入乙二醇，然后降温至50℃，加入硅酸钠，即得成品。

配方40　纸制品包装胶黏剂

特性：本品原料易得，成本低，工艺流程简单，反应时间短，设备投资小（无须配备加热设备或其他辅助设备）；黏性强，不发黄，不渗胶，用量少；稳定性好，存放时间长。本品适用于纸制品包装。

配方（质量份）：

原料名称	用量	原料名称	用量
淀粉	10	磷酸三丁酯	0.05
水	70	硼砂	0.04
氢氧化钠	1	硫代硫酸钠	0.003
双氧水	0.02	甲醛	0.01

制法：将淀粉放入反应池中，加水 30 份搅拌均匀，然后加入氢氧化钠溶液，在常温下进行碱化反应 18～22min，加入双氧水进行氧化反应 20～25min 后，再加入水 40 份；反应完成后加入磷酸三丁酯，测得反应物黏度为 28～32s，再加入硼砂，测得黏度为 60s，最后加入硫代硫酸钠和甲醛，使溶液变成半透明状，即得成品。

配方 41 PVB 树脂胶黏剂

特性：本品改善了胶黏剂的附着力，使其附着力增强。不仅可以使涂膜增亮，而且可以使涂膜在摩擦时更亮。不易变色，成本低，而且操作简便，易实施。本品是一种 PVB 胶黏剂，主要用于烟用水松纸、铝箔纸及烟盒外包装纸的生产中。

配方（质量份）：

原料名称	配比 1	配比 2	配比 3
聚乙烯醇缩丁醛（PVB）	226	180	320
乙醇	135	90	210
环丙烷	46	30	—
松香	5	4	9
醇溶酚醛树脂	4	3	8
十八醇	3	2	6
邻苯二甲酸二丁酯	2	1	5
滑石粉	22	10	45

制法：

① 按质量比在反应釜中首先加入乙醇溶液，在常温下缓慢加入聚乙烯醇缩丁醛，搅拌 60～90min 后，加入环丙烷，搅拌均匀。

② 将溶液升温至 50～70℃，待聚乙烯醇缩丁醛全部溶解后，降低釜内温度至常温。

③ 按质量比加入粉碎后的松香和滑石粉，搅拌均匀后，加入醇溶酚醛树脂、十八醇及邻苯二甲酸二丁酯进行混溶。

④ 过滤。将上述混溶后的溶液进行过滤，得成品。

配方 42 高强耐水瓦楞纸箱胶黏剂

特性：本品是一种具有优良防水性能的高强耐水瓦楞纸箱胶黏剂，能提高瓦楞纸箱防水性能，本品生产的瓦楞纸箱，能够达到生产后 90 天，抗压强度不降低，且纸箱表层耐水防潮，纸板浸泡在水中 48h 不脱胶，适宜潮湿环境堆放和冷藏及长距离海运出口运输。

本品纸箱防水涂层均匀，表面呈油亮光泽，空气湿度（当地平均气温条件）正常条件下，产品保质期 90 天以上，空气湿度（当地平均气温条件）大于 90% 的天气条件下，保质期45天以上。纸箱完全浸泡水中48h不脱胶，自然干燥后，瓦楞纸板黏合良好，其抗压、戳穿、边压等物理指标符合标准，质量不变。本品生产瓦楞纸箱，生产成本低、周期短、可大批量生产，而且可回收，绿色环保。

配方（质量份）：

原料名称	配比1	配比2	配比3
玉米淀粉	20	15	25
水	80	75	80
氢氧化钠	0.3	0.1	0.4
硼砂	0.5	0.3	0.6
中耐水性A型脲醛树脂	1	1	1
普通脲醛树脂	1	2	5

制法：将各原料按配比混合组成高强耐水瓦楞纸箱胶黏剂。

配方43 交联改性PVA环保型耐水标签胶黏剂

特性：本品所实现的一种交联改性PVA环保型耐水标签胶黏剂，经过试验满足高速生产线的要求，对铝箔有很好的粘贴性，耐水性优异，而且在洗瓶过程中易于清洗，没有有害物质的释放。本品主要应用于食品、医药、农业、化学等行业，满足瓶装、罐装等产品的标签粘贴的需要。

配方（质量份）：

原料名称	配比1	配比2	原料名称	配比1	配比2
水	1000	1000	盐酸	15	20
三聚氰胺	20	25	氮丙啶	3	2
聚乙烯醇	200	180	甲醛	35	40
尿素	50	25	卡松	2	2
乳化硅油	2	2	氢氧化钠	8	11
乙二醛	15	10			

制法：

① 将150～250份聚乙烯醇加入1000份水中，再加入1～5份乳化硅油，搅拌，加热至90℃左右保温，使聚乙烯醇溶解，制得聚乙烯醇水溶液。

② 把10～20份盐酸加入聚乙烯醇水溶液中，加入20～40份甲醛，在（90±2）℃温度下，保温反应40min。

③ 将5～15份氢氧化钠用适量水溶解，加入上述反应物中，调pH＝7～8。

④ 将三聚氰胺1～30份加入上述反应物中，在（90±2）℃温度下，保温反应40～60min，再加入尿素10～100份，开始降温。

⑤ 温度降至50℃以下时，在上述反应物中加入乙二醛1～25份，保温反应40～60min，开始降温。

⑥ 温度降至（30±5）℃时，在上述反应物中加入氮丙啶0.1～5份、卡松1～3份，继续反应60～120min即可。

配方44 快干型淀粉胶黏剂

特性：本品生产设备简单，普通的不锈钢罐、铁罐等即可生产，生产成本低、反应时间短。具有产品密度小、黏合力强、干燥快、流动性好、不渗胶、不结皮、不易发黄等优点。存放时间长，一般在3个月以上，比普通的同类型胶黏剂存放时间长2～3倍。本品主要用于纸箱、纸板、彩盒的复合。

配方（质量份）：

原料名称	用量	原料名称	用量
淀粉	100	磷酸三丁酯	0.4
水	700	硼砂	0.4
氢氧化钠	10	碳酸钠	2
过氧化氢	0.4	硫酸镁	0.1

制法：

① 将淀粉放入搅拌罐里加水搅拌均匀，然后加入氢氧化钠溶液，在常温下进行碱化反应。

② 加入过氧化氢、水进行氧化反应40min。

③ 加入磷酸三丁酯、硼砂、碳酸钠、硫酸镁，搅拌10min，使液体反应成乳白色或浅米黄色即可。

配方 45 耐低温白乳胶

特性：本品白乳胶是由乙酸乙烯酯为主要原料，加入聚乙烯醇和甲醛等辅料得到，具有在低温下不发生凝胶、施工性能好、低温强度高的特点。本品主要应用于木材、纸张等的粘接。

配方（质量份）：

原料名称	用量	原料名称	用量
乙酸乙烯酯	120	乳化剂	10
聚乙烯醇	100	碳酸氢钠	3
甲醛(37%)	40	过硫酸钾	1
盐酸(10%)	10	邻苯二甲酸二丁酯	100
氢氧化钠	11	水	1000

制法：

① 在带有搅拌装置的反应器中加入一半的水和聚乙烯醇，升温至90℃左右，搅拌使聚乙烯醇完全溶解，加入甲醛，搅拌15min，再加入盐酸，在70～80℃的温度下反应1h。然后用氢氧化钠调节反应液pH值到8～9，再加入其余的水，搅拌均匀，得到黄色半透明的液体。

② 继续加入乳化剂，搅拌使之混合均匀，加热升温至60℃，然后慢慢加入乙酸乙烯酯和过硫酸钾，保温回流。加料速度控制在6h加完。然后升温至90℃，保温反应1h。降温至50℃以下，加入预先配制好的碳酸氢钠和邻苯二甲酸二丁酯混合液。进一步混合均匀，出料，得到乳胶成品。

配方 46 环保型包装纸用胶黏剂

特性：本品粘接性好，稳定性好，可操作性强，能适应恶劣环境，主要应用于包装用纸的粘接。

配方（质量份）：

原料名称	配比1	配比2	配比3
淀粉	2	5	10
纤维素	3	4	2
尼龙	4	9	15
丙烯酸树脂	5	7	10
改性酚醛树脂	10	14	20
联苯胺	1	2	3
邻苯二甲酸二酯	2	3	5
陶土	1	3	5
羧基丁腈橡胶	2	5	10
硅烷偶联剂	1	2	3
亚磷酸酯	1	2	3
水性增黏树脂	1	2	3
水	50	75	100

制法：将丙烯酸树脂、改性酚醛树脂加入水中加热到 90～100℃，加入淀粉、纤维素搅拌 20min 后，加入邻苯二甲酸二酯、羧基丁腈橡胶、陶土以及水性增黏树脂，搅拌 40min 后，加入尼龙搅拌 10min，最后加入联苯胺、硅烷偶联剂以及亚磷酸酯加热到 100～150℃，搅拌 50min 即可。

（来源中国发明专利 CN106244064A）

配方 47　环保亲水性热熔胶

特性：本品是一种涂布纸用亲水性书刊装订胶黏剂，具有粘接强度高的特点，可以解决现有的涂布纸用胶黏剂在纸张回用中影响纸张质量甚至影响纸张成形的问题。

配方（质量份）：

原料名称	配比1	配比2	配比3
戊二酸	27	30	37
十八烷酸	1	13	2
1-羟甲基-3-羟基丙烷磺酸钠	23	27	30
戊二酸	8	7	9
乙二醇锑	0.5	1	0.5
戊二醇	30	40	43
聚乙酸乙烯	2	3	2
水性增黏树脂	1	1.2	1.2
聚乙烯蜡	1	1	1
钛白粉	1.5	1.5	1
没食子酸丙酯	0.2	0.1	0.3

制法：

① 将戊二酸和十八烷酸（酸性催化剂）混合，搅拌，通入惰性气体，升温至 155～165℃，保持机械搅拌；

② 滴加 1-羟甲基-3-羟基丙烷磺酸钠，滴加完毕后，升温至 181～189℃；

③ 再加入戊二酸，然后加入缩聚反应催化剂（乙二醇锑），搅拌 3～5min；

④ 滴加戊二醇，并在 20～25min 内滴加完毕，均匀缓慢滴加，滴加完毕后，升温

至 185～195℃，继续反应 15～20min；

⑤ 降温至 150～160℃，加入黏结剂（聚乙酸乙烯和水性增黏树脂）、聚乙烯蜡、填充剂（滑石粉、钛白粉、碳酸钙中的至少一种，优选为钛白粉）、抗氧化剂（没食子酸丙酯），混合并搅拌均匀，冷却封装即可。

其中，惰性气体起到保护作用，可以为氮气或氩气。

（来源中国发明专利 CN103923591A）

配方 48　铜版纸用丙烯酸胶黏剂

特性：本品是一种在铜版纸包装产品上使用的丙烯酸类胶黏剂，有效改善了铜版纸黏附牢度不够的问题，同时胶黏剂生产工序简单易行且成本降低，对于铜版纸张包装类产品有极高的推广价值。

配方（质量份）：

原料名称	配比 1	配比 2	原料名称	配比 1	配比 2
丙烯酸丁酯	15	20	季戊四醇三甲基丙烯酸酯	2	2
丙烯酸异丁酯	10	5	偶氮二异丁腈	2	2
丙烯酸异戊酯	5	10	乙酸乙酯	40	45
乙酸乙烯	7	5	乙酸正丁酯	20	20
橡胶	2	3			

制法：

① 取丙烯酸丁酯、丙烯酸异丁酯、丙烯酸异戊酯、乙酸乙烯、橡胶、季戊四醇三甲基丙烯酸酯、偶氮二异丁腈备用；

② 向反应釜中加入乙酸乙酯和乙酸正丁酯，加热到 50～80℃，恒温，将已称好的丙烯酸丁酯、丙烯酸异丁酯、丙烯酸异戊酯和乙酸乙烯投入反应釜中；

③ 开启搅拌并控制搅拌速率为 500～600r/min，继续搅拌 1～2h，使上述原料全部溶解；

④ 将已称好的橡胶、季戊四醇三甲基丙烯酸酯、偶氮二异丁腈投入反应釜中，提高搅拌速率到 600～1000r/min，继续搅拌 3～5h 使反应进行完全；

⑤ 停止加热并继续搅拌，使反应釜内物料自然冷却到 20～30℃，过滤产物，得到最终的胶黏剂产品。

（来源中国发明专利 CN105018008A）

配方 49　包装纸用胶黏剂

特性：本品是一种成本低，对纸质品黏合强度高，便于储存，方便携带的纸用胶黏剂。

配方（质量份）：

原料名称	配比 1	配比 2	配比 3
淀粉	2	4	3
高锰酸钾	1	4	3
硼砂	4	8	6
丙酮	2	6	4
聚乙烯醇	3	7	5
碳酸钾	3	9	6
骨胶	3	7	5

制法：将淀粉、高锰酸钾、硼砂和丙酮放入反应罐中，加热反应罐，以 20℃/min 的速度升温至 130℃，匀速沿同一方向搅拌 1h 后，将反应罐的温度降至 100℃，然后向其中加入聚乙烯醇、碳酸钾和骨胶，匀速沿同一方向搅拌 1h 后，将反应罐温度降至室温，即得成品。

（来源中国发明专利 CN106634713A）

配方 50　卷烟纸用白乳胶

特性：本品为白色均匀乳液，其黏度值大于 700mPa·s，pH 值为 6，单体残留值低于 0.5%，胶粒粒度小于 0.5μm，接嘴卷烟车速大于 8000 支/min，具有初粘性好、粘接强度高、粘接平滑、储存稳定好的特点。本品用于高速卷烟机。

配方（质量份）：

原料名称	配比 1	配比 2	配比 3	配比 4
聚乙烯醇	10	10	—	—
聚乙烯醇 1788	—	—	8	8
聚乙烯醇 1799	—	—	8	8
水	125	125	160	160
过硫酸铵	0.1	0.1	0.2	0.2
十二烷基苯磺酸钠	0.3	0.3	0.3	0.3
非离子型表面活性剂 OP-10	2	3	3	3
乙酸乙烯酯	80	80	85	70
含量为 15% 的碳酸钠溶液	适量	—	适量	适量
邻苯二甲酸二丁酯	5	—	5	5
丙烯酸丁酯	—	3	9	—
丙烯酸	—	0.3	1	—
甲基丙烯酸甲酯	—	2	4	—
丙烯酸羟丙酯	—	2	5	—

制法：

① 在聚乙烯醇溶液中加入十二烷基苯磺酸钠、非离子型表面活性剂 OP-10、水搅拌 20～30min；

② 滴加乙酸乙烯酯；

③ 滴加过硫酸铵溶液，升温至 60～80℃，搅拌，保温 30～60min，直至无明显回流时，将温度升至 90～95℃，反应 20～30min 后，冷却至 50℃ 以下，加入丙烯酸丁酯、丙烯酸、甲基丙烯酸甲酯、丙烯酸羟丙酯并搅拌均匀；

④ 加入适量的碳酸钠溶液，调节至 pH 值为 6；

⑤ 再加入邻苯二甲酸二丁酯，搅拌均匀后，于 40℃ 以下温度过滤出料。

4

木材用胶黏剂配方与生产

4.1　木材用胶黏剂简介

　　木材用胶黏剂是胶黏剂工业中重要的胶种，占胶黏剂总产量的70%。胶黏剂工业的发展也推动了刨花板和纤维板工业的发展，使木材加工剩余物能够得到充分利用，提高了木材的综合利用率。胶黏剂已成为决定刨花板和纤维板生产发展水平的一个关键环节，生产中新工艺的实施、生产效率的提高、劳动条件的改善，无一不与胶黏剂与胶接技术密切相关。

　　脲醛树脂、酚醛树脂、三聚氰胺甲醛树脂胶黏剂并称为人造板工业用三大胶种。脲醛树脂胶黏剂因其价廉、使用方便、色浅、不污染制品，用途甚广，但缺点是释放的甲醛污染环境，耐水性尤其是耐沸水性差。酚醛树脂胶黏剂原料易得、成本较低廉，耐热、耐水性较好，但存在着热压温度高、时间长和对单板含水率要求高等缺点。三聚氰胺甲醛树脂胶的耐水性、耐沸水性能、耐候性及耐磨性均好，胶接强度和硬度高，热稳定性强，低温固化性能好，固化速度比酚醛树脂快，其胶膜在高温下还具有保持颜色和光泽的能力，但性脆易裂、柔韧性差、储存稳定性差，主要用于刨花板和纤维板的浸渍纸贴面或装饰板贴面。随着社会的不断发展、人们环保意识的日益增强以及石油资源的日趋短缺，这些合成高分子木材胶黏剂的潜在缺陷急待解决。因此，以原料来源丰富、可再生、可降解和价廉易得的天然高分子作为主要原料生产木材胶黏剂将成为该研究领域的发展趋势。

4.2　木材用胶黏剂实例

配方1　木材胶黏剂

　　特性：生产周期短，效率高，粘接性能优良，粘接强度高，防水性好，主要适用于人造板黏合。

　　配方（质量份）：

原料名称	配比1	配比2	原料名称	配比1	配比2
甲醛	67	70	尿素	30	32
聚乙烯醇	0.6	0.5	稀土	0.05	0.5

制法：先将甲醛加入反应釜中，开动搅拌器，调 pH 值达 7～8，加入聚乙烯醇，将反应釜中混合料升温至 40～50℃时，加第一次尿素。反应釜中混合料继续升温至沸腾，反应 60min，再调 pH 值达 4.8～5.8 时，加入液体状稀土，当黏度达 1.6～1.7s（格氏管测）时，开始降温，当混合料温度降至 80℃时，加第二次尿素。当黏度达 2.5～2.7s 时，加第三次尿素。当黏度达 3～3.5s（格氏管测）时，立即调 pH 值达 7～8，降温至 40℃即得成品。

配方 2 粉状木材胶黏剂

特性：本品游离甲醛含量小于 0.02%，趋于无毒，耐水、耐气候性好；固化快，粘接强度高，与木材色泽接近，不污染木材，冷热压均可达到理想效果，储存期长，运输及操作方便。

配方（质量份）：

原料名称	配比1	配比2	配比3	配比4	配比5	配比6
脲醛树脂粉	100	100	100	100	100	100
氯化铵	5	2	2	10	10	2
过硫酸铵	2	2	2	2	2	2
柠檬酸	—	0.5	—	—	—	0.5
六亚甲基四胺	—	—	0.5	—	—	0.5
硫酸锌	—	—	—	0.5	—	0.5
栲胶	2	3	3	1.5	1.5	3
尿素	—	3	—	—	—	—
三聚氰胺	1	2	1	1	1	2
脱脂豆粉	6	8	5	7.5	7.5	8
淀粉	10	—	—	—	—	6
高岭土	2	—	—	—	—	4
滑石粉	—	1.5	—	—	—	1.5
膨润土	—	—	1	—	—	2
硅藻土	—	—	—	3	—	4
磷酸氢二铵	3	2.5	6	6	6	2.5
磷酸钠	2.5	2.5	—	—	—	2.5
氧化镁	0.1	—	—	—	—	0.5
硼砂	—	2	—	—	—	2
硼酸	—	—	1.5	1.5	—	2

制法：该配方首先由甲醛、尿素、氢氧化钠、甲酸、聚乙烯醇、三聚氰胺合成的脲醛树脂溶液经离心喷雾干燥制得醛含量小于 0.05% 脲醛树脂粉，再经过添加一系列配料混合均匀成为一淡黄色粉末的木材加工用胶黏剂。

制备脲醛树脂粉，其原料配比（质量份）为：尿素 100，甲醛 260，三聚氰胺 10.5，聚乙烯醇 1.5，浓度 30% 的氢氧化钠 0.06，浓度 20% 的甲酸 0.1。

① 将甲醛倒入反应釜中搅拌，加入 30% 的 NaOH 溶液，调节溶液的 pH 值为 7.5～8，升温至 40℃，加入尿素总量的 80% 和聚乙烯醇；

② 在 80～90℃下保温 0.5h 后，加入剩余的尿素和三聚氰胺；

③ 在 80～90℃下继续保温 15min 后加入 20％甲酸溶液调节 pH 值为 4～6，继续保温至溶液黏度为 15～30s（涂-4 杯）即为反应终点，立即用 30％NaOH 溶液调节 pH 值为 7.5～8，待温度降为 40℃时，过滤得脲醛树脂溶液；

④ 将上述脲醛树脂溶液经转速为 18000～20000r/min 的离心喷雾干燥机离心干燥制得醛含量小于 0.05％、粒度为 80～120 目的脲醛树脂粉；

⑤ 在脲醛树脂粉中加入复合固化剂（氯化铵、过硫酸铵、柠檬酸、六亚甲基四胺、硫酸锌）、甲醛结合剂（栲胶、尿素、三聚氰胺、脱脂豆粉、淀粉）、无机增强填料（高岭土、滑石粉、膨润土、硅藻土）、耐老化改性剂（磷酸氢二铵、磷酸钠）、活性调节剂（氧化镁、硼砂、硼酸），混合均匀后制得成品。

配方 3　木工用淀粉强力胶黏剂

特性：本品原料易得，生产工艺简单，成本低廉，综合性能优良，初粘性好，粘接强度大，流动性好，干燥快，性质稳定，使用方便，对环境无污染，无刺激性气味。本品可代替皮（骨）胶、白乳胶，可用于粘接各种木材，也可用于粘接建筑用的玻璃马赛克及粘贴啤酒瓶标签等。

配方（质量份）：

原料名称	配比 1	配比 2	原料名称	配比 1	配比 2
淀粉	25	30	硼砂	2	1
氧化剂	5	8	粘接强度改进剂	10	7
氢氧化钠	10	8	尿素	3	2
碳酸氢钠	2	1	水	43	43

制法：将碳酸氢钠和氧化剂加入水中，搅拌使完全溶解，加入淀粉，搅拌氧化 30min 左右，加入糊化剂，糊化 1h 左右，当挑动呈拉丝状时，停止糊化，加入配位剂、粘接强度改进剂、抗凝胶剂，搅拌 30min，反应 8h 后即得成品。

以上所述淀粉主要选用红薯淀粉、土豆淀粉或木薯淀粉等；粘接强度改进剂选用氯丁胶乳液和聚乙酸乙烯乳液；氧化剂选用过氧化氢，也可选用高锰酸钾或次氯酸钠等；糊化剂是指氢氧化钠，也可选用加热糊化的方法；配位剂是指硼砂；抗凝胶剂是指尿素。

配方 4　耐低温白乳胶

特性：冻结温度低、防冻性好、抗拉及抗剪切强度高；具有防水性能，不脱胶；耐热性好，可抗 100℃以上的高温；成本较低。本品适用于黏合木材、竹材、拼花地板等，也可用于粘贴墙布、皮件等，还可广泛应用于印刷业及无线装订中。

配方（质量份）：

原料名称	配比 1	配比 2	原料名称	配比 1	配比 2
邻苯二甲酸二丁酯	5	10	水	550	800
乳化剂	10.4	12	盐酸	4	4.5
聚乙烯醇	90	100	液碱	4	4.3
乙酸乙烯	200	—	正辛醇	0.5	—
聚乙酸乙烯	—	500	皂粉	1	—
甲醛	30	30	过硫酸铵	1	—
填料	120	202	小苏打	2	—

制法：

① 将聚乙烯醇加入反应釜中浸泡24h，然后在搅拌情况下加热至90~95℃使之溶解，加入盐酸调节pH值至2~3，再加入甲醛，在90~95℃温度下反应1h，然后降温至60℃加入液碱，中和至pH值为6左右；

② 加入乳化剂、皂粉及正辛醇、部分过硫酸铵水溶液搅拌，加入乙酸乙烯80份加热反应，进行回流，降温至78℃再滴加余下的乙酸乙烯并分批加入剩余过硫酸铵水溶液，加完后保温30min，降温至60℃后加入邻苯二甲酸二丁酯；

③ 降温至50℃加入填料及小苏打溶液，搅拌2h即可。

原料中的乳化剂可选用OP-10、OP-12或TX-10，也可混合添加。填料粒度为200~400目，可选用轻质碳酸钙、滑石粉、钛白粉或锌钡白。

配方5　环保型木材白乳胶

特性： 该白胶由乙酸乙烯酯、丙烯酸丁酯、乙醇、引发剂和阻燃剂组成，不含有害物质，无论是在生产过程中，还是使用时，都不会污染工作环境，不会危害人体健康。本品适用于金属材料与各种硬质、半硬质、软质类非金属材料的粘接，尤其适用于舰船上的钢板与隔热材料的粘接。

配方（质量份）：

原料名称	配比1	配比2	配比3
乙酸乙烯酯	55	59	72
丙烯酸丁酯	5	3	6
乙醇	31	29	15
偶氮二异丁腈	1	1	1
阻燃剂	8	8	7

制法：先将乙酸乙烯酯、丙烯酸丁酯、乙醇和偶氮二异丁腈投入反应釜内，在搅拌的同时升温至65~75℃；之后，停止升温，使其自然冷凝至出现回流时，继续升温至82~86℃，并在此温度下恒温反应60~90min；之后，降温至40~50℃，并加入阻燃剂，搅拌10~15min，得到白胶。

配方6　新型木材白乳胶

特性： 该胶具有无毒无害、不燃、室温固化、粘接力强、耐光、耐热、耐候、价格便宜、化学性能稳定等优点，可广泛应用于家具、胶合板、木材、纸张、铅笔等行业。

配方（质量份）：

原料名称	用量	原料名称	用量
VAE乳液	50	甲醛	18
淀粉	18	磷酸	3
烷基硫酸钡	6	防腐剂	1.2
膨润土	3.8		

制法：将上述原料按配比混合搅拌研磨即可。

配方7　淀粉型木材白乳胶

特性： 该产品原料成本低、设备投入少、干燥时间短，生产中不产生废物，不影响环境，无刺激性气味，对人体没有直接伤害并可被自然分解，同时粘接力和传统白乳胶相同。可广泛用于木材加工、涂料、建材、印刷等行业。

配方（质量份）：

原料名称	配比 1	配比 2	配比 3
玉米淀粉	22	—	—
土豆淀粉	—	18	—
蚕豆淀粉	—	—	10
聚乙烯醇	30	25	20
聚乙酸乙烯乳液	15	16	10
甲醛	2	1.8	1
盐酸	2	2	1
水	29	37.2	58

制法：将聚乙烯醇加水加热至 95～100℃溶解 3～6h，放入一定量的盐酸和甲醛，使溶解好的聚乙烯醇溶液降温至 90℃，缓慢将预先稀释成糊状的淀粉加入聚乙烯醇溶液中，并保温混合 30min，再降温到 60～70℃，放入聚乙酸乙烯乳液，搅拌 2h 得淀粉白乳胶。

所使用的淀粉可以使用玉米淀粉、豆类淀粉、薯类（如土豆、白薯等）淀粉或其他作物淀粉。

配方 8 复合强力木材白乳胶

特性：原料来源广泛、设备投资少、工艺简单、操作方便、成本低。产品无毒、无刺激性气味，可用于木板、纤维布的粘接，粘接力强，用于木板粘接时，如用强力从两边向外拉，拉开的不是粘接面，而是靠粘接处的木板。本品可广泛用于木材加工、印刷、涂料和建筑装饰等行业。

配方（质量份）：

原料名称	配比 1	配比 2	配比 3
聚乙烯醇 1788	4	5	5.5
聚乙烯醇 1799	4	3.5	4.5
钛白粉	2.5	3	4
草酸	0.5	0.7	0.9
甲醛	4	5	3
甘油	0.5	0.8	1
轻质碳酸钙	0.8	0.5	0.6
精制面粉	5	—	4
淀粉	—	3	—
乙醇	0.3	0.5	0.4
荧光增白剂	0.1	0.1	0.2
五氯酚钠	0.1	—	—
乙二醇	—	0.3	—
水	78.2	77.6	75.9

制法：将 8%～10%的聚乙烯醇 1788 及聚乙烯醇 1799 加水在 100℃下加热搅拌至完全溶解，向其中加钛白粉在 95℃下加热搅拌溶解，然后再加草酸搅拌溶解后，加甲醛搅拌溶解 20～25min，再加入甘油搅拌混合，再在 75～80℃下加轻质碳酸钙，搅拌反应 15～20min 后，在 70℃温度下加精制面粉或淀粉，搅拌混合溶解 8～10min 后，再依次加入乙醇及荧光增白剂搅拌混合得产品。

在夏天本白乳胶中需加 0.05%～0.1%的五氯酚钠，以起防腐作用。在冬天本白乳胶需加 0.02%～0.5%的乙二醇，以起防冻作用，冬天使用亦很方便。

配方 9　高强力木材白乳胶

特性：该白乳胶以聚乙烯醇为保护胶体，以乙酸乙烯为聚合单体，过硫酸盐为引发剂，通过乳液聚合而成，聚合的胶粒大小均匀，初粘力好；在加入了增塑剂后能防止其产生脆性并增加韧性；该白乳胶可广泛地应用于木材拼板、木材粘接、人造板加工、纸箱粘接、纤维皮革粘接、纸制品、纺织及各种涂料的生产。

配方（质量份）：

原料名称	配比 1	配比 2	配比 3
聚乙烯醇 1788	5	6	—
聚乙烯醇 1799	—	—	4
乙酸乙烯	24	18	36
OP-10	0.2	0.1	0.3
10%过硫酸铵溶液	1.2	1.5	0.8
碳酸氢钠	0.15	0.2	0.1
2-乙氧乙基乙酸酯	1	1.2	0.6
乙二醇	0.1	0.08	0.15
卡松	1.2	1.5	—
水	60	75	50

制法：

① 首先将部分水、乙二醇加入反应器，搅拌并加入聚乙烯醇，加热至 80～95℃，使聚乙烯醇完全溶解；

② 再加入 OP-10，降温至 60～65℃，然后滴加乙酸乙烯，并加入部分过硫酸铵溶液，控制聚合温度 70～80℃进行聚合反应，其间分批次加入剩余的过硫酸铵溶液，乙酸乙烯滴加完毕后，一次性加入剩余的过硫酸铵溶液，最后控温至 85～90℃保持 0.5～1h；

③ 冷却至 45～55℃，加入碳酸氢钠、2-乙氧乙基乙酸酯并搅拌均匀，得到高强力白乳胶成品。

所述步骤②中滴加入乙酸乙烯后，先加入总量 30%的过硫酸铵溶液，然后在反应过程中分批次加入总量 60%的过硫酸铵溶液，待乙酸乙烯滴加完毕后，再一次加入剩余 10%的过硫酸铵溶液。

配方 10　共聚白乳胶

特性：本品具有粘接性能好、胶膜透明、安全环保和节约资源等优点，广泛用于木材加工、涂料、建材、印刷等行业。

配方（质量份）：

原料名称	用量	原料名称	用量
聚乙烯醇	5	5040 分散剂	0.2
去离子水	40	有机硅消泡剂	2.8
碳酸氢钠	0.4	过硫酸铵	0.4
乙酸乙烯	40	增塑剂 DBP	3.7
丙烯酸丁酯	5.5	AMP-95 添加剂	0.2
叔碳酸乙烯酯	2.0		

制法：

① 将聚乙烯醇、去离子水投入搪玻璃反应釜中，升温至 95℃溶解完全；

② 降温至 68～72℃时，加入碳酸氢钠、分散剂、消泡剂，搅拌 30min；

③ 加入乙酸乙烯、丙烯酸丁酯、叔碳酸乙烯酯和过硫酸铵，在常压、温度为 72～80℃并且不断搅拌状态下，进行聚合反应 8～10h；

④ 加入 AMP-95（2-氨基-2-甲基-1-丙醇）添加剂，作为 pH 调节剂，使 pH 值为 6.5；

⑤ 加入增塑剂 DBP（邻苯二甲酸二丁酯），搅拌均匀，降温至 45℃以下；

⑥ 成品包装。

配方 11 耐水型植物胶黏剂

特性：本品在保证植物胶无毒、无味、健康环保的优良特性的同时又具有化学胶的粘接强度，是一种耐水性植物胶黏剂。本品可广泛应用于木工粘接，制作实木拼板、高档家具、墙面腻子，与水泥砂浆混合粘接瓷砖以及与多种装饰、装修材料的粘接，也可用于生产人造板材，具有广阔的应用前景。

配方（质量份）：

原料名称	配比 1	配比 2	配比 3	原料名称	配比 1	配比 2	配比 3
聚乙烯醇	3	5	6	乙酸乙烯-乙烯共聚乳液	35	30	25
水	65	70	75	吐温 80	0.2	0.3	0.4
预糊化木薯淀粉	12	15	14	异噻唑啉酮	0.1	0.3	0.2
尿素	1	0.2	1	硼砂	适量	适量	适量

制法：

取聚乙烯醇 3～6 份加入 60～75℃的水中，于 95℃条件下使之完全溶解，降温至 35～50℃，加入预糊化木薯淀粉 10～15 份、尿素 0.3～0.8 份，用硼砂调节该混合液的黏度至 2000～3000mPa·s，升温至 60～75℃，保温反应 10～30min，降温至 45～65℃，保持 30～120min，之后降温至 35～55℃，加入乙酸乙烯-乙烯共聚乳液 25～35 份，搅拌反应 10～30min，再加入 0.2～0.5 份的吐温 80、异噻唑啉酮 0.1～0.3 份，搅拌 10～30min 成均质胶状物即得耐水型植物胶黏剂。

配方 12 三聚氰胺浸渍树脂胶黏剂

特性：本品性能优良，适用范围广，能避免贴面时产生鼓泡的现象。本品适用于 8mm 以下薄型刨花板的低压快速贴面生产，也可用于厚型刨花板的低压快速贴面。

配方（质量份）：

原料名称	配比 1	配比 2	原料名称	配比 1	配比 2
三聚氰胺	100	160	乙醇	98	157
第一次水	45	73	第二次水	57	92
甲醛	193	318	氢氧化钠	适量	适量
六亚甲基四胺	3	6	三乙醇胺	适量	适量
聚乙烯醇	5	8			

制法：

① 将甲醛和第一次水加入反应釜中搅拌，在 20～30min 内升温至 60℃，加入六亚

甲基四胺，用氢氧化钠调节 pH 值；

② 在 60～70℃温度下，在 10～20min 内缓慢加入三聚氰胺和聚乙烯醇混合物，在 20～30min 内升温至 85～95℃，用三乙醇胺调节 pH 值，30～40min 后，水量达到要求时加入第二次水和乙醇，在一定温度下保持 30min；

③ 降温至 45℃以下，用氢氧化钠调节 pH 值至 8.5～8.8 即可。

配方 13　人造板木材胶黏剂

特性：本品原料易得，成本低，黏合强度高，耐水性能好，可作为人造板生产中的胶黏剂。

配方（质量份）：

原料名称	配比 1	配比 2	配比 3	原料名称	配比 1	配比 2	配比 3
单宁	24	25	24	乙酸锌	1	1	1
对苯甲烷二异氰酸酯	36	35	35	吐温 80	1	1	1
聚醚	36	35	35	二月桂酸二丁基锡	0.05	0.05	0.05
甲醛	3	3	3				

制法：在单宁中相继加入对苯甲烷二异氰酸酯、聚醚、甲醛、乙酸锌、吐温 80 和二月桂酸二丁基锡，一起进行搅拌混合，然后在室温下加压到 1MPa，保持 30min，即可得成品。

配方 14　核桃壳粉状胶黏剂

特性：本品原料广泛易得，成本低，工艺流程简单，粘接性能优良，有害游离物含量低，毒性小，有利于环境保护；成品为粉状，稳定性好，便于长期储存和运输，使用方便，既可直接使用也可调液使用，对不同人造板生产工艺的适应性强。本品为木材胶黏剂，适用于胶合板、刨花板、纤维板等人造板材的生产加工。

配方（质量份）：

原料名称	配比 1	配比 2	配比 3	配比 4	原料名称	配比 1	配比 2	配比 3	配比 4
核桃壳	300	300	300	300	尿素	420	420	420	80
水	1800	1500	1200	1500	甲醛	700	700	700	700
亲核试剂	25	5	25	33					

制法：将核桃壳粉碎成为 40 目以下的细粉，向该细粉中加入水调制成浆液；再向浆液中加入亲核试剂，在 1MPa 或以下的压力或者常压下加热处理 5～80h，制得核桃壳粉活化液；然后向活化液中加入尿素、甲醛进行共聚反应，制成共聚树脂，最后经喷雾干燥，即可得粉状成品。

配方 15　改性耐水耐低温白乳胶

特性：本技术生产工艺简单，成本较低，早期粘接强度高，初粘性好，收缩率低，施工简便，且不含甲醛及其他有害物质，是无毒环保型产品，易于推广使用。本品应用范围广，可应用于木材加工、织物粘接、家具组装、包装材料、建筑装潢等诸多领域中材料的粘接。

配方（质量份）：

原 料 名 称	配比 1	配比 2	配比 3	原 料 名 称	配比 1	配比 2	配比 3
含固量为 37% 的聚乙酸乙烯酯乳液（PVAC）	300	—	—	含固量为 50% 的乙烯-乙酸乙烯酯乳液（EVA）	—	—	100
含固量为 45% 的聚乙酸乙烯酯乳液（PVAC）	—	500	—	12% 聚乙烯醇水溶液（PVA）	100	—	—
含固量为 30% 的聚乙酸乙烯酯乳液（PVAC）	—	—	400	10% 聚乙烯醇水溶液（PVA）	—	160	—
				8% 聚乙烯醇水溶液（PVA）	—	—	200
含固量为 60% 的乙烯-乙酸乙烯酯乳液（EVA）	60	—	—	碳酸钙	60	160	100
含固量为 40% 的乙烯-乙酸乙烯酯乳液（EVA）	—	200	—	高岭土	60	100	160

制法：

① 将水加入现有的反应釜中加热，缓慢加入聚乙烯醇，搅拌，升温至 90～95℃，待聚乙烯醇完全溶解后，冷却至室温，制成聚乙烯醇水溶液；

② 在室温下搅拌，分别加入聚乙酸乙烯酯乳液和乙烯-乙酸乙烯酯乳液，搅拌均匀；

③ 然后缓慢加入碳酸钙和高岭土，搅拌 20～30min 即得一种改性耐水耐低温白乳胶。

配方 16　抗水强力白乳胶

特性：本品粘接强度高，干燥时间短，防水性好，耐低温性佳而且生产设备简单，工艺简易，生产周期短，生产中无"三废"排料。原材料价廉易购，成本仅是聚乙酸乙烯乳胶的 40%～50%。本品具有粘接木材、地板、瓷砖、纸制品、泡沫塑料等多种材料的功能，也用于为棉织物上浆料和某些高质量工业涂料的基料。

配方（质量份）：

原料名称	配比 1	配比 2	原料名称	配比 1	配比 2
甲壳胺	2	0.5	甲醛	3	1
冰醋酸	2	1	轻质碳酸钙	5	10
水	68	80	五氯酚钠	0.1	1
淀粉	10	5	硫酸	适量	适量
聚乙烯醇	10	30			

制法：

① 甲壳胺中加入冰醋酸与配比中 1/3 的水，在搅拌下加热 80～90℃直至全溶；

② 淀粉中加入配比中 1/3 的水，充分湿润备用；

③ 聚乙烯醇中加入配比中 1/3 的水，在搅拌下，加热 80～90℃，直至完全溶解，再将聚乙烯醇胶液用硫酸调节至 pH 值为 4～5，加入的甲醛，在搅拌下加热 70～80℃，搅拌 30min 后，冷却至 50℃，加入淀粉，再充分搅拌 20min，加入甲壳胺溶液，继续搅拌 10min。最后加入轻质碳酸钙和五氯酚钠，充分搅拌均匀，即得成品。

配方 17　防霉快干白乳胶

特性：用聚乙烯醇缩甲醛作为有机粘接料，在缩醛反应中减少了甲醛使用量，残余甲醛减少了，后经与尿素反应生成的脲醛树脂很少。本品干燥快速，粘接强度好，纳米 TiO_2 和纳米 Ag 的引入，使本品摆脱了传统的采用有机化合物作为防霉剂进行防霉的做法。本品可广泛用于装饰工程和花炮组盆粘接。

配方（质量份）：

原料名称	配比 1	配比 2	配比 3	配比 4	原料名称	配比 1	配比 2	配比 3	配比 4
聚乙烯醇	85	90	95	100	高岭土	90	100	80	70
水①	610	580	610	600	轻质碳酸钙	55	60	70	80
工业盐酸	9	10	13	12	玉米淀粉	30	40	20	25
工业甲醛	17	19	20	23	水④	40	40	20	25
氢氧化钠	3	4	5	4	增塑剂	8	9	6	5
水②	20	20	20	20	纳米防霉剂	2	2	2	1
尿素	4	5	5	6	补加水⑤	7	2	15	8
水③	20	20	20	20					

制法：在反应釜中，先按配比加入水①搅拌并投入聚乙烯醇，升温至 90～95℃，溶解 1～2h，加入工业盐酸、工业甲醛，反应温度为 90～95℃，当物料明显发白并出现相分离时，加入氢氧化钠溶液（用水②配成溶液），中和物料中的酸至 pH 值为 6.0～7.0，同时降温至 80～85℃，加尿素溶液（用水③配成溶液），在 80～85℃下恒温反应 30～45min；接着当物料温度为 80～85℃时，直接加入原料高岭土、轻质碳酸钙，让无机原料被相分离析出的水充分润湿和分散，搅拌 30～45min；然后加入玉米淀粉和水④配成的悬浮液，在 80～85℃下糊化 30～45min，降温至 40～45℃，加入增塑剂、纳米防霉剂，补加水⑤，继续搅拌 1～2h，经滤网过滤，得到本产品。

防霉剂选择纳米 TiO_2 或纳米 Ag。

配方 18　耐水抗冻白乳胶

特性：本品耐水、抗冻、粘接力强，用途广泛，成本极低。本品广泛用于木材、纸盒、瓷砖、大理石等的粘接以及涂料的生产。

配方（质量份）：

原料名称	配比 1	配比 2	配比 3	原料名称	配比 1	配比 2	配比 3
聚乙烯醇	120	160	180	颜料	15	20	30
氢氧化钠溶液	8	5	10	改性淀粉胶	44	30	80
甲基纤维素	8	10	15	甲醛	65	70	80
水	2000	1800	2200	尿素	35	25	40
轻质碳酸钙	16	10	25	乙二醇	6	5	10
盐酸	26	16	30				

制法：

① 清洗所需设备和容器；

② 将水加入反应釜中加热，缓慢加入聚乙烯醇，搅拌，升温至 90～95℃，待聚乙烯醇全部溶解，停止加热，保温在 85℃左右；

③ 在 30min 内，缓慢加入盐酸，直至 pH 值达到 2 时，再连续滴入全部甲醛；当温度降至 60℃左右时，加入改性淀粉胶和甲基纤维素，搅拌均匀，用氢氧化钠溶液调节 pH 值达到 5～6 之间时，加入尿素搅拌 0.5h；当温度降至 40℃左右时，加入防冻剂乙二醇、轻质碳酸钙及颜料，研磨并过滤，除去不溶物，即得成品。

配方 19　强力抗水白乳胶

特性：本品成本低廉、安全无毒、粘接力强。具有制造简单，常温固化，速度快，粘接强度好、粘接范围广，固化后无色透明，对被粘接物无污染和腐蚀等特点。本品可广泛应用于木材加工、涂料加工、工业品加工、建材行业、印刷、卷烟等行业。

配方（质量份）：

原料名称	用量	原料名称	用量
聚乙烯醇水溶液	60	氢氧化钠水溶液	13
冰醋酸	5	盐酸	3
淀粉	20	乙烯-聚乙酸乙烯共聚乳液	15
乙二酸	3		

制法：

① 将一定量的聚乙烯醇放入水中，经反应釜加热反应 3～4h，从而制得聚乙烯醇水溶液；

② 将聚乙烯醇水溶液与淀粉、冰醋酸、乙二醇、氢氧化钠水溶液、盐酸、乙烯-聚乙酸乙烯共聚乳液在搅拌罐中混合搅拌均匀，即制得新型强力抗水白乳胶。

配方 20　强力环保木材胶黏剂

特性：本木材用胶黏剂与木材用白乳胶相比，黏结强度、耐水性、稳定性均较好，并且环保，成本低廉，能够广泛应用于木材拼装、人造板等领域。

配方（质量份）：

原料名称	配比1	配比2	配比3	原料名称	配比1	配比2	配比3
淀粉	100	100	100	十二烷基磺酸钠	3	2	3
水	400	380	500	OP-10	2	2	3
双氧水	10	20	30	过硫酸钾	2	2	3
氢氧化钠	10	8	15	亚硫酸氢钠	1	1	2
乙酸乙烯酯	40	35	40	尿素	10	15	25
丙烯酸丁酯	52	55	50	甘油	5	8	10
丙烯酸	4	5	5	苯甲酸钠	1	1	1
丙烯酰胺	4	5	5	磷酸三丁酯	1	2	3

制法：

① 按质量份取各组分，用水将氢氧化钠配制成质量分数为 10% 的碱液；将过硫酸钾和亚硫酸氢钠配制成质量分数为 15% 的引发剂溶液；将淀粉配成质量分数为 30%～40% 的淀粉乳；十二烷基苯磺酸钠和 OP-10 配制成复合乳化剂；乙酸乙烯酯、丙烯酸丁酯、丙烯酸和丙烯酰胺按质量份混合成接枝单体。

② 用步骤①的碱液将淀粉乳的 pH 值调至 9～10，然后加入双氧水（氧化剂）在 60～70℃ 下氧化 0.5～2h，再将剩余的碱液全部加到淀粉乳中糊化 0.5～1h，调节 pH 值至 6～8 后，加入复合乳化剂，复合乳化剂的用量为总份数的 1/2，在搅拌下升温到 70～80℃，乳化 10～30min，得到乳化淀粉。

③ 将剩余的复合乳化剂和剩余的水加到接枝单体中，搅拌乳化 30～60min，得到预乳液，备用。

④ 将预乳液和 9/10 的引发剂溶液同时滴加到乳化淀粉中，在 70～80℃ 下乳液接枝聚合反应 2～3h，滴完后，升温至 80～90℃，再加入剩余的引发剂溶液，保温 0.5～1h 后降温至 40～50℃，调 pH 值至 6～7，搅拌下依次加入尿素、甘油、苯甲酸钠和磷酸

三丁酯，然后降温至室温，出料包装。

配方21 耐水型聚乙酸乙烯酯乳液胶黏剂

特性：本品综合性能优良，具有优异耐水性，作业时间长，其搁置时间可大于8h而不硬化，使用效果好；不含甲醛，无甲醛释放，对人体安全，有利于环境保护。本品适用于木料的黏合。

配方（质量份）：

原 料 名 称	配比1	配比2	配比3	配比4	配比5
聚乙烯醇水溶液	980	980	980	980	980
过硫酸铵溶液	50	50	50	50	50
乙酸乙烯酯单体	900	924	884	864	824
乙烯基三甲氧基硅烷	60	40	80	100	140

制法：在常压乳化聚合反应器中配制聚合度为1700的10%的聚乙烯醇水溶液。另外配制含量为8%～10%的过硫酸铵溶液，并配制乙酸乙烯酯单体及乙烯基三甲氧基硅烷的单体混合物。将聚乙烯醇溶液升温至80℃，然后将其加入部分过硫酸铵溶液中混合均匀，在反应器中，以3份/min滴加上述混合物，并以0.07份/min滴加过硫酸铵溶液，在80℃反应5h。反应结束后升温至90℃，接着将剩余的过硫酸铵滴入上述聚合产物中进行1.5h的熟成，熟成后温度降至室温，即得成品。

配方22 脲醛树脂胶黏剂

特性：本品用于生产中/高密度纤维板时，不但能显著降低人造板的制造成本和甲醛释放量，而且使其内结合强度有所提高，并延长脲醛树脂胶的活性期。本品用于人造板生产。

配方（质量份）：

原 料 名 称	配比1	配比2	配比3	配比4	配比5	配比6
甲醛(含量37%)	200	200	200	200	200	200
尿素	150	150	200	300	200	300
碳酸钙	—	—	100	—	—	—
小麦粉	100	120	—	—	100	—
玉米淀粉	—	—	—	200	—	—
木薯淀粉	—	—	—	—	—	200
磷酸钠	0.2	0.3	—	—	—	5
偏磷酸钠	—	—	0.5	0.5	4.5	—
硼砂	2	2	—	—	0.3	—
丙烯酰胺	—	—	0.5	0.5	—	—
苯甲酰胺	—	—	—	—	—	0.5
水	500	230	300	500	300	500
氢氧化钠溶液(30%)	适量	适量	适量	适量	适量	适量
甲酸溶液(30%)	—	—	适量	—	—	—

制法：

① 将甲醛加入反应釜，开始搅拌，调pH值为3.5～7；

② 加入水、填充剂和分散剂，搅拌至全部混溶，控制温度在15～30℃，测pH值，控制pH值在5～8；

③ 加入稳定剂，控制 pH 值在 7～9，温度在 15～30℃，测 pH 值，控制 pH 值在 5～8；

④ 加尿素，搅拌至全部溶解，控制温度在 5～25℃，控制 pH 值为 7～9；

⑤ 将成品转至陈化罐内进行陈化，控制 pH 值为 7～9。

填充剂选自小麦淀粉、玉米淀粉、木薯淀粉、碳酸钙中的一种或多种。

分散剂选自磷酸钠、偏磷酸钠中的一种或多种。

稳定剂选自硼砂、丙烯酰胺、苯甲酰胺中的一种或多种。

配方 23　耐水脲醛树脂胶黏剂

特性：本品综合性能优良，游离醛含量低于 0.3%，耐水剪切强度达到 1.8MPa 以上，性质稳定，储存期限长（可达 900 天以上）。本品主要用于耐水胶合板的生产。

配方（质量份）：

原料名称	配比 1	配比 2	配比 3	原料名称	配比 1	配比 2	配比 3
甲醛	100	90	95	三聚氰胺	2	2	3
尿素	100	100	100	聚乙烯醇	2	2	3
六亚甲基四胺	31	6	15	硫脲	2	6	1

制法：

① 将甲醛、六亚甲基四胺加入反应釜中，搅拌溶解后加入 1/2 尿素、三聚氰胺，升温至 92～94℃进行反应，再加入剩余尿素和聚乙烯醇，反应至终点；

② 将反应液降温至 40℃以下，调节 pH 值至 7.0～8.5；

③ 保持温度在 40℃以下，抽真空至溶液黏度达到 600～1000mPa·s；

④ 在步骤③制得的物料中加入硫脲，升温至 70～80℃进行反应，然后冷却即可得成品。

也可以在上述步骤②完成后先加入硫脲，升温至 70～80℃进行反应，然后将温度保持在 40℃以下，抽真空至溶液黏度达到 600～1000mPa·s，再降温冷却制得成品。

配方 24　环保型脲醛树脂胶黏剂

特性：本品性能优良，粘接强度高，效果好；游离醛含量低，对人体无刺激，使用安全。本品适用于木材加工行业，可用于人造板、刨花板的生产，也可用于木材制品加热、加压的粘接。

配方（质量份）：

原料名称	用量	原料名称	用量
甲醛	1000	尿素③	50
氢氧化钠	适量	尿素④	50
尿素①	320	三聚氰胺	适量
尿素②	150	氯化铵	适量

制法：

① 将甲醛注入反应釜内，用氢氧化钠溶液调节 pH 值至 8.4～9，升温到 40℃，加尿素①，继续升温至 94～97℃，保温反应 1h，加尿素②，在同样温度范围内保温反应 0.5h，用氯化铵溶液调节 pH 值至 5.2～5.4；

② 进行缩聚反应，反应至溶液变浑浊，达到雾点，黏度为 15～20mPa·s；

③ 用氢氧化钠溶液回调 pH 至 7～7.6，加尿素③，然后减压脱水，温度在 70℃ 以下，0.08～0.1atm（1atm＝101325Pa），黏度 50～500mPa·s；

④ 开盖降温，同时加尿素④，再用氢氧化钠溶液调 pH 值至 7.5～8.5，冷却至釜内胶液温度低于 50℃，即得成品。

配方 25　复合地板脲醛树脂胶黏剂

特性：本品成本低，工艺流程简单，综合性能优良，黏度适宜，结合力好，室温浸泡不易开胶；成品为胶状，无须干燥工序及设备，使用方便；游离醛含量低，有利于环境保护。本品主要用于复合高档地板、胶合板、中密度纤维板、刨花板等的黏合。使用前进行调胶，配方如下：脲醛树脂胶 100 份，面粉 12～14 份，801 固化剂 6 份。首先将树脂胶与面粉在装有高速搅拌器的容器中调匀，然后边搅拌边加入固化剂，充分搅拌均匀即可。

配方（质量份）：

原料名称	用　　量	原料名称	用　　量
尿素	1000	三聚氰胺	2
甲醛	1523	乙二醛	13
六亚甲基四胺	8	氢氧化钠	适量
硼酸	11	甲酸	适量

制法：

① 将甲醛和六亚甲基四胺投入反应釜，调节 pH 值至 8.0～8.5，投入第一次尿素 600 份，在 80～85℃ 下恒温反应 30min；

② 加入硼酸，一次调节 pH 值至 5.2～5.4，升温至 92℃，在 92～94℃ 下反应 30～40min；

③ 用甲酸调节 pH 至 5.1～5.2，投入第二次尿素 200 份，在 92～94℃ 下反应 30min 左右；

④ 用氢氧化钠调节 pH 至 8.0～8.3，并降温至 80℃ 加入第三次尿素 200 份和三聚氰胺，10min 后进行真空脱水，当折射率达到 1.456～1.458 时脱水完毕，降温至 40℃ 加入乙二醛，得胶状成品。

配方 26　骨胶改性胶黏剂

特性：本品成本低，合成时间短；粘接强度高，干燥速度快，具有优良的低温抗冻性能，稳定性好，无污染。本品是高性能的环保型木材用胶黏剂，可用于木材、纸张的黏合。

配方（质量份）：

原料名称	用　　量	原料名称	用　　量
骨胶	25	环氧氯丙烷	2
水	适量	膨润土	6
氢氧化钠	2		

制法：

① 在恒温水浴条件下，向三口烧瓶中加入骨胶、水，搅拌溶解，再向骨胶与水的混合物中加入氢氧化钠溶液，搅拌下降解，温度为 70～80℃，降解时间为 0.5～1h；

② 将环氧氯丙烷作为单体加入，进行交联共聚，反应温度为 60～70℃，反应时间为 1～2h，搅拌速度在 600r/min 左右，反应期间应保证体系的 pH 值在 10～11；

③将反应物迅速冷却至室温,加入膨润土,得到黄褐色黏性液体,即为成品。

配方27 环保型木质素阻燃胶黏剂

特性:本品工艺简单,性能优良,具有阻燃作用;原料中不含有毒成分,不产生甲醛等有毒物质,不损害人体健康,有利于环境保护。本品适用于纤维板、夹板的粘接热压成形。

配方(质量份):

原料名称	用量	原料名称	用量
木质素	40	双戊烯	2
聚乙烯醇	5	水	37
聚磷酸铵	8	氢氧化钠	适量
淀粉	8		

制法:将木质素加水在80℃的条件下放入反应釜稀释,再放入聚乙烯醇、聚磷酸铵、淀粉、双戊烯,混合搅拌均匀即得成品(可在配制中加入少许氢氧化钠调节pH值)。

配方28 环保型胶黏剂

特性:本品粘接强度高,固化时间短,耐候性好,游离甲醛含量极低,使用后对人体无任何伤害,并且有利于环境保护。本品可完全取代脲醛树脂胶,适用于胶合板生产。

配方(质量份):

原料名称	配比1	配比2	配比3	原料名称	配比1	配比2	配比3
水	1000	1000	1000	木薯淀粉	80	40	100
氧化淀粉	400	300	500	脲胶粉	100	100	100
氢氧化钠	适量	适量	适量	纳米级$CaCO_3$	100	100	100

制法:向水中加入氧化淀粉,搅拌后用氢氧化钠进行糊化,时间为40min,然后加入木薯淀粉,搅拌均匀,再加入脲胶粉进行接枝反应30min,最后加入纳米级$CaCO_3$,反应3h,卸料包装即可得成品。

配方29 杨梅单宁胶黏剂

特性:本品原料广泛易得,生产工艺简单,价格低廉;粘接强度高,耐老化,防水性能好。本品主要作为木材胶黏剂,尤其适用于人造板的生产,可用于制造室外级胶合板、刨花板、纤维板、层压板等高附加值产品。施胶方法与热压工艺条件与酚醛树脂相同。

配方(质量份):

原料名称	配比1	配比2	原料名称	配比1	配比2
杨梅栲胶	223	223	氢氧化钠	193	193
苯酚	135	135	水	219	219
甲醛	230	230			

制法:将苯酚及部分甲醛投入反应釜中,搅拌均匀,在搅拌情况下,加入部分氢氧化钠水溶液,升温至80~100℃,在此温度下回流反应45~90min,加入水并将反应混合物温度降低至50~70℃,加入杨梅栲胶和剩余的氢氧化钠水溶液,再升温至80~

100℃，在此温度下回流反应 2.5～3.5h，再加入剩余的甲醛，在 80～100℃下继续反应，当反应物料黏度达到 200～800Pa·s（25℃）时迅速降温至 20～40℃，即得成品。

配方 30　净味耐水白乳胶

特性： 本品粘接强度高、固化快、气味超低、制造简单、性能优良、原料来源广泛且不含任何有毒有害物质，各项指标都优于脲醛树脂胶黏剂、酚醛树脂胶黏剂、聚乙烯醇缩甲醛胶黏剂，并远远优于聚乙酸乙烯乳液和聚乙烯醇木材胶。本品不含任何醛类、酚类及有机挥发物，是一种环保无害的胶黏剂。本品可以应用于制备各种类型的人造板，如胶合板、细木工板、定向刨花板、刨花板、中密度纤维板、高密度纤维板、饰面人造板和硬质纤维板等，还可以用于各种木材、竹材的粘接，也可以用于家具的粘接。

配方（质量份）：

原料名称	配比 1	配比 2	配比 3	原料名称	配比 1	配比 2	配比 3
聚乙烯醇	10	1	5	钛白粉	0.5	0.3	0.1
硅溶胶	20	10	5	苯甲酸钠	0.5	1	0.05
乙二醇	2	3	0.1	重质碳酸钙	5	10	1
丙三醇	2	1	3	酒石酸	0.05	0.01	0.08
聚丙烯酰胺	0.1	0.05	0.01	磷酸三丁酯	0.02	0.02	0.02

制法：

① 取上述聚乙烯醇、乙二醇、丙三醇、聚丙烯酰胺、钛白粉、苯甲酸钠、重质碳酸钙，配制成 1%～30% 聚乙烯醇水溶液、20%～40% 乙二醇水溶液、20%～40% 丙三醇水溶液、3%～10% 聚丙烯酰胺水溶液、40%～60% 钛白粉水溶液、20%～40% 苯甲酸钠水溶液、40%～60% 重质碳酸钙水溶液。

② 在温度为 63～70℃、搅拌条件下，将硅溶胶加入 1%～30% 聚乙烯醇水溶液中，温度降至 50～60℃，保持 15～30min。

③ 在温度为 45～50℃条件下，将 20%～40% 乙二醇水溶液和 20%～40% 丙三醇水溶液加入上述步骤②制得的混合物中，保持 50～70min。

④ 温度降至室温，在搅拌条件下，将 3%～10% 聚丙烯酰胺水溶液、20%～40% 苯甲酸钠水溶液、40%～60% 重质碳酸钙水溶液、40%～60% 钛白粉水溶液和磷酸三丁酯加入步骤③制得的混合物中。

⑤ 用碱性物质调节 pH 值为 8.0～9.0，过滤，得净味耐水白乳胶。

配方 31　抗水型大豆基木材胶黏剂

特性： 本工艺对豆粉进行碱处理，并与甲醛和苯酚进行聚合反应，是一种成本低、抗水性好的新型木材胶黏剂的制取方法。本品可以与脲醛、酚醛等树脂混合使用，黏结性能与酚醛相近。本品主要应用于木材粘接。

配方（质量份）：

原料名称	配比 1	配比 2	原料名称	配比 1	配比 2
氢氧化钠①	12	8	苯酚	44	50
水	300	200	氢氧化钠②	4	2
乙二醇	2	3	甲醛(37%)②	80	70
脱脂豆粕粉	120	200	氢氧化钠③	2	1
甲醛(37%)①	49	40	氢氧化钠④	2	3

制法：

① 将氢氧化钠①与水、乙二醇混合，加热至70℃，缓慢加入脱脂豆粕粉，加热至88～92℃，反应1h。

② 缓慢加入甲醛①（37%），88～92℃下反应50～60min。

③ 加入苯酚，再加入氢氧化钠②，75℃下反应15min。

④ 加入甲醛②，再加入氢氧化钠③，75℃下反应15min。

⑤ 加入氢氧化钠④，79℃下反应90min，再冷却至30℃以下即得成品。

配方32　米糠胶黏剂

特性：本品具有使用过程中无甲醛释放、有利于环境保护、对人体无害，使用安全、生产工艺简单、干状胶合强度高的优点。利用米糠作为制胶原料，开辟米糠利用的新途径，提高附加值。本品主要用于胶合板生产或其他木制品粘接，干状胶合强度高。

配方（质量份）：

原料名称	用　　量	原料名称	用　　量
蒸馏水	500	聚乙烯醇	6
脱脂米糠	100	调节胶黏剂	20
高锰酸钾	2		

制法：

① 向反应釜中加入蒸馏水，升温至30～40℃，加入脱脂米糠，搅拌均匀，调节pH值至4～8。

② 加入高锰酸钾，反应30～40min，再升温至60～70℃，糊化1～3h。

③ 加入聚乙烯醇，在30～40℃条件下搅拌反应30～40min，调节胶黏剂的质量固含量为15～24份，出料，即得到米糠胶黏剂。

配方33　防潮型木材胶黏剂

特性：本品具有胶合强度高、耐水性好、可大幅度降低游离甲醛释放、生产成本较MUF树脂低等优点。本品主要适合室外级人造板及防潮型人造板的生产。

配方（质量份）：

原料名称	配比1	配比2	原料名称	配比1	配比2
尿素	130	165	37%甲醛溶液	300	470
三聚氰胺	180	230	氢氧化钠	适量	适量
苯酚	18	23			

制法：取37%甲醛溶液（总量的1/2），用氢氧化钠调pH值到8.5～9.5，加入尿素（总量的1/4），升温到80～90℃，保持15～30min，调pH值到4.0～5.0，直到出现冰雾。用氢氧化钠调pH值到5.8～6.8，加入尿素（总量的1/4），加热到90℃，保持10～20min。加入尿素（总量的1/4），保持5～15min。用氢氧化钠调pH值到8.5～9.5，加入三聚氰胺和37%甲醛溶液（剩余量）。温度到90℃后，用氢氧化钠调pH值到8.0～8.8，保持10～30min，加入苯酚和37%甲醛溶液，反应到溶液变澄清，用氢氧化钠调pH值到8.0～8.8。

降温到80℃，加入尿素（剩余量），降温到35℃时用氢氧化钠调整pH值到8.0～8.8，得到木材胶黏剂。

配方 34　木材用淀粉胶黏剂

特性： 木材用淀粉胶黏剂具有成本低廉、环保等特点，还具有以下优点：由于采用多种单体对淀粉进行接枝共聚改性，能有效提高淀粉胶的粘接强度，改善淀粉胶的外观；由于采用多种交联剂对淀粉进行交联改性，使得胶黏剂能够形成很好的网络结构，能有效降低水分子对胶黏剂的破坏，提高胶黏剂的耐水性。本品具有较好的外观形态，颜色乳白，有光泽。本品主要应用于木材的装饰，人造板、胶合板的粘接。

配方（质量份）：

原料名称	配比 1	配比 2	配比 3	原料名称	配比 1	配比 2	配比 3
玉米淀粉	100	—	—	N,N'-亚甲基双丙烯酰胺	0.3	0.1	0.5
木薯淀粉	—	100	—	尿素	13	10	18
蜡质玉米淀粉	—	—	100	聚乙烯醇	12	10	20
过硫酸铵	3	2	4	甘油	6	5	—
乙酸乙烯	45	48	60	邻苯二甲酸二丁酯	—	—	10
丙烯酸丁酯	25	30	22	磷酸三丁酯	5	2	3
N-羟甲基丙酰胺	0.3	0.2	0.3	盐酸	适量	适量	适量

制法：

① 接枝共聚改性。以淀粉为原料，配制成质量分数为 30%～40% 的淀粉乳。以盐酸为催化剂、过硫酸铵为引发剂，缓慢滴加乙酸乙烯和丙烯酸丁酯两种接枝单体，其中乙酸乙烯占接枝单体总质量的 60%～80%。在 pH 值 2～5 范围内，接枝反应在 65～75℃ 温度下反应 3～5h。

② 交联改性。在接枝反应开始 1～2h 后加入占淀粉质量 0.2%～0.4% 的 2%～4% N-羟甲基丙酰胺溶液，接枝反应 2～3h 后加入占淀粉质量 0.3%～0.5% 的 2%～4% N, N'-亚甲基双丙烯酰胺溶液，每种交联剂溶液滴加时间为 20～40min。

③ 添加多种助剂混合成胶黏剂。交联改性后的反应液中和至中性，加入聚乙烯醇，糊化保温 20～40min。降温至 50℃，加入尿素、甘油或邻苯二甲酸酯类、磷酸三丁酯助剂，混合均匀。降温，出料，包装，得木材用淀粉胶黏剂。

配方 35　环保无毒胶黏剂

特性： 本品制备方法简单快捷、制造成本低、胶黏性能强、使用方便，不会释放游离甲醛，不会产生毒性而危害人类健康和环境。本品解决了"醛类"胶黏剂人造板带来的室内空气中的甲醛污染等问题。本品主要用作家具木制品的专用胶黏剂。

配方（质量份）：

原料名称	配比 1	配比 2	配比 3	配比 4	原料名称	配比 1	配比 2	配比 3	配比 4
落叶松栲胶单宁	13	13	13	17	1mol/L 氢氧化钠溶液	适量	适量	适量	适量
35% 聚乙烯亚胺溶液	76	76	76	95	水	适量	适量	适量	适量

制法： 将落叶松栲胶单宁溶于水中，用 1mol/L 氢氧化钠溶液调节 pH 值到 7.0。将溶于水的落叶松栲胶单宁缓慢加入聚乙烯亚胺溶液中，在 15～60℃ 下用电动搅拌器搅拌 10～60min，制得胶黏剂。

配方 36　板材胶黏剂

特性： 本品不含苯、二甲苯、甲醛等对人类和环境有害的物质，用其生产出的板材也不含甲醛、苯等有害物质，符合国家对材料质量的要求。本品用途广，克服了传统脲醛胶黏剂和无机胶黏剂的缺陷，不仅可以生产竹木板材，还可以生产植物纤维及无机矿粉类的防火板材。原材料来源广，成本低，加工容易。

配方（质量份）：

原料名称	配比1	配比2	原料名称	配比1	配比2
明矾	1	5	丙烯酸树脂	1	10
氯化镁	30	50	绿硅胶	15	5
草酸	5	2	水	43	27
磷酸钠	5	1			

制法：先将各原料按规定的配比备齐，然后在容器内混合搅拌，同时对容器加热，使容器内的温度保持在60～80℃，搅拌10～20min，使其混合均匀，最后装桶、待用。

配方37　低碱量豆粉胶黏剂

特性：本产品可用于胶合板生产，无甲醛释放，碱性低腐蚀性小，具有一定耐水性，属环保型胶黏剂，而且胶合强度高，耐水性好，使用安全，生产工艺简单。

配方（质量份）：

原料名称	配比1	配比2	配比3	配比4	配比5
豆粉	100	100	100	100	100
氧化钙	2	5	5	4	3
氢氧化钠	2	2	2	6	5
硅酸钠	20	15	20	40	—
水	适量	适量	适量	适量	适量

制法：将豆粉用水进行充分润湿，然后再加入水搅拌，制成均匀浆料；其余原料按照上述比例混合，并搅拌均匀；根据所黏结材料的含水率和黏结工艺，加适量的水调整浓度即可。

配方38　环保骨胶胶黏剂

特性：本产品除保持原有的无毒、无害、无污染等优良特性外，还具有常温下呈液态、稳定性好、抗拉强度高、干燥速度快、低温性能好等特点。本品为环保骨胶胶黏剂。

配方（质量份）：

原料名称	配比1	配比2	配比3	配比4	配比5	配比6
固体骨胶颗粒	100	100	100	100	100	100
水	150	120	100	140	110	130
柠檬酸	15	9	9	7	12	7
环氧氯丙烷	9	9	8	10	10	10

制法：首先将固体骨胶颗粒与水混合，使骨胶颗粒完全溶胀形成胶液；在60～70℃条件下进行水浴恒温，然后加入柠檬酸，搅拌0.5～1h，形成降解溶胀后的胶液；降温至40～45℃，再加入环氧氯丙烷，以600r/min的速度搅拌，使环氧氯丙烷和降解后的胶液发生交联共聚反应，反应时间为1～1.5h，反应后调节pH值至7～7.5后冷却至室温，即得黄褐色黏性液体胶黏剂。

配方39　新型改性脲醛胶黏剂

特性：本品具有成本低、黏度高、储存期稳定、产品性能好、制备工艺简单、成本低廉等特点。本产品主要在木地板的安装时使用。

配方（质量份）：

原料名称	配比1	配比2	配比3	原料名称	配比1	配比2	配比3
甲醛40%	20	30	25	氢氧化钠	0.1	0.2	0.1
正丁醇	10	20	16	水	20	40	30
六亚甲基四胺	3	6	5				

制法：按配方，将各种组分混合，搅拌均匀后即得成品。

配方40 硫脲脲醛胶黏剂

特性：由于在胶中加入了硫脲，使游离甲醛含量低于0.5%。本品的胶固化含量比常规工艺制得的高出3%～4%。节约了原材料，在制作工艺中配有聚乙烯醇，使胶固化后韧性好。本产品主要应用在木材加工行业。

配方（质量份）：

原料名称	配比1	配比2	原料名称	配比1	配比2
37%甲醛	632	580	尿素②	180	110
聚乙烯醇	8	12	硫脲	100	80
尿素①	180	220			

制法：

① 将含量为37%的甲醛加入反应釜，升温到30～50℃，调pH值至6.5～8.5，加入聚乙烯醇和尿素①，混合为反应液。

② 将反应液加热到70℃时停止加热，靠自身放热升温到90℃，测pH值不低于5.5～7.5，保温反应30min。

③ 将反应液pH值调为4.0～5.0，用涂-4杯测得黏度达到25～30s（25℃），pH值再调为6.0～7.5。

④ 加入尿素②，即剩余的尿素总质量的30%～50%，搅拌30min。

⑤ 加入硫脲，搅拌均匀，调最终pH值7.5～8.0。

⑥ 用冷水降温至30℃以下放胶，形成最终产品。

配方41 木质素磺酸盐改性脲醛树脂胶黏剂

特性：本产品一方面可以降低板材的甲醛释放量；另一方面可以将原本为污染源的造纸废液充分利用起来，又可以改善板材的耐水强度等。本产品用于人造板工业粘接。

配方（质量份）：

原料名称	配比1	配比2	配比3	配比4	配比5
36.5%的甲醛溶液	200	200	100	200	200
淀粉	10	20	6	10	10
尿素①	66	80	73	66	66
木质素磺酸盐	12	30	6	12	12
尿素②	28	24	15	28	28
尿素③	27	58	33	27	27

制法：

① 将甲醛、占甲醛质量2%～21%的淀粉及尿素①置于pH值为6.5～9.5的反应体系中，升温至70～90℃，反应15～80min，上述甲醛与尿素的摩尔比为（2.3∶1）～

(1.8∶1)。

② 将 pH 值调节为 2.5～5.5，加入占甲醛质量 7%～70% 的木质素磺酸盐，反应 60～180min。

③ 将 pH 值调节为 4.5～6.5，加入尿素② 且甲醛与累计加入尿素的摩尔比为 (1.7∶1)～(1.3∶1)，反应 10～70min。

④ 将 pH 值调节为 6.5～8.5，加入尿素③ 且甲醛与累计加入尿素的摩尔比为 (0.8∶1)～(1.2∶1)，反应 30～90min，降温至 50℃ 以下出料。

配方 42　纤维板用高性能脲醛胶黏剂

特性：本品工艺简单，易于操作；酸性阶段，脲醛树脂反应充分，转化率高；本脲醛树脂胶水，对木质纤维有优良的黏结力，理化性能好。本产品为纤维板用高性能脲醛胶黏剂。

配方（质量份）：

原料名称	配比 1	配比 2	原料名称	配比 1	配比 2
甲醛	170	170	氢氧化钠	适量	适量
尿素	109	112	甲酸	适量	适量
三乙醇胺	—	0.2			

制法：本品制造方法，包括甲醛一次投入，在一定温度下，尿素分三次加入，将所述原料混合，使其依次在中性或弱酸性介质、弱碱性介质中反应。

① 在反应釜中，加入甲醛，检测 pH 值，氢氧化钠溶液调 pH8.0～9.0，加入第一次尿素，升温到 80～90℃，保温 10～30min；

② 检测 pH 值，用甲酸溶液调 pH4.0～5.0，继续反应，直到黏度达到 (85℃，涂-4 杯) 13～20s；

③ 加入氢氧化钠或三乙醇胺溶液，检测 pH 值，调 pH6～7，加入第二次尿素，在 80～90℃，继续反应，直到黏度达到 (85℃，涂-4 杯) 15～20s；

④ 加入适量氢氧化钠溶液，调 pH7.5～8.5，降温到 70℃，加入第三次尿素；

⑤ 降温到 40℃，出料备用。

其中，第一次至第三次尿素的加入量分别是尿素总量的 45%～55%、10%～30%、20%～40%。使用前，氢氧化钠配成 40% 溶液，甲酸配成 15% 溶液。

配方 43　硼酸改性豆粉胶黏剂

特性：本品中的胶黏剂呈弱酸性，既减小了对被粘接材料和生产工人的刺激腐蚀性，同时又降低了生产成本，且胶合强度有所提高。本品制造出的豆粉胶黏剂无甲醛释放，碱性低、腐蚀性小，属环保型胶黏剂，而且胶合强度高，耐水性好，使用安全，生产工艺简单。本品主要用于人造板的粘接。

配方（质量份）：

原料名称	配比 1	配比 2	配比 3	配比 4
豆粉	100	100	100	100
水	600	600	600	600
硼酸	10	12	14	10

制法：

① 用温度为 30～35℃ 的水溶解豆粉搅拌至均匀，然后在 300～600r/min 搅拌速度

条件下，在 30～35℃水浴锅中保温 3～8min。

② 最后加人质量分数为 8%～12%的硼酸溶液搅拌至均匀后，再在 30～35℃条件下反应 10～20min 出料。

配方 44　强化木地板基材改性脲醛胶黏剂

特性：本改性脲醛胶的制造简单，易于生产操作，对设备、生产工艺条件要求不高，大部分人造板企业的制胶车间无须增加设备便可生产。对纤维板制造具有良好的胶合强度，游离甲醛含量为 0.03%～0.12%，原料来料广，成本相对较低。

本品主要应用于强化木地板基材的生产。

配方（质量份）：

原料名称	用　量	原料名称	用　量
甲醛	300	三乙醇胺	0.13
尿素	210	硼砂	1
三聚氰胺	29	氢氧化钠溶液	适量
聚乙烯醇	1	甲酸溶液	适量

制法：

① 在反应釜中加入甲醛，加氢氧化钠溶液调 pH8.0～9.0，加三聚氰胺，开动搅拌，升温到 45～65℃，保温 20～30min。

② 检测 pH 值，加氢氧化钠溶液调 pH8.0～9.0，加入配比量 40%～50%尿素和聚乙烯醇，继续升温到 80～90℃，保温 10～30min。

③ 检验 pH 值，三次加甲酸溶液调 pH 值到 4.2～5.0，达到涂-4 杯黏度为 12～16s。

④ 加入三乙醇胺，加氢氧化钠溶液调 pH8.0～9.0，加入剩余尿素，保温 20～40min。

⑤ 加入硼砂后冷却。冷却至 39℃，加氢氧化钠溶液调 pH7.0～8.0，放料。

配方 45　三聚氰胺-尿素-甲醛共缩聚树脂胶黏剂

特性：本品储存稳定性能优异，主要用于人造板特别是具有较高防潮性能要求的人造板及胶合木等的生产，也可用于浸渍板的生产。

配方（质量份）：

原料名称	配比 1	配比 2	配比 3	原料名称	配比 1	配比 2	配比 3
甲醛	3.3	3.3	3.5	第二次三聚氰胺	0.35	0.4	0.5
第一次尿素	1	1	1	第二次尿素	0.2	0.2	0.2
第一次三聚氰胺	0.05	0.06	0.04	pH 调节剂	适量	适量	适量

制法：

① 反应开始阶段一次加入计量的甲醛，调整 pH 值在 9.0～9.5 之间，搅拌下加入第一次尿素和第一次三聚氰胺，控制甲醛与尿素的摩尔比 F/U 在 2.9 以上，甲醛与尿素、三聚氰胺的摩尔比 F/(U+M) 在 2.7～3.3 之间，反应 10～30min 后逐渐升温到 90～99℃。

② 在 90～99℃条件下保温反应 20～60min 后，调整 pH 值在 4.5～7.5 之间，保温反应 30～120min。

③ 调整 pH 值在 8.5～9.5 之间，控制温度在 85～95℃条件下，加入第二次三聚氰

胺，控制甲醛与尿素、三聚氰胺的摩尔比 F/(U＋M) 在 2.1～2.7 之间，保温反应 2～5h。

④ 维持 pH 值在 8.5～9.5 之间，降低体系温度至 55～75℃，加入第二次尿素；控制三聚氰胺的摩尔比 F/(U＋M) 在 1.5～2.1 之间。

⑤ 继续反应 20～50min 后自然冷却，得到三聚氰胺-尿素-甲醛共缩聚树脂木材胶黏剂。

配方 46　三聚氰胺脲醛树脂胶黏剂

特性： 本品成本低，工艺流程简单，生产周期短；耐水性能好，强度高，不易老化；甲醛释放量低，环境污染小，安全可靠；树脂不脱水加填料，使生产成本大幅度降低，特别是填料中的玉米淀粉提高了胶液中的固体含量，减少胶液对棉秆刨花板的浸润程度，加工出的产品质量好。本品为棉秆刨花板等草本植物生产制作刨花板时的生产用胶。

配方（质量份）：

原料名称	配比 1	配比 2	配比 3	配比 4	配比 5
尿素	440	98	450	439	448
甲醛	296	37	800	296	800
三聚氰胺	16	100	15	10	10
氢氧化钠	适量	适量	适量	适量	适量
甲酸	适量	适量	适量	适量	适量

制法：

① 将甲醛一次性投入反应釜中搅拌，加入氢氧化钠（含量 40%）调节甲醛溶液的 pH 值至 8.0～8.2；

② 向反应釜中投入第一次尿素按 [尿素与甲醛的配比关系计尿素用量，并分四次投入，四次投入量按尿素与甲醛的配比关系如下：第一次 U∶F=1∶(1.9～2)，第二次 U∶F=1∶(1.65～1.8)，第三次 U∶F=1∶(1.45～1.57)，第四次 U∶F=1∶(1.3～1.47)] 和三聚氰胺，升温至 50℃，靠自然放热升温至 88～92℃，开始计时，保温 30min；

③ 向反应釜中加入第二次尿素，用甲酸（含量 40%）调节 pH 值为 5.5±0.1，继续保温 15～25min；

④ 保温完毕后，用甲酸（含量 40%）调节 pH 值为 4.8～5.0，测黏度，当黏度达到 14～16s（涂-4 杯）再加入第三次尿素；

⑤ 继续测黏度，当黏度为 19～21s（涂-4 杯）停止反应，用氢氧化钠（含量 40%）调节 pH 值为 7.0～7.2，冷却至 60℃加入第四次尿素，搅拌 30min 后继续冷却至 35℃，调节 pH 值为 7.0～7.2 即得成品。

配方 47　改性三聚氰胺树脂胶黏剂

特性： 本品原料易得，工艺流程简单，经本品处理的木材制品其力学性能优良，浸渍成本低；甲醛释放量低，有利于环境保护，更加适于日常居室材料的使用。

本品适用于木材加工领域中木质材料及木制品的改性处理，特别适用于强度和密度较低的杨木、杉木、泡桐等速生实木的改性处理。

配方（质量份）：

原料名称		配比1	配比2	配比3	配比4
缩合反应产物	甲醛	2	2	2	2
	水	1	1	1	1
	氢氧化钠水溶液	适量	适量	适量	适量
	增溶剂	—	0.1	0.5	0.5
	三聚氰胺	2	1	1	1
	麦芽糊精	0.2	0.2	—	0.2
麦芽糊精水溶液		4	4	4	4

制法：

① 在反应釜中加入甲醛、水，在搅拌情况下用氢氧化钠水溶液调节 pH 值，然后加入增溶剂，再加入三聚氰胺和麦芽糊精，搅拌，在 40～60min 内升温至 90℃，保持 pH 值在 8～11（最佳 9.2～10.5），反应到水稀释度达到要求为止。

水稀释度选用：取一定体积的树脂，在室温下边搅拌边加入水，直至树脂水溶液开始发白，计算所加入水的体积与树脂体积的比，乘以 100%，即为该树脂的水稀释度。

② 调节步骤①中缩合产物的 pH 值，冷却到 80℃，加入麦芽糊精水溶液，搅拌、冷却至室温，保持 pH 值在 8～11 即可得成品。

原料中麦芽糊精的值（葡萄糖值）在 5～40，最佳值为 10～25。

增溶剂可以选择性地添加，优选非质子溶剂如二甲基甲酰胺（DMF）、二甲亚砜（DMSO）等，二醇、二醇单醚或表面活性剂。其中的二醇或二醇单醚是常规使用的低级碳的二醇或二醇醚，可选用乙二醇、丙二醇、乙二醇甲醚、乙二醇乙醚（丙醚、丁醚等）、丙二醇甲醚、丙二醇乙醚（丙醚、丁醚等）。

配方 48 生物质木材胶黏剂

特性：本品胶黏剂的配方经济，综合性能较高，制备方法工艺简单，使用设备少。本品主要应用于生物质木材胶黏剂。

配方（质量份）：

原料名称	配比1	配比2	配比3	配比4	配比5	配比6
水	450	500	550	450	500	500
聚乙烯醇	16	23	30	16	23	23
过硫酸钾	5	6	7	5	6	6
氧化淀粉	200	250	300	200	250	250
水性氨基树脂	100	150	200	—	—	—

制法：在水中加入聚乙烯醇，搅拌均匀，待聚乙烯醇全部溶解后，再加入过硫酸钾溶液，然后将氧化淀粉和水性氨基树脂边搅拌边加入所述溶液中，搅拌均匀，水的温度为 75～80℃，氧化淀粉含有羧基或醛基，即可制得所述的生物质木材胶黏剂。

配方 49 水性高分子复合胶黏剂

特性：本品中所使用的水性高分子是以水为分散介质的环保型高分子，制备出的水性高分子复合胶黏剂具有无毒害、不会释放甲醛的特点。本品水的制备方法操作容易，对冷冻、pH 值及电解质的影响不明显。本品主要用于木材尤其是人造板的粘接。

配方（质量份）：

原料名称	配比 1	配比 2	原料名称	配比 1	配比 2
多元醇	20	20	甲基纤维素	26	29
多异氰酸酯	504	756	水	1605	1784
烷基酚聚氧化乙烯醚	23	25	水性高分子	3746	4163

制法：

① 将多元醇在温度为 (120±5)℃、真空度为 0.1MPa 的条件下进行减压脱水 80～150min，然后在氮气氛中，加入多异氰酸酯，在常温常压下反应 10～15min，而后升温至 30～100℃，预聚 2～4h，得到预聚体。

② 将烷基酚聚氧化乙烯醚与甲基纤维素加入水中，在搅拌速度为 600～1500r/min 的条件下搅拌 10～60min，得到混合溶液。

③ 将预聚体加入混合溶液中，然后在搅拌速度为 600～3000r/min 的条件下搅拌 10～60min，得到异氰酸酯乳液。

④ 将多异氰酸酯乳液与水性高分子混合，然后在搅拌速度为 300～600r/min 条件下，搅拌 10～60min，即得水性高分子复合胶黏剂。

配方 50　水性聚氨酯木材胶黏剂

特性：本品含有异氰酸酯基（—NCO）和氨基甲酸酯基（—NHCOO—），与含有活性氢的材料有着优良的粘接力，还可与被粘材料产生氢键作用，使黏合更加牢固，聚氨酯胶黏剂的配方可调，胶层从柔性到刚性可任意调整，适合多种材料复合包装及层压复合的要求。本品初粘性强，可常温粘接，最终粘接强度高，本品主要应用于木工、压轴胶、制鞋等方面。

配方（质量份）：

原料名称	配比 1	配比 2	原料名称	配比 1	配比 2
聚酯二元醇	140	150	偶氮二异丁腈(AIBN)	0.09	0.01
二羟甲基丙酸	14	12	氢氧化钠	4.2	4.2
TDI	37	37	丁酮	22	22
甲基丙烯酸羟乙酯	6	10	水	448	400
丙烯酸丁酯	3	3			

制法：

① 将一定量的聚酯二元醇、二羟甲基丙酸、甲基丙烯酸羟乙酯加入反应釜中，搅拌升温至 75～85℃，得到混合液。

② 在步骤①得到的混合液中加入 TDI 并通入氮气，控制温度在 75～90℃，反应 3～4h。

③ 在步骤②反应液中的—NCO 和游离 TDI 的含量，分别达到 12.5%～13.5% 和 12%～13% 时，降温至 60℃，加入丙烯酸丁酯、偶氮二异丁腈、氢氧化钠、丁酮，混合均匀后，加入水，继续保温反应 4h，反应至透明。

④ 降温至 40℃，调节 pH 值为 8.3～8.6，过滤出料。

5

织物皮革用胶黏剂配方与生产

5.1 织物皮革用胶黏剂简介

在纺织工业，胶黏剂是植绒、植毛和无纺布产品生产的重要材料，用于浆纱、印花和后整理。胶黏剂在服装上的运用日益广泛，特别是在服装面料的功能性后整理和印花工序中，胶黏剂不可或缺，同时在服装衬布中的应用也十分突出。经胶黏剂整理过后的织物在织物抗缩性能、防皱性能、阻燃性能、抗水抗油性能等方面得到了很大的改善，但甲醛的释放也带来了很多服装安全性的问题。如何研发一种更为安全有效的服装胶黏剂，成为急待解决的问题。目前用于服装方面的胶黏剂主要有以下几类：聚丙烯酸酯类，聚氨酯类，丁二烯类，乙酸乙烯酯类，其中聚丙烯酸酯类胶黏剂是应用最普遍的一类黏合剂。聚丙烯酸酯类胶黏剂能很好地黏结着色材料（颜料），与织物黏结力强，具有良好的成膜性能，形成的膜柔韧且富有弹性，涂层耐光，耐老化，成本低廉，因而在服装面料上的应用越来越广泛。

在皮革工业中，胶黏剂主要用于皮革修复、合成革生产和制鞋业，其中制鞋业的胶黏剂用量最大，目前主要是以甲基丙烯酸改性的无"三苯"氯丁胶黏剂、接枝改性氯丁胶黏剂和聚氨酯（PU）胶黏剂，鞋用胶黏剂解决了苯类的污染问题，但是有机物挥发（VOC）的污染问题还没有彻底解决，后期的环保型鞋用胶黏剂将以无溶剂型和水基胶黏剂为主，满足环保生产的要求。

5.2 织物皮革用胶黏剂实例

配方1 保暖内衣专用胶黏剂

特性：工艺简单，性能优良，黏合力强，干燥快，耐水洗；无毒无味，对人体安全；用本品制成的保暖内衣结合牢度好，既保暖又透气，质地柔软，富有弹性。

配方（质量份）：

原料名称	用 量	原料名称	用 量
甲基丙烯酸甲酯	1	丙烯酸丁酯	9
羟甲基丙烯酰胺	2	乳化剂	2
丙烯酸甲酯	21	水	65

制法：将乳化剂（阴离子型表面活性剂）进行预乳化 1～1.5h，然后投入其他原料，加热至 85～90℃，进行聚合反应，反应时间为 2～3h，然后保温 1～2h，冷却至室温，过滤即得成品。

配方 2　涂料印花胶黏剂

特性：本品使用后纺织品游离甲醛在允许的含量范围之内，有利于人体健康及环境保护。本品可用作纺织工业印染生产中纺织品涂料印花胶黏剂。

配方（质量份）：

原料名称	配比 1	配比 2	配比 3	原料名称	配比 1	配比 2	配比 3
丙烯酸丁酯	28	30	32	十二烷基硫酸钠	0.3	0.3	0.3
丙烯酸	8	6	5	壬基苯酚聚氧乙烯醚 OP-20	1	1	1
丙烯腈	2	2	2	过硫酸铵	0.2	0.2	0.2
丙烯酸环氧丙酯	1	1	0.5	去离子水	60	60	60

制法：将占总量 1/4 的丙烯酸丁酯、丙烯酸、过硫酸铵以及全部十二烷基硫酸钠、壬基苯酚聚氧乙烯醚 OP-20、去离子水加入反应器，室温下搅拌 25～35min，升温至 75～85℃；聚合引发后滴加剩余的丙烯酸丁酯、丙烯腈、过硫酸铵以及全部丙烯酸环氧丙酯，滴加完毕后在 75～85℃下保温 100～140min，冷却至室温即得成品。

配方 3　静电植绒胶黏剂

特性：本品适用于面料的涂层或植绒工艺，采用化学和物理相结合的方法，能够批量生产，成本低，效率高，适应面广；成品的泡沫大小均匀，稳定性高；使用本品后的面料弹性及手感好，并具有良好的干湿摩擦牢度和透气性。

配方（质量份）：

原料名称	配比 1	配比 2	配比 3	原料名称	配比 1	配比 2	配比 3
天然乳胶	100	100	100	氯化铵	0.5	0.5	0.5
硬脂酸铵	2.5	4	4	聚丙烯酸	—	2	4
十二烷基硫酸钠	1	2	1	20% 氨水	2	2	2.5
乙二酸	3	3	4	水	适量	适量	适量

制法：

① 在带有加热夹套和搅拌器的容器中预热适量的水至 65～75℃，在 200～400 r/min 的搅拌速度下，加入粉末状的硬脂酸铵，使其完全浸没后停止搅拌，浸泡 4～6h，接着在 400～700r/min 的搅拌速度下，适时加入适量温水，继续搅拌，制成硬脂酸铵乳浊液；

② 在带有搅拌器的容器中加入天然乳胶，在 200～400r/min 的搅拌速度下，慢慢加入硬脂酸铵乳浊液、十二烷基硫酸钠或者其他表面活性剂，充分搅拌，用 200 目的滤网过滤，得到发泡胶黏剂基料；

③ 在带有搅拌器的容器中加入发泡胶黏剂基料，在 200～400r/min 的搅拌速度下，

慢慢加入乙二酸、氯化铵，搅拌均匀，再加入聚丙烯酸、20%氨水，提高搅拌速度至1000～1400r/min，并逐渐调高搅拌头，使胶黏剂形成回转旋涡，调节搅拌头的圆盘使其刚好暴露在空气中，搅拌4～10min，胶黏剂迅速起泡，至体积上升到所需的相对密度后，立即降低搅拌速度至旋涡消失，继续搅拌一段时间，即得成品。

配方4 改性乳化胶黏剂

特性：本品为使用黏合法生产无纺布时使用的胶黏剂，粘接强度高，结膜牢度好，布面光洁，耐磨性能好，纵横向拉力增大，产品质量显著提高且原料耗量降低。

配方（质量份）：

原料名称	用　量	原料名称	用　量
乙酸乙烯乳液	6	增白剂	0.005
聚乙烯醇	4	水	90
甲醛溶液	0.5	盐酸	适量

制法：

① 将聚乙烯醇放入煮浆桶中，加入配比量50%的水，搅拌均匀，然后加热至80～110℃，停止加热，快速搅拌均匀，重新加热，直至煮浆桶内的聚乙烯醇全部溶解后，自然冷却待用；

② 将甲醛溶液滴入煮浆桶中温度在45～70℃的聚乙烯醇溶液中，搅拌均匀，并用盐酸控制溶液的pH值在6～6.5范围内；

③ 将乙酸乙烯乳液加余量水稀释后，倒入煮浆桶中，同时向桶内加入增白剂，搅拌均匀即可。

配方5 皮鞋用胶黏剂

特性：广泛适用于皮鞋、旅游鞋、运动鞋等高档鞋生产中的黏合。本品性能优良，固体含量高，初粘性好，粘接强度高；色浅，不污染制鞋材料，稳定性好，使用方便。

配方（质量份）：

原料名称	配比1	配比2	配比3	原料名称	配比1	配比2	配比3
甲苯	450	450	450	引发剂BPO	0.3	0.3	0.3
丁酮	60	60	60	抗氧剂264	2.4	2.4	2.4
乙酸乙酯	50	50	50	紫外线吸收剂UV-531	0.33	0.33	0.33
氯丁橡胶A-90	90	90	90	羟基苯甲醚	0.24	0.24	0.24
甲基丙烯酸甲酯	57	60	62	2402树脂	15	15	15
氯化聚丙烯	13	10	8				

制法：将甲苯、丁酮、乙酸乙酯、氯丁橡胶A-90、甲基丙烯酸甲酯、氯化聚丙烯在常温下投入反应釜，搅拌溶解，转速控制在100～140r/min，溶解好后升温至60～80℃，加入引发剂BPO，进行接枝反应，搅拌速度20～60r/min，料温升至70～90℃时，保温2.5～3h，黏度达到1300～1400mPa·s时反应结束；通冷却水降温，搅拌速度100～140r/min，加入抗氧剂264，料温降至30℃时，再加入紫外线吸收剂UV-531、阻聚剂羟基苯甲醚、2402树脂，待树脂完全溶解，搅拌均匀即得成品。

配方6 皮革胶黏剂

特性：本品反应温度低、反应时间短，粘接强度高，固化快，节省能源；采用了无

"三苯"的混合溶剂，对环境无污染，不损害人体健康。本品适用于聚氯乙烯（PVC）人造革、聚氨酯（PU）合成革、仿皮革等多种合成材料及真皮之间的对粘以及它们与 TPR 鞋底、橡胶大底、EVA 衬底等材料之间的黏合，也适用于制鞋流水生产线的操作。

配方（质量份）：

原料名称	配比 1	配比 2	配比 3	配比 4	配比 5
氯丁橡胶	20	20	20	20	20
混合溶剂	140	144	132	134	142
甲基丙烯酸甲酯	12	14	8	10	16
过氧化二苯甲酰	0.35	0.39	0.29	0.32	0.42
N,N-二甲苯胺	0.18	0.19	0.15	0.16	0.21
对苯二酚	0.1	0.12	0.12	0.12	0.12
2,6-二叔丁基对甲酚	0.12	0.14	0.14	0.14	0.14
叔丁基酚醛树脂	3.5	3.8	3.8	3.8	3.8

制法：将氯丁橡胶和混合溶剂投入带搅拌、冷凝、控温装置的反应釜中，在 40～50℃ 条件下持续搅拌，待溶解完全后，加入甲基丙烯酸甲酯和过氧化二苯甲酰、N,N-二甲苯胺，在 52～55℃ 条件下进行接枝共聚，反应 3h 后，降温至 40～45℃，加入对苯二酚和 2,6-二叔丁基对甲酚、叔丁基酚醛树脂，搅拌均匀即得成品。混合溶剂中各组分及其配比关系为：乙酸乙酯：丙酮：120#溶剂汽油：丁酮＝35：20：2：20。

配方 7　聚氯乙烯胶黏剂

特性：本品原料来源广泛，生产成本低，无须专用设备，投资小，操作简便，粘接强度高，效果好，性能稳定，长期储存不分层，适用于黏合聚氯乙烯（PVC）人造革。

配方（质量份）：

原料名称	配比 1	配比 2	配比 3	配比 4	配比 5	配比 6
SBS	83.3	83.3	67	85	80	80
氯化聚氯乙烯	16.7	16.7	33	15	20	20
甲基丙烯酸甲酯	70	70	68	85	80	68
丙烯酸	—	8.3	—	7	6.7	10
甲苯	400	400	400	300	300	300
丁酮	100	100	100	100	100	100
过氧化苯甲酰	1.7	1.7	2	1	1	1.2
2,6-二叔丁基对甲酚	1.7	1.7	1.7	1	1	2
松香	16.7	16.7	16.7	50	8	—

制法：将氯化聚氯乙烯与甲苯、丁酮混合，加热至 45～50℃，溶解后加入 SBS；升温至 85℃，加入甲基丙烯酸甲酯与过氧化苯甲酰的混合物，通 N_2 保护，温度保持在 85～90℃，反应 2～3h；加入 2,6-二叔丁基对甲酚（增黏剂）以及松香（抗氧剂），终止反应，冷却后即得成品。

配方 8　热熔胶黏剂

特性：本品粘接性能好，固化快，适用范围广；原料易得，各种主、辅原料均为工业级，工艺流程简单，设备无特殊要求，生产成本低。产品适用于制鞋工业，对各种内底材料如皮革、纸板、再生革等均具有很好的黏合力。

配方（质量份）：

原料名称	配比 1	配比 2	配比 3	配比 4	配比 5
聚丙烯	100	100	100	100	100
过氧化二异丙苯（DCP）	1	0.5	1	1	1.5
二氧化硅	0.5	0.5	0.5	0.2	0.6
抗氧剂 264	0.1	0.1	0.1	0.1	0.1

制法：将聚丙烯、过氧化二异丙苯、二氧化硅和抗氧剂 264 混合均匀后加入挤出机中，在温度为 200℃、转速为 30～40r/min 的条件下挤出，在室温下用水冷却，即得成品。

配方 9 纺织行业胶黏剂

特性：本产品比常规产品允许添加更多的水，降低了生产成本，还具有较好的增塑响应特性和稳定性，黏度也较高。本品用作纺织行业的胶黏剂。

配方（质量份）：

原料名称	用量	原料名称	用量
E-51 环氧树脂	120	过硫酸铵	1
丙烯酸丁酯	12	水	35
丙烯酸	6	碳酸氢钠	2
聚乙烯醇	12	消泡剂	适量
OP-10	3		

制法：

① 配制混合单体。将 E-51 环氧树脂、丙烯酸丁酯、丙烯酸混合。

② 将聚乙烯醇和水在 85～95℃下混合溶解。

③ 取上述聚乙烯醇水溶液在 65～75℃下加 OP-10，碳酸氢钠，搅拌均匀溶解，出现泡沫后可以加入消泡剂，然后加入步骤①中的部分混合单体和全部过硫酸铵，反应后再滴加剩余的混合单体，滴加完成后再升温至 85～90℃，反应 0.5h，冷却后即得成品。

配方 10 用于纺织行业的胶黏剂

特性：本品生产成本低廉，具有较好的增塑响应特性和稳定性，黏度也较高。本品用于纺织行业。

配方（质量份）：

原料名称	用量	原料名称	用量
乙酸乙烯酯	120	过硫酸铵	1
丙烯酸丁酯	12	水	350
丙烯酸	6	碳酸氢钠	2
聚乙烯醇	12	消泡剂	适量
OP-10	3		

制法：

① 配制混合单体。将乙酸乙烯酯、丙烯酸丁酯、丙烯酸混合；

② 将聚乙烯醇和水在 85～95℃下混合溶解；

③ 取上述聚乙烯醇水溶液在 60～75℃下加 OP-10、碳酸氢钠，搅拌均匀溶解，出现泡沫后可以加入消泡剂，然后加入步骤①中的部分混合单体和全部过硫酸铵，反应后再滴加剩余的混合单体，滴加完成后再升温至 85～95℃，反应 30min，冷却后即得。

配方 11 环保乳液胶黏剂

特性：本品单体浓度高、性能优良，属于乳液涂料印染胶黏剂，主要用于涂料印花。

配方（质量份）：

原料名称	用　量	原料名称	用　量
丙烯酸丁酯	660	丙烯腈	30
丙烯酸	30	十二烷基硫酸钠	单体的 1%
羟甲基丙烯酰胺	10	OP-10	单体的 3%
丙烯酸羟乙酯	20	过硫酸铵	单体的 0.5%
丙烯酸缩水甘油酯	10	水	总物料的 60%
苯乙烯	240		

制法：先将上述单体进行预乳化，温度为 28～32℃，时间为 20min。然后，用半连续饥饿式加料方法使乳液聚合，聚合温度 85～90℃，聚合时间为 2h，最后，升温至 94～96℃，保温 2h，降温至 40～50℃，过滤放料。

配方 12 水性涂料印花胶黏剂

特性：本品生产不需要焙烘设备；可进行机械化流水线作业，提高印花产品质量，改善其手感、牢度等性能；可大幅度降低印花工艺的生产成本。本品用于涂料印花。

配方（质量份）：

原料名称	配比 1	配比 2	配比 3	原料名称	配比 1	配比 2	配比 3
去离子水	500	500	500	丙烯酸羟乙酯	—	10	2
十二烷基硫酸钠	2	—	—	丙烯酰胺	2	—	—
DNS-628	20	30	—	引发剂过硫酸铵	1	—	1
DNS-10	—	—	20	引发剂过硫酸钾	—	1	—
丙烯酸丁酯	280	280	290	甲基丙烯酸甲酯	30	—	—
甲基丙烯酸	10	4	14	苯乙烯	—	20	—
乙酸乙烯酯	—	20	60	丙烯酸乙酯	—	—	8
丙烯腈	20	24	30	甲基丙烯酸缩水甘油酯	—	—	适量
丙烯酸	12	10	—				

制法：

① 预乳化。将装有搅拌器、回流冷却管和温度计的四颈烧瓶置于恒温水浴锅中，然后加入 1/4 丙烯酸软硬单体及全部的乳化剂和去离子水一起以 800r/min 搅拌 0.5h，制成预乳液。

② 聚合反应。将反应温度提升至 75～80℃，加入少许引发剂，当反应体系变微蓝色后，再滴加余下的软硬丙烯酸等单体及余下的引发剂，反应历时 3h，之后降低温度至 70℃，然后加入甲基丙酸缩水甘油酯进行丙烯酰基化反应，过程需要 3h，最后冷却，过滤，制成具有感光性的带乳白色状的乳胶胶黏剂。

引发剂为过硫酸铵，过硫酸钾，亚硫酸氢钠。

乳化剂为十二烷基磺酸钠，十二烷基苯磺酸钠，DNS-628，DNS-10。

丙烯酸酯类软单体包括：丙烯酯丁酯，丙烯酸异辛酯，丙烯酸乙酯，顺丁烯二酸二辛酯，顺丁烯二酸二丁酯，富马酸二丁酯等。

丙烯酸酯类硬单体包括：丙烯酸，甲基丙烯酸甲酯，苯乙烯，丙烯腈，乙酸乙烯酯，丙烯酸羟乙酯等。

配方 13　防粘柔软涂料印花黏合剂

特性：本品实现了目前聚合物理想的核壳结构，产品本身稳定性好，具有优异的耐水洗牢度，超柔软的手感，环保（不含 APEO 和甲醛等有害物质）、不发脆和不回黏等特性。通过加入合适的功能单体改进丙烯酸酯的热黏和手感差的缺点，可配合使用的增稠剂种类多，易调浆。本品主要应用于纺织印花行业。

配方（质量份）：

原料名称	配比 1	配比 2	原料名称	配比 1	配比 2
丙烯酸乙酯	31	—	十二烷基硫酸钠	0.5	—
丙烯酸辛酯	—	11	十二烷基苯磺酸钠	—	0.3
丙烯酸丁酯	—	8	平平加	1	1
甲基丙烯酸丁酯	—	13	过硫酸铵	0.2	—
甲基丙烯酸甲酯	9	—	亚硫酸氢钠	0.1	—
丙烯酸	3	4	氯化亚铁	—	0.1
丙烯腈	3	3	双氧水	—	0.2
苯乙烯	—	7	碳酸氢钠	0.1	—
衣康酸单丁酯	—	1	乙酸钠	—	0.1
三羟甲基丙烷三甲基丙烯酸酯	1	—	硫醇	0.06	0.06
三聚异氰酸三甲酯	1	1	去离子水	50	52

制法：

① 将上述组分中的软单体、硬单体和功能性单体的 1/8～1/6 以及全部乳化剂和去离子水加入反应器，室温搅拌乳化 30～40min。升温至 50～65℃，加入硫醇和引发剂。

② 滴加剩余的混合单体，滴加完毕后在 50～65℃保温 2h。升温至 70℃，保持 0.5h，冷却至室温，出料。

③ 优选步骤。将上述组分中的软单体、硬单体和功能性单体的 1/6 以及全部乳化剂和去离子水加入反应器，室温搅拌乳化 30min。升温至 58℃，加入硫醇和部分引发剂，滴加剩余的混合单体，滴加完毕后在 58℃保温 2h。升温至 70℃，保持 0.5h，冷却至室温，出料。

软单体选自丙烯酸丁酯、丙烯酸乙酯、丙烯酸辛酯、甲基丙烯酸丁酯中的一种或几种，优选丙烯酸乙酯。

硬单体选自苯乙烯、甲基丙烯酸甲酯、丙烯腈中的一种或几种，优选甲基丙烯酸甲酯。

功能性单体选自三羟甲基丙烷三甲基丙烯酸酯、丙烯酸、三聚异氰酸三甲酯、衣康酸单丁酯的一种或几种，优选三羟甲基丙烷三甲基丙烯酸酯和三聚异氰酸三甲酯。

乳化剂选自十二烷基硫酸钠、十二烷基苯磺酸钠、环氧数为 9～30 的 C_{12}～C_{18} 脂肪酸聚氧乙烯醚（俗称平平加）中的一种或几种，优选十二烷基苯磺酸钠和环氧数为 9～30 的 C_{12}～C_{18} 脂肪酸聚氧乙烯醚。

引发剂选自过硫酸铵和亚硫酸氢钠或氯化亚铁和双氧水中的一种，优选过硫酸铵和亚硫酸氢钠。

缓冲剂选自碳酸氢钠、磷酸氢二钠或乙酸钠中的一种，优选碳酸氢钠。

配方 14 非织造布用胶黏剂

特性：本品配方合理，工作效果好，生产成本低。本品主要用作非织造布用胶黏剂。

配方（质量份）：

原料名称	配比 1	配比 2	原料名称	配比 1	配比 2
丙烯酸丁酯	23	28	丙烯酰胺	6	9
甲基丙烯酸甲酯	27	23	苯乙烯	加至 100	加至 100
1,6-己二醇	8	6			

制法：将丙烯酸丁酯、甲基丙烯酸甲酯、1,6-己二醇、丙烯酰胺、苯乙烯按配比混合均匀即可。

配方 15 非织造布用羧基胶乳黏合剂

特性：本品配方合理，工作效果好，生产成本低。本品主要用作非织造布用羧基胶乳黏合剂。

配方（质量份）：

原料名称	配比 1	配比 2	原料名称	配比 1	配比 2
羧基丁腈胶乳	6	9	过硫酸铵	1	2
氧化锌	8	5	丙烯酸丁酯	加至 100	加至 100
树脂	5	6			

制法：将羧基丁腈胶乳、氧化锌、树脂、过硫酸铵、丙烯酸丁酯按配比混合均匀即可。

配方 16 服装衬布用 EVA 黏合剂

特性：本品使成品变得更白，无异味，更环保，还可节约原料，降低成本，主要应用于服装衬布的黏结。

配方（质量份）：

原料名称	配比 1	配比 2	配比 3	原料名称	配比 1	配比 2	配比 3
EVA 颗粒	100	100	100	白猫牌低泡洗衣粉	2	3	3
氢氧化钠	3	3	3	水	170	176	180
氯化钠	2	3	3				

制法：将 EVA 颗粒、氢氧化钠、氯化钠、白猫牌低泡洗衣粉及水加入混合反应釜。用蒸汽夹套加热至 95～100℃，同时搅拌 110～130min，使其固体颗粒分散为 200 目以上粉末。脱水，至含水量为 10％时停止。清洗，得到固体成分。运至烘干房烘干，再送入滚桶中搅拌成形。用 200 目筛进行筛分，即得成品。

配方 17 丙烯酸酯印花胶黏剂

特性：本品采用过氧化二碳酸二(2-乙基)己酯为引发剂，可在室温条件下进行聚合反应，从而改善聚合物的性能，本品是一种环保型的印花胶黏剂。

配方（质量份）：

原料名称	配比 1	配比 2	配比 3	配比 4	配比 5
去离子水①	56	40	45	35	30
乳化剂①	1	1	1	1	1
引发剂①	0.1	0.1	0.1	0.1	0.1
普通单体	30	40	15	35	50
特种单体	5	3	2	4	6
去离子水②	14	15	25	25	20
乳化剂②	1	1	1	1	1
引发剂②	0.1	0.1	0.1	0.1	0.1

制法：

① 按制备丙烯酸酯印花胶黏剂的组分的配比称取普通单体、特种单体、乳化剂、引发剂和去离子水。

② 将按配比称取的去离子水①、乳化剂①、引发剂①混合在一起，配成液体Ⅰ。

③ 将按配比称取的普通单体、特种单体与按配比称取的去离子水②、乳化剂②、引发剂②混合在一起，以 60～120r/min 的搅拌速度乳化后，配制成液体Ⅱ。

④ 将液体Ⅱ缓慢滴加至液体Ⅰ中，液体Ⅱ滴加至液体Ⅰ中的时间为 3～4h，温度控制在 30～40℃。

⑤ 液体Ⅱ滴加完毕后，以 80～130r/min 的速度搅拌，温度控制在 30～40℃，保温反应时间为 1～3h，得到丙烯酸酯印花胶黏剂初产物。

⑥ 在初产物中滴加氨水将其 pH 值调至 6.5～7.5，经过滤后得到丙烯酸酯印花胶黏剂产物。

特种单体为甲基丙烯酸六氟丁酯，此特种单体在原料中提供含氟基团，可以改善产品的柔软度、湿摩擦牢度，同时提高产品的耐污性能。同时，采用甲基丙烯酸乙酰乙酰氧基乙酯（AAEM）作为交联单体，此交联单体为无甲醛交联剂，同时具有室温固化的特点。

普通单体为丙烯酸丁酯、苯乙烯等。

乳化剂为不含 APEO 的烯丙基琥珀酸烷基酯磺酸钠，此种乳化剂与单体发生聚合反应，从而防止乳化剂迁移到膜表面。

引发剂为过氧化二碳酸二（2-乙基）己酯。

配方 18 环保地毯胶黏剂

特性：由于本品专利技术使用天然橡胶乳液作为主要原料，并增加纤维素、滑石粉和消泡剂，因此本方法制造的环保地毯胶黏剂，能够解决目前地毯胶黏剂技术所存在的含有毒物质及粘接强度差等缺陷，具有无毒无味、环保、粘接强度高、制作工艺简单和生产成本低等优点。本品是一种环保地毯胶黏剂。

配方（质量份）：

原料名称	配比 1	配比 2	原料名称	配比 1	配比 2
天然橡胶乳液	60	60	滑石粉	60	60
甲基纤维素	4	—	消泡剂	4	4
乙基纤维素	—	4	自来水	26	26
玻璃水	46	46			

制法：

① 按原料配比称取用料备用。

② 先把备用的天然橡胶乳液倒进不锈钢带搅拌功能的容器中，搅拌 10min，再称取 40％自来水和滑石粉一同加入容器，搅拌 5min，依次再加入甲基纤维素、乙基纤维素，搅拌 5min，加入玻璃水搅拌 5min，最后加入消泡剂和 60％自来水搅拌 5min，定凝 1h，即得环保地毯胶黏剂的产品。

配方 19 环保型低成本聚氨酯胶黏剂

特性：本胶黏剂以价格较低的顺酐替代其他二元酸生产的二甘醇顺酐聚酯多元醇异氰酸酯胶黏剂，降低了生产成本，该胶具有不饱和键所以有更高的粘接性能，且无苯、无异氰酸酯检出，具有高环保性。本品主要应用于胶合皮革、橡胶与制鞋业。

配方（质量份）：

原 料 名 称	配比 1	配比 2	配比 3	配比 4	配比 5	配比 6
二甘醇	315	318	320	315	320	315
顺酐	194	196	198	198	194	198
乙酸乙酯	950	952	955	950	955	952
二丁基二月桂酸锡	0.1	0.2	0.3	0.3	0.1	0.1
对苯二酚	0.8	1	1.2	0.8	1.2	1.2
2,4-甲苯二异氰酸酯	155	155	155	155	155	155
二甘醇顺酐聚酯多元醇溶液	1175	1175	1175	1175	1175	1175

制法：

① 聚酯多元醇的制备。二甘醇和顺酐、对苯二酚加入反应釜中，搅拌，升温至 110～130℃，保温 0.5h，再升温至 140℃，令其发生酯化反应缩聚，保温 1.5～2.5h；再升温至 200℃，在此温度下反应至酸值小于 10mg KOH/g，生成二甘醇顺酐聚酯多元醇，降温至 50℃，以乙酸乙酯作溶剂制成固含量为 40％的溶液，搅拌均匀即成聚酯多元醇，出料备用。

② 聚氨酯胶黏剂的制备：将 2,4-甲苯二异氰酸酯加入反应釜中，再加入乙酸乙酯作为溶剂，升温至 40℃，缓慢滴加二甘醇顺酐聚酯多元醇溶液，1.5～2.5h 加完；再加入催化剂二丁基二月桂酸锡，保温 0.5h；再升温至 70℃，在此温度下保持 1.5h，得含量为 40％的二甘醇顺酐聚酯多元醇异氰酸酯胶黏剂，即环保型低成本聚氨酯胶黏剂。

配方 20 改性高强水性聚氨酯胶黏剂

特性：本品具有粘接效果好、生产成本低、工艺简单、对环境污染小等特点，有效地改善了工人的工作环境，提高了鞋类产品的质量。本品是一种改性高强水性聚氨酯胶黏剂，主要用作鞋用胶黏剂。

配方（质量份）：

原料名称	配比 1	配比 2	配比 3	原料名称	配比 1	配比 2	配比 3
聚己二酸-1,4-丁二醇酯二醇	80	120	100	N-甲基-2-吡咯烷酮	10	14	12
水	130	140	135	丙酮	44	52	48
二月桂酸二丁基锡	0.05	0.08	0.06	三乙胺	4	8	6
甲苯二异氰酸酯	24	28	26	无水乙二胺	1	1	1
二羟甲基丁酸	4	10	7				

制法:

① 称取适量聚己二酸-1,4-丁二醇酯二醇固体和水加入四口烧瓶中,抽真空并加热固体,温度在110～115℃之间,保持1.5h;然后充氮气平压,并用冷水降温至40℃,然后加入适量二月桂酸二丁基锡,再加入适量甲苯二异氰酸酯,此时四口烧瓶内的固体黏度变小,由白色变为透明,出现自升温现象,架上加热套,待温度升到83～87℃时,保持2.5h。

② 然后加入适量二羟甲基丁酸和 N-甲基-2-吡咯烷酮,撤下加热套,使温度在83～87℃之间保持3h,之后再降温至60℃,加入适量丙酮,搅拌至预聚体溶解,上下不再分层,再加热升温至65℃,保持温度4.5h,然后用冷水降温至20～35℃,再加入适量三乙胺,边搅拌边乳化,20s后加入适量无水乙二胺,搅拌乳化40s后,即可得成品。

配方21 耐热鞋用胶黏剂

特性:本品具有高黏、不含"三苯"溶剂、耐热性好等优点。本品主要用作鞋用胶黏剂,是一种无"三苯"环保型耐热 SBS 鞋用胶黏剂。

配方(质量份):

原料名称	用量	原料名称	用量
SBSYH-401	60	6# 溶剂油	160
SBSYH-796	65	乙酸乙酯	18
酚醛树脂	15	三氯甲烷	22
石油树脂	85	丙酮	46
萜烯树脂	95	防老剂 BHT-264	5
松香	10		

制法:按照配方,将所有原料一起投入釜中,搅拌4～6h后即可进行成品包装。

配方22 喷胶棉黏合胶

特性:本品配方合理,工作效果好,生产成本低。本品是一种喷胶棉黏合胶。

配方(质量份):

原料名称	配比1	配比2	原料名称	配比1	配比2
乙酸乙烯酯	23	29	丙烯酸乙酯	5	2
硬脂酸	8	5	偏六磷酸钠	3	6
丙烯酸丁酯	4	2	水	加至100	加至100

制法:将乙酸乙烯酯、硬脂酸、丙烯酸丁酯、丙烯酸乙酯、偏六磷酸钠、水按上述质量混合均匀制得产品。

配方23 皮革涂层胶黏剂

特性:本品能在革面上形成一层黏合牢固,具有一定柔韧性、延伸性和弹性,光泽好,耐摩擦,耐水且具透气性的连续均匀薄膜。可容纳染料、颜料及各种助剂等。可更好地满足涂饰要求的性能。本品主要适用于各类皮革制品生产中。

配方(质量份):

原料名称	配比1	配比2	配比3	配比4	配比5
蛋白	156	100	200	200	100
丙烯酸树脂	217	180	260	260	180

续表

原料名称	配比1	配比2	配比3	配比4	配比5
丁二烯树脂	103	80	160	80	160
聚氨酯	88	60	120	60	120
乙二醇	64	40	70	70	70

制法：按照以上组分及配比进行产品的配制。

配方24 无机晶须改性SBS嵌段共聚物胶黏剂

特性：本品采用一种无机晶须改性阴离子聚合SBS嵌段共聚物胶黏剂，其T形剥离强度比未用无机晶须改性的阴离子聚合SBS嵌段共聚物胶黏剂提高了41.51%。改性后胶黏剂粘接强度显著提高、改性工艺条件简便、成本低廉。本品主要应用于PVC人造革的黏结。

配方（质量份）：

原料名称	配比1	配比2	配比3	配比4	原料名称	配比1	配比2	配比3	配比4
阴离子聚合SBS嵌段共聚物	100	100	100	100	氧化锌晶须	—	12	—	—
萜烯树脂	60	60	60	60	硫酸镁晶须	—	—	8	—
松香树脂	60	60	60	60	硫酸钙晶须	—	—	—	6
碳化硅晶须	4	—	—	—	混合溶剂(体积)	400	600	1200	800

制法：在20～30℃下，将所述阴离子聚合SBS嵌段共聚物加入混合溶剂（120#汽油与丙酮的混合物）中，溶解，然后加入萜烯树脂和松香树脂、无机晶须，升温至75～95℃，搅拌1～2h，即得无机晶须改性SBS嵌段共聚物胶黏剂。

配方25 无甲醛涂料印花用胶黏剂

特性：本品制备的涂料印花用胶黏剂使用后在纺织品上可不含游离甲醛或在允许的含量范围之内。本品主要用于纺织工业印染生产中纺织品涂料印花。

配方（质量份）：

原料名称	配比1	配比2	配比3	原料名称	配比1	配比2	配比3
软单体	28	30	32	乳化剂(聚氧乙烯壬基苯酚醚OP-20)	0.8	0.8	0.8
硬单体	8	6	5				
功能性单体	1	1	0.5	引发剂(过硫酸铵)	0.2	0.2	0.2
乳化剂(十二烷基硫酸钠)	0.3	0.3	0.3	去离子水	60	60	60

制法：

① 将上述配方中1/6～1/4的软单体、硬单体、引发剂以及全部乳化剂和去离子水加入反应器，室温下搅拌25～35min，升温至75～85℃。

② 聚合引发后滴加剩余的软单体、硬单体、引发剂以及全部功能性单体，滴加完毕后在75～85℃下保温100～140min，冷却至室温即可得到本品。

配方中软单体为丙烯酸丁酯或丙烯酸乙酯；所述硬单体为丙烯酸以及丙烯酸甲酯、丙烯腈或甲基丙烯酸甲酯中的一种；所述功能性单体为N-丁氧基甲基丙烯酸酰胺、丙烯酸环氧丙酯或用丁酮肟封头的2-异氰酸甲苯-4-氨基甲酸丙烯酯中的一种。

配方26 织物胶黏剂

特性：本品配方合理，黏结性能、环保性好，是一种织物胶黏剂。

配方（质量份）：

原料名称	配比1	配比2	原料名称	配比1	配比2
丁基胶乳	20	22	松香皂	3	4
苯酚	3	5	甲基纤维素	1	2

制法：将丁基胶乳、苯酚、松香皂、甲基纤维素按比例混合均匀制得产品。

配方 27　织物与金属粘接胶黏剂

特性：本品黏结性能、环保性好，主要用于织物与金属间的粘接。

配方（质量份）：

原料名称	配比1	配比2	原料名称	配比1	配比2
丁苯胶乳	10	15	氧化锌	1	1
间苯二酚	1	2	地沥青	29	32

制法：将丁苯胶乳、间苯二酚、氧化锌、地沥青按上述质量份混合均匀制得产品。

配方 28　自交型丙烯酸酯印花胶黏剂

特性：

① 本品以丙烯酸丁酯为主体、甲基丙烯酸甲酯为硬单体，另加入部分丙烯腈，并加入 N-羟甲基丙烯酰胺改进聚合物的性能。此种胶黏剂在印花浆中涂印于织物150～170℃热烘时发生自身交联形成网状结构，极大地改进了胶黏性能，属于第三代胶黏剂。

② 本品是在单体聚合时引进交联单体所形成的自交型胶黏剂，具有涂料印花工艺简单、色泽齐全、轮廓清晰、不需要热熔、无须酸碱处理、节约能源、减少污染等特点。

③ 本品在不改变胶黏剂性能的前提下，将传统工艺中所用的引发剂过氧化苯甲酰改为过硫酸铵，因过硫酸铵价格仅为过氧化苯甲酰价格的1/3，大大降低了生产成本，使产品能获得更大的利润。

④ 本品是为了织物（天然纤维及化学纤维）进行涂料印花工艺的需求而研制的专用胶黏剂，采用本胶黏剂的涂料印花工艺简单、色彩浓艳、色泽齐全、轮廓清晰、不需要热熔和高效平洗设备，不需要酸碱处理，无酸碱废液形成，相应地节约能源消耗、减少污染，有着广阔的发展前途。本品是一种自交型丙烯酸酯印花胶黏剂。

配方（质量份）：

原料名称	配比1	配比2	配比3	原料名称	配比1	配比2	配比3
丙烯酸丁酯	680	700	690	十二烷基硫酸钠	3	3	3
甲基丙烯酸甲酯	60	68	72	过硫酸铵	3	3	3
丙烯酰胺	40	44	50	纯水（体积）	1200	1200	1200
丙烯腈	120	122	130	乙二醇（体积）	30	30	30
N-羟甲基丙烯酰胺	60	66	70	氨水	适量	适量	适量
OP-10	40	48	40				

制法：

① 将占总量1/2的纯水、OP-10、十二烷基硫酸钠投入乳化反应瓶内，再投入全部丙烯酸丁酯、甲基丙烯酸甲酯、丙烯腈、N-羟甲基丙烯酰胺，在常温下快速搅拌，乳化0.5～3h，转速为300～500r/min。

② 将剩余的纯水、OP-10、十二烷基硫酸钠，丙烯酰胺、过硫酸铵投入聚合反应瓶

内升温搅拌。

③ 将充分乳化好的混合单体装入滴液漏斗内，聚合反应瓶内温度至 75～78℃时开始滴加乳化单体，在 1～1.5h 内滴加完毕，再提高聚合液的温度至 85～90℃，保温 1～1.5h，聚合物逐渐变稠，降温至 60℃加入乙二醇，降温至 50℃加入氨水调 pH 值为 8～8.5，即可放料过滤。

配方 29　无纺布胶黏剂

特性：本产品成本低于市场同类产品，黏合力强，储存稳定性好，放置一年不分层。本品主要用于无纺布的粘接。

配方（质量份）：

原　料　名　称	配比 1	配比 2	配比 3	配比 4	配比 5
AEO-9	3.0	—	—	—	—
十二烷基硫酸钠	3.0	—	—	—	3.4
十二烷基苯磺酸钠	—	1.4	1.4	—	—
异构十三醇聚氧乙烯醚 1310	—	3.8	—	2.0	—
45% 琥珀酸二己酯磺酸钠	—	—	11.6	8.0	—
平平加 O-10	—	—	—	—	3.6
去离子水	240	250	230	260	250
碳酸氢钠	0.46	0.44	—	0.50	—
碳酸钠	—	—	0.32	—	—
磷酸二氢钠	—	—	—	—	0.40
苯乙烯	28.4	26.4	26.8	24.8	18
丙烯酸乙酯	10	2	2.4	—	—
丙烯酸丁酯	—	6.0	—	—	—
丙烯酸甲酯	—	—	7	—	—
丙烯酸异丁酯	—	—	—	10	—
丙烯酸缩水甘油酯	—	—	—	1.2	—
丙烯酸	1.6	—	—	—	—
丙烯酸异辛酯	—	—	—	—	10.8
羟甲基丙烯酰胺	—	1.6	—	—	—
丙烯酸羟乙酯	—	—	1.8	—	—
丙烯酸羟丙酯	—	—	—	—	1.2
正十二硫醇	0.15	0.1	—	—	0.1
乙酸正十二烷基硫醇酯	—	—	0.20	0.20	—
过硫酸钾	0.64	—	0.6	0.60	0.74
过硫酸铵	—	0.6	—	—	—
乙酸乙烯单体	60	64	62	64	70

制法：将乳化剂、去离子水和缓冲剂的混合物搅拌均匀，加入苯乙烯、60%～80% 的丙烯酸酯、功能单体和调节剂，搅拌均匀，加入 60% 引发剂，通氮气，保温在（80±5）℃之间 3～5h，然后升温至（90±2）℃，加入剩余的丙烯酸酯，与残留的苯乙烯继续反应；将上述得到的苯丙乳液降温至 65～70℃，加入余下的引发剂，然后滴加乙酸乙烯，滴加完毕后继续反应 1～2h，之后降温，出料。

调节剂为硫醇类化合物，引发剂为过硫酸钾或过硫酸铵。

乳化剂为下述化合物中的一种或任意组合：阴离子乳化剂，脂肪醇聚氧乙烯醚类、脂肪酸聚氧乙烯醚类、多元醇类非离子表面活性剂，乳化剂优选为阴离子乳化剂与非离子表面活性剂的混合物。所述的阴离子乳化剂为十二烷基苯磺酸钠、十二烷基硫酸钠或琥珀酸二己酯磺酸钠，所述的非离子表面活性剂为脂肪醇聚氧乙烯醚（AEO-9）、吐温85、平平加O-10、平平加O-25、异构十三醇聚氧乙烯醚1310、脂肪酸聚氧乙烯酯SG10。

功能单体为下述单体中的一种或任意组合：甲基丙烯酸缩水甘油酯、丙烯酸缩水甘油酯、羟甲基丙烯酰胺、甲基丙烯酸羟丙酯、丙烯酸羟丙酯、丙烯酸异丁酯、丙烯酸叔丁酯、丙烯酸辛酯、丙烯酸异辛酯。

调节剂为正十二硫醇、乙酸正十二烷基硫醇酯、丁二酸单正十二烷基硫醇酯或乙二酸二（正十二烷基硫醇）酯。

缓冲剂为水溶性磷酸氢盐、磷酸二氢盐、碳酸氢盐或碳酸盐。

配方30　防水毯层间胶黏剂

特性：本品具有使用方便，强度高，防水性能好的优点，主要用于防水毯的层间粘接。

配方（质量份）：

原料名称	配比1	配比2	配比3	配比4	配比5
SBS	11	—	—	5	5
SIS	—	30	30	10	—
SEBS	—	—	—	5	10
萜烯树脂	55	—	—	30	30
松香	—	30	—	—	10
松香酯	—	—	30	—	—
C$_5$石油树脂	—	—	—	7	—
环烷油	30	20	30	22	35
石蜡	1	—	—	—	2
微晶蜡	—	5	—	—	—
聚乙烯蜡	—	—	2	—	2
纳米硅藻土	2	—	—	20	—
滑石粉	—	14	—	—	—
轻质碳酸钙	—	—	7	—	—
防老剂BHT	1	—	1	1	—
NBC	—	1	—	—	1

制法：先将溶剂油、稀释剂、增黏树脂投入反应釜中，釜温升至180℃，待完全熔化后，搅拌中加入合成橡胶，待其完全熔化，加入防老剂和无机填充物，混合均匀出料。

合成橡胶为热塑性弹性体，如苯乙烯、丁二烯嵌段共聚物（SBS）、苯乙烯、异戊二烯嵌段共聚物（SIS）、加氢苯乙烯、丁二烯嵌段共聚物（SEBS）中的一种或两种。增黏树脂为松香、萜烯树脂、松香酯、石油树脂等类赋黏树脂中的一种。溶剂油可以选用环烷油等对合成橡胶有良好相容性的一种溶剂油。稀释剂为石蜡、微晶蜡、聚乙烯蜡、聚丙烯蜡中的一种或两种。无机填充物为滑石粉、轻质碳酸钙、纳米硅藻土、膨润土中的一种或两种。防老剂为NBC（二丁基二硫代氨基甲酸镍）、BHT中的一种。

6
金属用胶黏剂配方与生产

6.1 金属用胶黏剂简介

　　金属用胶黏剂对金属部件的缺陷修补和损坏维修有更独特的效果，是一般金属加工无法比拟的，另外粘接不会引起金属结构和晶相组织的改变，也不会像铆接、螺纹连接因钻孔套扣造成应力集中和强度降低，更不会像钎焊因与不同金属接触带来化学腐蚀，因而受到广泛认可。

　　金属粘接用胶黏剂主要有环氧树脂胶黏剂、酚醛树脂胶黏剂、不饱和聚酯胶黏剂、聚氨酯胶黏剂、有机硅胶黏剂、聚酰亚胺胶黏剂和无机胶黏剂等。金属粘接用胶黏剂应具有耐水性、耐化学腐蚀性、优良的密封性，对金属和非金属有自粘和互粘性，具有更广泛的材料适应性和施工的简便性，可代替铆接和焊接。

　　面对社会及市场对环保方面越来越高的要求，金属用胶黏剂更加注重环保的要求。另外，由于金属表面有油污或者过于光滑等因素，影响粘接效果，须先对金属表面进行喷砂磨粗等表面处理，以增强粘接效果。

6.2 金属用胶黏剂实例

配方1 丙烯腈改性胶黏剂

　　特性：本品成本低，工艺简单，性能优良，粘接强度高，固化时间短，适用于粘接金属、水泥等极性材料。

　　配方（质量份）：

原料名称	用　量	原料名称	用　量
乙酸乙酯	30	丙烯腈	1.5
SBS	5	抗氧剂	0.005
叔丁基邻苯二酚	0.5	BPO引发剂	0.06
松香改性增黏树脂	5		

制法：在装有电动搅拌器、回流冷凝管、温度计和恒压滴液漏斗的四口烧瓶内加入乙酸乙酯溶剂和 SBS，升温至 40～60℃，至完全溶解。然后缓慢滴加丙烯腈溶液（溶有 BPO 引发剂），在 70～75℃反应 3～4h，降温至 50℃以下，加入阻聚剂叔丁基邻苯二酚、松香改性增黏树脂和抗氧剂，混合均匀后冷却出料，即得成品。

配方 2　常温固化胶黏剂

特性：本品成本低，工艺流程简单，固化温度低（25～60℃范围内），粘接强度高，韧性好（钢-钢剪切强度可达 25～30MPa），性能优良稳定性好，便于储存。

配方（质量份）：

原料名称	用量	原料名称	用量
乙酸乙酯	30	丙烯腈	1.5
SBS	5	抗氧剂 1010	0.005
叔丁基邻苯二酚	0.5	BPO 引发剂	0.06
松香改性增黏树脂	5		

制法：在装有电动搅拌器、回流冷凝管、温度计和恒压滴液漏斗的四口烧瓶内加入乙酸乙酯溶剂和 SBS，升温至 40～60℃，至完全溶解。然后缓慢滴加丙烯腈溶液（已溶有 BPO 引发剂），在 70～75℃反应 3～4h，降温至 50℃以下，加入阻聚剂叔丁基邻苯二酚、松香改性增黏树脂和抗氧剂 1010，混合均匀后冷却出料，即得成品。

配方 3　改性有机硅树脂胶黏剂

特性：本品粘接性能优异，抗剪切强度高，可加工性好；具有广泛的适用性，室温固化，耐高温，弹性好，在 200℃以下可长期使用，主要用于填塞机械零件上的间隙，可保证机械部件连接空隙的密封。

配方（质量份）：

原料名称	配比 1	配比 2	配比 3	配比 4	配比 5	配比 6
环氧改性有机硅树脂	15	30	40	40	40	20
环氧树脂	15	30	40	25	30	15
低分子聚酰胺	10	20	25	15	20	15
二乙烯三胺	2	6	8	6	4	2
碳酸钙	10	20	25	25	20	15
偶联剂 KH-550	2	6	8	6	4	2

制法：在烧杯里放入环氧改性有机硅树脂，在 70～90℃下处理 50～60min，达到一定黏度，加入环氧树脂，放入 50～60℃的水浴中，搅拌均匀；加入低分子聚酰胺和填料碳酸钙，搅拌使物料混合均匀，再加入固化剂二乙烯三胺和偶联剂 KH-550，搅拌均匀，即可得产品。

配方 4　结构胶黏剂

特性：本品原料易得，工艺流程简单，性能优良；在耐高温的同时又能耐碱，粘接后结构强度高，耐磨性能好，可进行大面积涂胶和粘接；稳定性好，储存方便，成品可立即使用或冷藏储存。本品主要用于硬质合金与钢质部件及金属与耐热非金属材料的结构粘接，该产品甚至可以将油田钻井中的扶正器加工由焊接改为粘接工艺。

配方（质量份）：

原料名称	用　量	原料名称	用　量
氨基四官能环氧树脂 AG-80	100	石墨	60
溴化环氧树脂 EX-40	30	偶联剂 ND-42	1
4,4′-二氨基二苯	55		

制法：先将氨基四官能环氧树脂 AG-80 放入带有温度计、搅拌机械的开口搪瓷杯中，再加入溴化环氧树脂 EX-40，搅拌加热至 100～110℃；将 4,4′-二氨基二苯分批边搅拌边加入，每批次添加都应在混溶状态下加入，然后再将石墨分批搅拌加入，最后加入偶联剂 ND-42，搅拌均匀即得产品。

配方 5　快固胶黏剂

特性：成本低，工艺流程简单，稳定性好，开封后多次使用不固化，在常温保存可达 6 个月以上，被粘物表面无须严格处理，使用方便，时间短，效率高。本品能够在常温下快速粘接大多数金属（铜除外）、塑料（聚丙烯、聚乙烯及氟塑料除外）及陶瓷、石器、木材、水泥等，适用于汽车油箱、变速箱、化工设备、家电、工具量具压力容器的维修粘接。

配方（质量份）：

原料名称		用　量		原料名称	用　量
组分 A	甲基丙烯酸	5.99	组分 A	催化剂	0.49
	丁腈橡胶	11.09		硫脲	0.02
	ABS	11.09	组分 B	甲基丙烯酸	5.28
	甲基丙烯酸甲酯	69.28		ABS	21.98
	糖精	0.58		过氧化羟基乙丙苯	11.72
	三乙胺	1.46		草酸	0.05

制法：将甲基丙烯酸放入反应釜内，投入丁腈橡胶、ABS 搅拌至完全溶解，再放入甲基丙烯酸甲酯、糖精、三乙胺、催化剂、硫脲搅拌至均匀溶解，4h 后封装，作为组分 A；在另一个反应釜中，放入甲基丙烯酸、ABS 搅拌至完全溶解后，再放入过氧化羟基乙丙苯、草酸，搅拌至均匀溶解，4h 后封装，作为组分 B；使用前将组分 A 与组分 B 混合调匀即可。

配方 6　耐高温钢板胶黏剂

特性：本品粘接力强，便于操作，凝固后不脱落，补漏效果好。本品为钢板胶黏剂，专用于修补受热状态下金属管道及金属裂缝，可用于锅炉管道的磨穿处或裂缝处的黏合。

配方（质量份）：

原料名称	配比 1	配比 2	配比 3	原料名称	配比 1	配比 2	配比 3
磷酸（85%工业级）	29	33	31.3	高铝矾土	38	32.5	34
氢氧化铝	4.4	4.8	4.6	高岭土	15	12.5	14.5
水	9.6	10.7	10.1	硅酸溶胶	4	6.5	5.5

制法：将氢氧化铝与水混合，加入磷酸，在搅拌状态下加热，冷却后与高铝矾土、高岭土、硅酸溶胶混合，搅拌成黏稠膏状，即得成品。

配方7 汽车工程环氧树脂胶黏剂

特性：本品为工程胶黏剂，适用于汽车装配线等领域，具有很高的强度与韧性，黏度适宜，可以用机械泵输送；常温下在粘接表面长期停放或者加热固化时，都不发生流淌。

配方（质量份）：

原料名称	配比1	配比2	原料名称	配比1	配比2
酚醛环氧树脂	1000	1000	二氰二胺（固化剂）	10	10
不饱和聚酯	40	60	2-甲基咪唑（促进剂）	0.5	0.5
丁二烯	160	240	碳酸钙粉（<10nm）	100	50
偶氮异丁腈（引发剂）	1	1	白炭黑	5	5
丁基缩水甘油醚（稀释剂）	20	15	硅烷偶联剂 KH-550	1	1

制法：将酚醛环氧树脂、不饱和聚酯置于反应器内，在氩气保护下搅拌并加热至170℃，在该温度下保持1h后冷却至室温；加入丁二烯、偶氮异丁腈，搅拌使反应物溶解为透明溶液，加热至100℃，并在该温度下保持6h，在2.66kPa真空下升温至160℃，除去未反应的单体，得到的乳白色产物；将丁基缩水甘油醚、二氰二胺、2-甲基咪唑、碳酸钙粉、白炭黑、硅烷偶联剂KH-550混合，经三辊磨研磨后，即可得成品。

不饱和聚酯通过以下方法制得：将二元酸或酸酐和二元醇放入反应器内，在氩气的保护下进行缩聚反应，第一阶段在100～130℃保持3h，第二阶段在150～155℃保持5h，所得产物即为不饱和聚酯。其中的二元酸或酸酐可选用顺丁烯二酸、顺丁烯二酸酐、反丁烯二酸、亚甲基丁二酸中的一种或两种以上的混合物，也可以引入饱和的二元酸或酸酐，如己二酸、丁二酸、邻苯二甲酸酐等进行共聚。

配方8 水溶性酚醛树脂胶黏剂

特性：本品工艺流程简单，性能优良，胶黏性及稀释度良好，适用于涂附磨具生产，可用于高能级的软性研磨材料制成的高能级涂附磨具的生产。

配方（质量份）：

原料名称	配比1	配比2	配比3
苯酚	100	100	100
甲醛	115	170	150
缩醛	10	60	30

制法：向苯酚中加入甲醛，控制温度在40～100℃之间，搅拌3～9h，然后加入缩醛，控制温度为40～100℃，搅拌2～3h，即得成品。

配方9 铸造用胶黏剂

特性：本品成本低廉，固化温度低，可节省能源；无毒、无味，使用安全；浇注中发气性小，可减少气孔、气夹等缺陷，提高产品质量；制作的砂芯退让性好，残留强度低，便于清砂。目前作型（芯）砂黏合用，能满足各种型芯的需要，可用其配置一般常用铸件如机床、阀门砂芯等。

配方（质量份）：

原料名称	用量	原料名称	用量
水	500	甲醛	13
聚乙烯醇	80	氢氧化钠	10
盐酸	10	羟甲基纤维素	32

制法：在搪瓷玻璃反应锅中，先放入水，加热至 75～85℃，放入聚乙烯醇，搅拌约 2.5h 使充分溶解，待温度为 85℃左右放入盐酸，在 pH 值达 3 以下时，再放入甲醛，继续维持温度 85℃，反应 40～90min，待有极少量水从溶液中析出时，将氢氧化钠稍加稀释后慢慢加入反应锅内，在 pH 值达到 8 以后，水浴冷却，待溶液温度冷却至 50℃ 以下时，放入羟甲基纤维素，反应 30min 后即得成品。

配方 10　PET 铝板复合胶黏剂

特性：本品具有胶层柔韧、耐介质性强等优点，用在 PET 与铝板复合制备 PET 复合铝板时，制得的 PET 复合铝板甚至超越市场同类用途的 PVC 复合钢板（铝板）。

配方（质量份）：

原料名称		配比 1	配比 2	配比 3
聚酯多元醇	对苯二甲酸	20	22	24
	己二酸	25	22	21
	癸二酸	10	15	12
	一缩二丙二醇	15	12	16
	乙二醇	5	6	7
	新戊二醇	25	23	20
中间体	聚酯多元醇	30	25	32
	异佛尔酮二异氰酸酯	3	—	—
	甲苯	30	28	25
	二甲苯	15	24	24
	乙酸乙酯	22	20	15
	4,4'-二苯基甲烷二异氰酸酯	—	3	—
	甲苯二异氰酸酯	—	—	3
复配	中间体	80	85	88
	松香树脂	5	—	—
	硅烷偶联剂 KH-560	1	1	1
	混合二元酸酯 DBE	14	—	—
	酚醛树脂	—	5	—
	异佛尔酮	—	9	—
	萜烯改性酚醛树脂	—	—	3
	丙二醇乙醚	—	—	8

制法：

① 合成聚酯多元醇。将己二酸、对苯二甲酸、一缩二丙二醇、乙二醇加入聚酯合成釜中，升温至 210～230℃，反应 2～3h，保持聚酯合成釜的出水量稳定在每小时为合成聚酯多元醇所用各原料总质量的 0.5%～1.5%；在聚酯合成釜中加入癸二酸和新戊二醇，使聚酯合成釜升温至 210～230℃，反应 5～6h，保持聚酯合成釜的出水量稳定在每小时为合成聚酯多元醇所用各原料总质量的 1.5%～3%，测量产物的酸值确认二次酯化反应是否合格，若测量产物的酸值＜20mg KOH/g，则确认二次酯化反应合格；对

聚酯合成釜进行抽低真空，真空度为−0.02～−0.04MPa，抽低真空2～3h后停止抽低真空，放出馏出物，继续抽高真空，真空度为−0.05～−0.09MPa，抽高真空时间为2～3h；聚酯合成釜的釜温控制在245～255℃；抽高真空完毕后，进行长抽真空，真空度达到−0.095MPa，长抽时间为6～8h，控制醇馏出物为合成聚酯多元醇所用原料总质量的5%～15%，反应结束后得到的产物即为聚酯多元醇。

② 制备中间体。将上述合成聚酯多元醇步骤中制得的聚酯多元醇与二异氰酸酯、甲苯、二甲苯和乙酸乙酯混合，制得固含量为25%～35%、羟基含量为3～8mg KOH/g 的中间体。

③ 复配。将上述制得的所述中间体和增黏树脂、硅烷偶联剂 KH-560 和高沸点有机溶剂，在常温下混合搅拌 0.5～1h 至均匀，即制得固含量为 25%～35%，25℃下黏度为 200～400mPa·s 的胶黏剂。

所述制备中间体步骤所用的二异氰酸酯采用甲苯二异氰酸酯、4,4′-二苯基甲烷二异氰酸酯、异佛尔酮二异氰酸酯中的任一种或任意几种。

所述复配步骤所用的高沸点有机溶剂采用混合二元酸酯（DBE）、异佛尔酮、丙二醇乙醚中的任一种或任意几种。

所述复配步骤所用的增黏树脂采用松香树脂、酚醛树脂、萜烯改性酚醛树脂中的任一种或任意几种。

配方 11 玻璃与金属粘接光固化胶黏剂

特性：本品是一种紫外线至可见光固化胶黏剂，性能优良，粘接强度高，胶膜坚韧，抗冲击性能符合要求，耐水及耐振动性能满足产品的加工要求，性能稳定不产生黄变，适用于玻璃与铝、铜及不锈钢等金属粘接，经测试对玻璃、金属达到了较好的粘接效果。

配方（质量份）：

原 料 名 称	配比 1	配比 2	配比 3	配比 4	配比 5	配比 6
丙烯酸异冰片酯	25	26	27	15	26	28
甲基丙烯酸羟乙酯	15	17	15	15	15	15
马来酸酐加成丙烯酸-4-羟丁酯	14	14	15	15	17	14
预处理纳米二氧化硅	1	2	1	4	2	1
脂肪族聚酯型聚氨酯二丙烯酸酯	21	20	21.5	20	20	20
有机硅丙烯酸酯低聚物	11	10	10	10	10	12.5
2-羟基-2-甲基-1-苯基-1-丙酮	1	1	1.5	1	1.5	1
1-羟基环己基苯甲酮	2	1	1	1.5	1	1
2,4,6-三甲基苯甲酰基二苯基氧化膦	1	0.5	0.5	1	0.5	0.5
热塑性聚氨酯弹性体	6	6.5	5	5	5	5
γ-缩水甘油醚氧丙基三甲氧基硅烷	1	1	1	1.5	1	1
甲基丙烯酸磷酸酯	2	1	1.5	1	1	1

制法：

① 首先将丙烯酸异冰片酯、甲基丙烯酸羟乙酯、马来酸酐加成丙烯酸-4-羟丁酯，按比例加入容器中混合均匀。

② 缓慢加入预处理纳米二氧化硅，同时搅拌以防止结块，至完全分散后成为无色透明液体。

③ 加入脂肪族聚酯型聚氨酯二丙烯酸酯及有机硅丙烯酸酯低聚物、2-羟基-2-甲基-1-苯基-1-丙基酮、1-羟基环己基苯甲酮、2,4,6-三甲基苯甲酰基二苯基氧化膦、热塑性聚氨酯弹性体、γ-缩水甘油醚氧丙基三甲氧基硅烷、甲基丙烯酸磷酸酯，继续搅拌0.5～1h制得所述光固化胶黏剂。

配方 12 双组分丙烯酸酯胶黏剂

特性：本品气味小，耐热性好，固化速度快，操作方便，对金属和非金属材料均具有较高的粘接强度，主要用于金属与非金属、同种或异种材料之间的粘接，如管道、水箱、油箱、陶瓷、玩具等的修补。

配方（质量份）：

	原料名称	配比 1	配比 2	配比 3	配比 4
组分 A	甲基丙烯酸四氢糠醛酯	45	40	50	—
	甲基丙烯酸	13	16	12	18
	甲基丙烯酸酯	5	7	5	—
	红色染料	0.01	0.01	0.01	0.01
	四甲基硫脲	3.69	3.2	4	3.8
	三乙胺	2.4	1.5	1.99	1.69
	邻苯磺酰亚胺	1.9	1.29	1	1.5
	丁腈橡胶	6	5	7	7
	N,N-4,4-双马来酰亚胺	5	6	7	—
	甲基丙烯酸甲酯	—	—	—	48
	丙烯腈-丁二烯-苯乙烯共聚物	18	20	12	20
组分 B	甲基丙烯酸四氢糠醛酯	65	70	63	—
	甲基丙烯酸	3	3.5	5	4.6
	甲基丙烯酸甲酯	—	—	—	66
	蓝色染料	0.01	0.01	0.01	0.01
	丙烯腈-丁二烯-苯乙烯共聚物	25	20	24	22
	气相二氧化硅	1.5	1.7	2	1.8
	乙二胺四乙酸	0.07	0.04	—	0.14
	对苯二酚	0.25	0.3	0.35	0.4
	对苯醌	—	—	0.12	—
	叔丁基过氧化氢	—	—	5.4	—
	乙二胺四乙酸二钠	—	—	0.12	—
	2,6-二叔丁基对甲酚	0.17	0.25	—	0.25
	异丙苯过氧化氢	5	4.2	—	4.8

制法：A 组分和 B 组分的生产应区别生产设备并分开进行，生产设备间隔要求在 2m 以上。

A 组分制备方法：将甲基丙烯酸四氢糠醛酯、甲基丙烯酸、甲基丙烯酸酯投入反应釜中，在 60～300r/min 转速下，投入红色染料、促进剂（三乙胺、四甲基硫脲、邻苯磺酰亚胺中的至少一种）、丁腈橡胶（使用前需用开炼机塑炼 3～5 遍）、N,N-4,4-双马来酰亚胺、丙烯腈-丁二烯-苯乙烯共聚物，搅拌 8～10h 至完全溶解，密封独立分装，即得 A 组分。

B 组分制备方法：将甲基丙烯酸四氢糠醛酯、甲基丙烯酸、甲基丙烯酸酯投入反应釜中，在 60～300r/min 转速下，投入蓝色染料、丙烯腈-丁二烯-苯乙烯共聚物、气相二氧化硅、金属螯合物（乙二胺四乙酸二钠、乙二胺四乙酸、乙二胺四乙酸钠中的至少一种）、稳定剂（2,6-二叔丁基对甲酚、对苯二酚、对苯醌中的至少一种），搅拌 8～10h 至完全溶解，投入过氧化物（异丙苯过氧化氢、叔丁基过氧化氢中的至少一种），搅拌 30min，密封独立分装，即得 B 组分。

配方 13　酚醛树脂-丁腈橡胶胶黏剂

特性: 本品由酚醛树脂和丁腈橡胶溶于溶剂中而制得,韧性好、耐油、耐水、耐冲击,能在 -30~150℃ 的温度下长期使用,成本低、效果好、工艺简单,主要用于钢、不锈钢、硬铝等金属材料或非金属材料的粘接。

配方(质量份):

原料名称	用量	原料名称	用量
苯乙烯	40	六亚甲基四胺	3
酚醛树脂	25	聚酰胺	3
丁腈橡胶	25	硬脂酸钡	1
苯磺酰氯	3		

制法: 将苯乙烯送入反应釜并搅拌,转速为 30r/min,设置温度 25℃,缓慢地加入酚醛树脂,搅拌至全部溶解,反应 30min;温度逐步提高到 40℃,加入丁腈橡胶,搅拌至全部溶解,反应 1h;再将反应温度提高到 80℃,缓慢加入苯磺酰氯反应 30min;降温至 60℃并加入六亚甲基四胺,搅拌反应 20min;降温至常温,加入聚酰胺,搅拌反应 30min,再加入硬脂酸钡,搅拌反应 30min,得到成品。

配方 14　氟硅橡胶与金属粘接用胶黏剂

特性: 本品可对不同的金属材料在常温下提供良好的、稳定的粘接强度,其产生的粘接耐高温、耐油性能卓越,能满足氟硅橡胶材料特定使用条件的需要,主要应用于航天、航空、汽车、运输、机电等领域。

配方(质量份):

原料名称	配比 1	配比 2	配比 3	配比 4
氟硅橡胶混炼胶	20	25	28	35
甲基三叔丁基过氧硅烷	5	6	7	10
乙烯基三乙氧基硅烷	15	15	20	15
乙酸乙酯	40	30	20	20
丙酮	20	24	25	20

制法: 先配制混凝好氟硅橡胶混炼胶,接着按比例混入乙酸乙酯和丙酮溶剂,密闭停放 1~2 天,其后解密封,放出反应气体,搅拌均匀,混入含烯烃官能团的硅烷偶联剂乙烯基三乙氧基硅烷,密闭停放 1~2 天,其后解密封,放出反应气体,搅拌均匀,混入含过氧基团的硅烷偶联剂甲基三叔丁基过氧硅烷,密闭停放 1~2 天,其后解密封,放出反应气体,搅拌均匀,即得成品。

配方 15　环氧树脂胶黏剂

特性: 本品主要用于未硫化氟橡胶与金属的粘接,在低温下有较好的稳定性,高温下有较好的反应性,是一种高温固化、适用期长的结构胶黏剂。其主要成分为砜类聚合物与环氧树脂共混物。大量的环氧端基提高了其固化时的反应活性以及与金属之间的黏合力,砜类聚合物不仅促进了胶黏剂与金属的粘接,也参与了氟橡胶的黏合与硫化反应,固化剂(双氰胺、三氯甲烷)除了与环氧基进行反应外,也会与氟橡胶在粘接界面处生成配位键,改善与氟橡胶的粘接性能、提高粘接强度。

配方(质量份):

原料名称	配比 1	配比 2	配比 3	配比 4
环氧树脂 E-51	10	10	10	10
双氰胺粉末	1	4	4	3
三氯甲烷溶液	20	20	24	20
三氯甲烷	100	100	100	100

制法：首先将环氧树脂 E-51 加热到 130℃，然后立即加入研细的双氰胺粉末搅拌均匀，使固化剂（双氰胺、三氯甲烷）均匀分散并溶于树脂中；加入预先配制的 25%砜类聚合物的三氯甲烷溶液，充分搅拌使之分散均匀，用三氯甲烷稀释到一定黏度，即得氟橡胶与金属粘接用环氧树脂胶黏剂。

配方 16 高强度无溶剂环氧胶黏剂

特性：本品的制备工艺简单、成本低、操作方便，反应原料来源方便，可以在通用设备中完成制备过程，有利于实现工业化生产。本品黏度可控性好，工艺性好，并且对金属基材（包括铁、铜、铝合金等）粘接性能优异，25℃时黏度达 15～1000Pa•s，粘接强度最高可达 35MPa，具有广阔的应用前景。本品主要应用于金属和非金属材料的粘接。

使用方法：取适量本品的高强度无溶剂环氧胶黏剂，并均匀涂覆于标准铁试片上，进行固化，从室温加热至 100℃，保温 1h，继续升温至 150℃，保温 1h，连续升温至 170℃，保温 2h，自然冷却至室温，即可。

配方（质量份）：

原料名称	配比 1	配比 2	配比 3	配比 4
3,3′-二甲基-4,4′-二氨基二苯甲烷	23	—	—	—
4,4′-双(4-氨基苯氧基)二苯硫醚	—	—	—	40
4,4′-二氨基二苯砜	25	25	25	25
4,4′-二氨基二苯醚	—	20	—	—
E-44 环氧树脂	400	—	—	—
E-51 环氧树脂	—	50	160	100
$N,N,N′,N′$-四缩水甘油基-4,4′-二氨基二苯甲烷	—	180	—	—
酚醛树脂型环氧树脂	—	—	—	200
端羧基丁腈橡胶(活性增韧剂)	32	46	10	38
含酚羟基聚酰亚胺粉末(活性增韧剂)	—	—	10	—
3,4-环氧环己基甲基-3′,4′-环氧环己基碳酸酯(活性稀释剂)	40	2300	800	440
双氰胺	10	30	30	20
甲基四氢苯酐	30	—	—	—
3,3′,4,4′四甲酸二苯醚二酐粉末	—	200	—	—
4,4′-双(3-氨基苯氧基)二苯砜	—	—	—	10

制法：

① 将一种或多种芳香族二元伯胺与环氧树脂混合，于 60～100℃内反应 0.5～2h 后，加入活性增韧剂，于 80～110℃温度下反应 1～3h，获得黏稠改性环氧树脂体系。

② 在上述改性环氧树脂体系中加入活性稀释剂、固化剂，搅拌均匀，得高强度无溶剂环氧胶黏剂。

芳香族二元伯胺选自 3,3'-二甲基-4,4'-二氨基二苯甲烷、4,4'-二氨基二苯砜、4,4'-二氨基二苯醚、4,4'-双（4-氨基苯氧基）二苯硫醚中的一种或几种的混合物。

环氧树脂选自双酚 A 型环氧树脂（如 E-51 或 E-44 等）、酚醛树脂型环氧树脂、缩水甘油胺型环氧树脂中的一种或几种的混合物。

活性增韧剂选自端羧基丁腈橡胶或含酚羟基可溶性聚酰亚胺粉末。

活性稀释剂选自 1,3-双（2,3-环氧丙氧基）苯或 3,4-环氧环己基甲基-3',4'-环氧环己基碳酸酯。

固化剂选自双氰胺、甲基四氢苯酐、2-乙基-4-甲基咪唑、2-甲基咪唑、马来酸酐、纳迪克酸酐、甲基纳迪克酸酐、苯酐、3,3',4,4'-四甲酸二苯醚二酐、3,3',4,4'-四甲酸二苯酮二酐、3,3',4,4'-四甲酸联苯二酐、均苯四甲酸二酐、2,2-双 [4-(3,4-二羧基苯氧基）苯]丙烷二酐、4,4'-二氨基二苯甲烷、对苯二胺、间苯二胺、邻苯二胺、2,5-二氨基甲苯、4,4'-二氨基二苯醚、4,4'-二氨基二苯砜、3,3',5,5'-四甲基-4,4'-二氨基二苯砜、4,4'-二氨基联苯、3,3',5,5'-四甲基-4,4'-二氨基联苯、4,4'-双（3-氨基苯氧基）二苯砜、4,4'-双（4-氨基苯氧基）二苯砜、2,2-双 [4-(3-氨基苯氧基）苯基] 丙烷、2,2-双 [4-(4-氨基苯氧基)] 苯丙烷、2,2-双 [4-(3-氨基苯氧基）苯基] 六氟丙烷、2,2-双 [4-(4-氨基苯氧基）苯基] 六氟丙烷、4,4'-双（3-氨基苯氧基）联苯、4,4'-双（4-氨基苯氧基）联苯、4,4'-双（3-氨基苯氧基)-3,3',5,5-四甲基联苯、萘二胺、1,3-双（2,4-二氨基苯氧基）苯 1,4-双（2,4-二氨基苯氧基）苯、1,3-双（2,4-二氨基苯氧基）苯、2,2-双 [4-(2-三氧甲基-4-氨基苯氧基）苯基] 丙烷、2,2-双 [4-(2-三氟甲基-4-氨基苯氧基）苯基] 六氟丙烷、2,5-双（2-三氟甲基-4-氨基苯氧基）甲苯、4,4'-双（2-三氟甲基-4-氨基苯氧基）联苯、4,4'-双（2-三氟甲基-4-氨基苯氧基)-3,3',5,5'-四甲基联苯中的一种或几种的混合物。

配方 17 丁苯嵌段共聚物胶黏剂

特性： 本产品使用原料先进，制备工艺方法简单，突出特点耐老化、耐热、初粘力大、固化速度快、耐水、耐油，胶液防冻，不含苯系物或重金属，无环境污染，适用于金属、非金属以及其他多种物质的粘接。

配方（质量份）：

原料名称	用量	原料名称	用量
锐钛型纳米级二氧化钛	1	聚合松香	15
纳米水化石	1	萜烯-酚醛树脂	5
饱和型丁苯嵌段共聚物	95	稳定剂	1
纳米材料	15	溶剂	60

制法： 复合材料的制备，复合材料由锐钛型纳米级二氧化钛、纳米水化石及饱和型丁苯嵌段共聚物组成，通过混合、分散、复合加工方法制成复合材料；将计量后的复合材料溶于溶剂中，溶解后加入聚合松香和萜烯-酚醛树脂，温度控制在 50℃ 左右，搅拌时间 3h；得到胶液，调整黏度，加环己烷稀释到要求浓度后加稳定剂；要求胶液的固含量为 38%～50%，对黏度进行分析，达到要求标准，入中储罐，待分装，出成品。

纳米复合材料的制备方法：主要借助机械剪切和撞击力的搅拌，使两种纳米粒子溶于饱和型丁苯嵌段共聚物溶液中，经过混合，分散，复合等加工。

① 将饱和型丁苯嵌共聚物（SEBS）溶于溶剂中，该溶剂为碳酸二甲酯和环己烷的混合溶液，碳酸二甲酯与环己烷之比为2∶8，在 SEBS 溶于溶剂之后，在室温下，溶解时间为 0.5h，加入适量的硅烷偶联剂 KH-550。

② 将纳米材料溶于上述溶液中。

③ 用机械搅拌，在氩气保护下运行，控制在温度 50～55℃情况下，搅拌 1h；在 70～75℃温度下，蒸出溶剂，进行室温真空干燥，获得白色粉末物质。

配方 18　金属板材专用胶黏剂

特性：本品与传统的胶剂相比，其剪切强度及剥离强度都有很大的提高。另外，本品所采用的原材料均是环保产品，大规模工业应用时，不存在环境污染问题。本品用于两层金属板的复合，特别适于制造减震消音片。

配方（质量份）：

原料名称	配比 1	配比 2	配比 3	配比 4
γ-氨丙基三乙氧基硅烷	2	1	2	2
纳米二氧化硅粉体	5	7	6	6
纳米氧化铝粉体	5	6	7	6
环氧树脂	50	40	45	47
端氨基液体丁腈橡胶	100	90	95	86
乙酸乙酯	50	55	60	50
过氧化二异丙苯	3	3	4	4
氰尿酸三烯丙酯	1	2	2	2
甲基六氢邻苯二甲酸酐	35	30	40	35
苄基三乙基氯化铵	1	1	1	1

制法：

① 将 γ-氨丙基三乙氧基硅烷按 1∶5 的比例溶于乙酸乙酯中，在搅拌状态下，将纳米二氧化硅粉体和纳米氧化铝粉体加到 γ-氨丙基三乙氧基硅烷溶液中，用超声波处理 30min，然后减压蒸馏除去乙酸乙酯，烘干，得到活性填料粉体；

② 将温度控制在 90℃，按配比将活性填料粉体、环氧树脂分别倒入真空分散机的反应釜中，以 1350r/min 的转速高速搅拌 20min，以便表面有机包覆偶联剂的纳米二氧化硅粉和纳米氧化铝粉体均匀地分散到环氧树脂中，得到环氧树脂-活性填料的混合物；

③ 按配比将丁腈橡胶、乙酸乙酯倒入真空分散机的反应釜中，以 350r/min 的转速，低速搅拌 35min，然后将温度控制在 25～30℃，依次加入过氧化二异丙苯、氰尿酸三烯丙酯、甲基六氢邻苯二甲酸酐、苄基三乙基氯化铵，继续低速搅拌 15min，即得到本金属板材专用黏合胶。

配方 19　用于缠绕型铸造过滤网的胶黏剂

特性：使用本品生产的铸造纤维过滤网具有可缠绕性，可根据客户不同用途和要求，制作成各种形状，扩大使用范围。使用本品生产的过滤网具有耐高温、耐腐蚀、强度高等特点，可在 700～1450℃高温下连续工作 10min。使用本品，可实现铸造用纤维过滤网缠绕型连续化生产，提高工作效率。本品用于生产铸造纤维过滤网。

配方（质量份）：

原料名称	配比1	配比2	配比3
热塑性酚醛树脂	4	7	6
聚己二酰己二胺	0.5	3	1
工业乙醇	20	20	20
甲基丙烯酸缩水甘油酯	100	525	350
丙烯酸酯	100	525	350
γ-氯丙基甲基二乙氧基硅烷	7	56	30

制法：

① 用 10 份工业乙醇把全部热塑性酚醛树脂分散溶解；

② 先把甲基丙烯酸缩水甘油酯按质量 1:1 搅拌均匀，放入 5 份工业乙醇中，强力分散，再加入 γ-氯丙基甲基二乙氧基硅烷，搅拌均匀；

③ 再用 5 份的工业乙醇强力搅拌分散聚己二酰己二胺，控制温度为 40～60℃，搅拌时间 10～30min；

④ 将步骤①、②、③所得的三部分产物混合物均匀，即得成品。

配方20　用于金属与天然木材之间粘接的胶黏剂

特性：本品可以保证金属和天然木材在黏合之后具有极高的粘接强度，同时在黏合之后不会受冷、热、潮等环境变化导致剥落分离。本品用于金属与天然木材之间的粘接。

配方（质量份）：

原料名称	配比1	配比2	原料名称	配比1	配比2
乙酸乙烯酯	64	60	增塑剂(邻苯二甲酸二丁酯)	6	7
乳化剂(聚乙烯醇)	8	9			
消泡剂(辛醇)	0.4	0.4	乙酸乙酯	21	24
过硫酸铵	0.2	0.2	聚氨酯预聚体	100	100

制法：将原料按配比混合并搅拌均匀即可。

配方21　用于钢绞线防腐涂层的胶黏剂

特性：本产品可在常、低温环境下使用，能在 −5℃ 的条件下与环氧树脂发生交联反应，涂层工艺简单、材料资源丰富、成本低、更加环保。本品主要用作预应力钢绞线防腐涂层的胶黏剂。

配方（质量份）：

原料名称	配比1	配比2	配比3
E-44 环氧树脂	80	80	80
改性环氧树脂	15	10	20
活性稀释剂(环氧丙烷丁基醚)	13	10	15
增韧剂(低分子量聚酰胺树脂)	15	16	17
填料	7	8	9
固化剂(腰果壳油)	110	80	100

制法：

① 控制温度要求在 25℃ 以上，上述物料按质量份将 E-44 环氧树脂、改性环氧树脂、活性稀释剂环氧丙烷丁基醚、增韧剂低分子量聚酰胺树脂、填料放入搅拌罐中，搅

拌均匀成糊状。将上述搅拌好的糊状物投入三辊磨中混合均匀，脱气，研磨制成胶黏剂A剂；

② 固化剂腰果壳油，制成胶黏剂 B 剂；

③ 涂层使用时，将 A 剂与 B 剂按 1.2：1 质量比混合均匀即可进行环氧涂层操作。

配方 22 阻尼钢板用胶黏剂

特性：本品为阻尼钢板用胶黏剂。本品主要性能是固含量 25%～35%，T 形剥离强度 50N/cm，阻尼系数大于 0.15（60～120℃），胶液黏度 4～5.5Pa·s。

配方（质量份）：

原料名称	配比 1	配比 2	配比 3
丁腈橡胶	190	253	122
癸二酸二酰肼	4	10	1
酚醛环氧树脂	—	41	15
双酚 A 环氧树脂	—	15	41
酚醛树脂	—	41	100
乙酸乙酯	360	410	284
乙酸丁酯	350	284	410
环氧值为 0.45 的双酚 A 型环氧树脂	23	—	—
环氧值为 0.44 的酚醛环氧树脂	23	—	—

制法：先将丁腈橡胶在双辊机上塑炼 5～10min，然后加入癸二酸二酰肼混炼，至橡胶威氏可塑度在 0.32～0.42 之间，接着把混炼物料加入搅拌着的混合溶剂中、搅拌至全部溶解后再加入环氧树脂和酚醛树脂，继续搅拌至溶液呈均匀黏稠液体即可过滤灌装供用户使用。

配方 23 环保型改性氯化聚丙烯胶黏剂

特性：本品采用环保型溶剂法接枝改性氯化聚丙烯，该方法还加入丙烯酸酯和含氮类单体，在引发剂的作用下，这些单体接枝在氯化聚丙烯上，该改性产品在热塑性聚烯烃基质或金属表面上附着力好。提供了一种制备工艺简单，无毒，性价比高，对金属和非极性聚合物有较强黏结力的胶黏剂。预期它在胶黏剂领域具有广泛的应用前景。本品主要用作金属和非极性聚合物的胶黏剂。

配方（质量份）：

原料名称	配比 1	配比 2	配比 3	配比 4	配比 5
氯化聚丙烯(CPP)	100	100	100	100	100
马来酸酐	25	10	5	—	—
甲基环己烷(溶剂①)	300	150	150	300	300
甲基环己烷(溶剂②)	200	100	100	200	100
过氧化二苯甲酰	5	5	5	5	4
石油树脂	10	—	—	—	—
丙烯酸丁酯	—	10	10	—	10
乙酸丁酯(溶剂①)	—	150	150	—	100
乙酸丁酯(溶剂②)	—	100	100	—	—
松香脂	—	10	—	10	—
N,N-二甲基丙烯酸酰胺	—	—	10	10	5
甲基丙烯酸丁酯	—	—	—	—	10

制法：

① 将氯化聚丙烯、单体、溶剂①加入带有搅拌装置的反应器中，加热升温至70～90℃。

② 待单体溶解完全后，加入引发剂，再升温至反应温度70～90℃。

③ 待反应结束后，停止加热，用丙酮将产物沉淀，然后用布氏漏斗吸滤，烘干后用溶剂②溶解，加入增黏剂后，即可制得环保型改性氯化聚丙烯胶黏剂。

上述的单体为马来酸酐、甲基丙烯酸甲酯、甲基丙烯酸乙酯、甲基丙烯酸丁酯、丙烯酸丁酯、N,N-二甲基丙烯酸酰胺中的一种或几种的混合物。

上述的溶剂为环己烷、甲基环己烷、乙酸丁酯、乙酸乙酯中的一种或几种的混合物。

上述引发剂为偶氮二异丁腈、偶氮二异庚腈、过氧化二苯甲酰、异丙苯过氧化氢、过氧化甲乙酮、过氧化环己酮、过氧化-2,4-戊二酮中的一种或几种的混合物。

上述的增黏剂为石油树脂、萜烯或松香脂。

配方 24 环氧胶黏剂

特性：本品为浆状液体，且无毒无味，不选用溶剂，可在-20～60℃下使用，粘接强度大于10MPa，挥发物含量小于10%，黏度在60～350mPa·s。本品对金属、陶瓷、玻璃及有机聚合物均有较好的粘接性。

配方（质量份）：

原料名称	用量	原料名称	用量
聚乙烯醇	70	改性聚乙烯醇	25
脲醛树脂	30	环氧树脂	60
异氰酸酯	20	填料二氧化硅	5
尿素	40	苯乙烯稀释剂	15

制法：

① 按质量份取聚乙烯醇70份、脲醛树脂30份混合，放入恒温干燥箱90℃保存1～3h，制得聚乙烯醇缩醛树脂；

② 在步骤①中产品加入异氰酸酯20份、尿素40份，在反应釜中反应6h，反应釜温度为35℃，制得改性聚乙烯醇；

③ 取制得的改性聚乙烯醇25份，加入环氧树脂60份搅拌混合均匀，制备得到改性聚乙烯醇增韧的1组分；

④ 取填料二氧化硅5份、苯乙烯稀释剂15份混合均匀，得到2组分；

⑤ 将所述1组分、2组分混合均匀，即得到用于室温固化，无须添加固化剂的环氧胶黏剂产品。

配方 25 金属板材专用黏合胶

特性：本品用于两层金属板的复合，与传统的胶相比，其剪切强度及剥离强度有很大的提高，并且采用本胶黏合的金属复合板，阻尼系数高，复合损耗因子$\mu > 0.17$，当发生振动时，金属复合板之间的黏弹性胶体被迫伸缩，层内产生较大的剪切应力和应变，于是损耗更多的能量，产生抗震减噪的效果，因此特别适于制造减震消音片。另外，本品所采用的原材料均是环保产品，大规模工业应用时，不存在环境污染问题。本品主要应用于金属板的复合机减震消音片的制造。

配方（质量份）：

原料名称	配比 1	配比 2	配比 3	配比 4
γ-氨丙基三乙氧基硅烷	2	1	2	2
乙酸乙酯①	10	5	10	8
纳米二氧化硅粉体	5	7	6	6
纳米氧化铝粉体	5	6	7	6
活性填料粉体	全部	全部	全部	全部
环氧树脂	50	40	45	47
端氨基液体丁腈橡胶	100	90	95	86
乙酸乙酯②	50	55	60	50
过氧化二异丙苯	3	3	4	4
氰尿酸三烯丙酯	1	2	2	2
甲基六氢邻苯二甲酸酐	35	30	40	35
苄基三乙基氯化铵	1	1	1	1

制法：

① 将 γ-氨丙基三乙氧基硅烷按 1:5 的比例溶于乙酸乙酯①中，在搅拌状态下，将纳米二氧化硅粉体和纳米氧化铝粉体加到 γ-氨丙基三乙氧基硅烷溶液中，用超声波处理 30min，然后减压蒸馏除去乙酸乙酯，烘干，得到活性填料粉体。

② 将温度控制在 90℃，按比例将活性填料粉体、环氧树脂分别倒入真空分散机的反应釜中，以 1850r/min 的转速高速搅拌 20min，以便表面有机包覆偶联剂的纳米二氧化硅粉体和纳米氧化铝粉体均匀地分散到环氧树脂中，得到环氧树脂-活性填料的混合物。

③ 按比例将端氨基液体丁腈橡胶、乙酸乙酯②倒入真空分散机的反应釜中，以 350r/min 的转速低速搅拌 35min，然后将温度控制在 25～30℃，依次加入过氧化二异丙苯、氰尿酸三烯丙酯、甲基六氢邻苯二甲酸酐、苄基三乙基氯化铵，继续低速搅拌 15min，即得到本金属板材专用黏合胶。

配方 26　金属导热件粘接用胶黏剂

特性： 本品与现有技术相比，配方更科学，制作工艺简单，具有较好的抗疲劳性能，导热性较好，耐热老化性能优良，同时抗振动性好，并且粘接可靠、强度高，成本低。本品是一种用于金属导热件粘接的胶黏剂。

配方（质量份）：

原料名称	配比 1	配比 2	配比 3	配比 4	配比 5
液体丁腈橡胶-40	35	30	40	31	39
E-51 环氧树脂	100	105	95	102	97
双氰胺	15	20	10	18	12
间苯二酚	2	2	1	2	1
铜粉	30	40	20	38	28
炭黑	3	4	4	3	2
玻璃粉	10	15	6	13	9

制法：

① 将液体丁腈橡胶-40、E-51 环氧树脂、双氰胺、间苯二酚、铜粉、炭黑、玻璃粉按配比组成金属导热件粘接的胶黏剂。

② 在 90℃、0.2MPa 下固化 2～3h，再在 1h 内升温到 600℃，并在此温度下固化 4h 最后在 150℃下固化 4～5h 即可。

配方 27 耐高温、高强度的改性环氧树脂胶黏剂

特性：采用 TDE-85 和 E-51 的混合环氧树脂作为胶黏剂的树脂基体，使胶黏剂具有高强高韧的抗冲击性能，并且具备优异的耐高温性能。采用聚氨酯对环氧树脂进行增韧改性，提高了胶黏剂的拉伸剪切强度、冲击韧性及剥离强度。采用混合芳胺作为胶黏剂的固化剂，使胶黏剂具有较低的固化温度及突出的耐热性能。

该胶黏剂韧性高，耐高温性能优异，反应活性高。固化后，胶黏剂的室温拉伸剪切强度达到 25.81MPa，160℃高温拉伸剪切强度为 12.85MPa，剥离强度达到 51.68 N/cm，本品可广泛应用于金属、陶瓷、塑料、木材等的黏结。

配方（质量份）：

原料名称	用量	原料名称	用量
聚醚二元醇	50	TDE-85 和 E-51 的混合环氧树脂	367
2,4-甲苯二异氰酸酯	17	间苯二胺	55
1,4-丁二醇	2	二氨基二苯基甲烷	55
三羟甲基丙烷	0.6	2-乙基-4-甲基咪唑	13

制法：将聚醚二元醇加热至 110~130℃回流脱水 0.5~1.5h，降温至 50~55℃，加入 2,4-甲苯二异氰酸酯，缓慢升温至 65~75℃，保温并匀速搅拌反应 1.5~2.5h，得到聚氨酯预聚体；向得到的聚氨酯预聚体中加入 1,4-丁二醇及三羟甲基丙烷，反应得到聚氨酯。得到的聚氨酯搅拌后加入 TDE-85 和 E-51 的混合环氧树脂中，在 90~110℃条件下搅拌并保温 0.5~2h，得到聚氨酯改性环氧树脂；取固化剂、聚氨酯改性环氧树脂、固化促进剂混合，固化。所述的固化是在 20~30℃条件下固化 10~15h，再在 120~160℃固化 1.5~3h。

固化剂由混合芳香胺组成，混合芳香胺选自间苯二胺及二氨基二苯基甲烷。

固化促进剂优选 2-乙基-4-甲基咪唑。

配方 28 冶炼金属用制团造块胶黏剂

特性：本品材料来源广，生产工艺简单，产品成本低，黏结效果好，不产生废料，利于环保，是冶炼金属用制团造块的比较理想的材料。本品主要用作冶炼金属用制团造块胶黏剂。

配方（质量份）：

原料名称	用量	原料名称	用量
水	55	淀粉	6
木质素磺酸镁	30	苯酚	1
尿素	1	甲醛	1
六亚甲基四胺	2	硫酸	适量

制法：先向配料槽内加入水，加热至 30~70℃后，再边搅拌边加入干粉状木质素磺酸镁（或者木质素磺酸钠），再加入尿素、六亚甲基四胺、淀粉、苯酚、甲醛，搅拌均匀后再用硫酸将混合液调为中性，然后再将配料槽内温度加热至 30~70℃，充分搅拌使其作用 1~3h 后，即可停止加热，将混合液静置 3 天后方可使用。

配方 29 埋地钢管彩色胶黏剂

特性：本品赋予埋地钢质管道中间层胶黏剂以色彩，进一步改善该层胶黏剂的力学

性能指标，并增强了涂覆过程中对底胶膜的可识别性。本品主要用作埋地钢质管道三层防腐中间层的彩色胶黏剂。

配方（质量份）：

原料名称	配比1	配比2	配比3	配比4	配比5	配比6
涂料用PE树脂	100	100	100	100	100	100
抗氧剂	0.1	0.5	0.3	0.3	0.4	0.4
光稳定剂	0.5	0.1	0.2	0.4	0.4	0.4
有机颜料	0.01	0.0005	0.005	0.01	0.0009	0.0009
苯乙烯	0.02	0.01	0.03	0.02	0.02	0.02

制法：按照上述比例进行本品的配制。PE树脂选择涂料用树脂，呈液态才能满足使用要求。

配方30　有色金属加工用胶黏剂

特性：本品为有色金属中造块制团用胶黏剂，尤其适用于有色冶炼过程中冷固球团造块及有色金属矿粉制团。本品成本低，工艺流程简单；性能优良，造块率高，强度大，并能简化制团工序；成品可为固体状态，便于运输。

配方（质量份）：

原料名称	配比1	配比2	配比3	配比4	配比5	配比6
木质素磺酸镁	200	230	200	210	200	200
酚	—	—	—	7	4	4
甲醛	20	15	55	15	25	20
尿素	8	5	—	—	—	5
六亚甲基四胺	—	—	—	—	1	1
水	142	120	115	140	140	140

制法：将木质素磺酸镁和水加到反应器中溶解，再加入酚、甲醛、尿素、六亚甲基四胺，搅拌均匀，调节pH值至4～6，然后升温到60～104℃，反应1～5h，即得成品（也可将产物经喷雾干燥处理得固体成品）。

配方31　抗流淌糊状环氧胶黏剂

特性：本产品为糊状环氧胶黏剂，将本产品涂在钢板上，涂层尺寸为厚1mm，宽10mm，长100mm，并将其垂直置于室温约200℃烘箱中固化5～1440min，固化后胶条向下移动0～5mm。本产品具有稳定的抗流淌性且不会随着储存时间的延长而消失。

配方（质量份）：

原料名称	配比1	配比2	配比3	配比4	配比5
聚对苯二甲酸丁二醇酯(PBT101)	5	5	5		5
聚对苯二甲酸丁二醇酯-聚四氢呋喃嵌段共聚物(链段质量比40∶60)	—	—	—	5	
E-51环氧树脂	100	100	100	100	100
硅灰石粉(过800目筛)	80	80	80	80	80
二氰二胺	10				
650号低分子聚酰胺		80			
三亚乙基四胺			12	12	
4,4'-二氨基二苯甲烷					28

制法：将各组分经三辊磨研磨后混合均匀得到糊状胶黏剂。

配方32　PET复合铝板用胶黏剂

特性： 本品主要应用于PET与铝板的黏合。本品通过设计聚酯多元醇中二元酸的种类与恰当的比例，使制备的聚酯多元醇具有一定柔顺度的同时具有适当的结晶性，使复配后制得的胶黏剂具有胶层柔韧、耐介质性强等优点，用在PET与铝板复合制备PET复合铝板时，复合产品常规杯突试验可以达到杯深8mm而无任何翘边现象，使制得的PET复合铝板的性能可达到甚至超越市场PVC复合钢板（铝板）同类用途的产品。

配方（质量份）：

① 合成聚酯多元醇

原料名称	配比1	配比2	配比3
对苯二甲酸	20	22	24
己二酸	25	22	21
癸二酸	10	15	12
一缩二丙二醇	15	12	16
乙二醇	5	6	7
新戊二醇	25	23	20

② 制备中间体

原料名称	配比1	配比2	配比3
聚酯多元醇	30	25	32
异佛尔酮二异氰酸酯(IPDI)	3	—	—
甲苯	30	28	25
二甲苯	15	24	24
乙酸乙酯	22	20	17
4,4'-二苯基甲烷二异氰酸酯(MDI)	—	3	—
甲苯二异氰酸酯(TDI)	—	—	2

③ 复配

原料名称	配比1	配比2	配比3
中间体	80	85	88
松香树脂	5	—	—
γ-缩水甘油醚氧丙基三甲氧基硅烷(KH-560)	1	1	1
混合二元酸(DBE)	14	—	—
酚醛树脂	—	5	—
异佛尔酮	—	9	—
萜烯改性酚醛树脂	—	—	3
丙二醇乙醚	—	—	8

制法：

① 合成聚酯多元醇。一次酯化，即将对苯二甲酸、己二酸、一缩二丙二醇、乙二醇加入聚酯合成釜中，升温至210～230℃，反应2～3h，完成一次酯化；在一次酯化后的聚酯合成釜中，加入癸二酸和新戊二醇，使聚酯合成釜升温至210～230℃，反应5～6h，完成二次酯化；缩聚反应，即对上述完成二次酯化的聚酯合成釜进行抽低真空，真

空度为−0.02～−0.04MPa，抽低真空 2～3h，停止抽低真空，放出馏出物；继续抽高真空，真空度为−0.05～−0.09MPa，抽高真空时间为 2.5～3.5h，聚酯合成釜的釜温控制在 245～255℃；抽高真空完毕后，进行长抽真空，真空度达到−0.095MPa，长抽时间为 6～8h，控制醇馏出物为合成聚酯多元醇所用原料总质量的 5%～15%，缩聚反应结束后得到的产物即为聚酯多元醇。

② 制备中间体。将上述合成聚酯多元醇步骤中制得的聚酯多元醇、二异氰酸酯、甲苯、二甲苯和乙酸乙酯混合，制得固含量为 25%～35%、羟基含量为 3～8mg KOH/g的中间体。

③ 复配。将上述制得的所述中间体、增黏树脂、γ-缩水甘油醚氧丙基三甲基硅烷（KH-560）和高沸点有机溶剂，在常温下混合搅拌 0.5～1h 至均匀，即制得固含量为 25%～35%，25℃下黏度为 200～400mPa·s 的胶黏剂。

增黏树脂为松香树脂、酚醛树脂、萜烯改性酚醛树脂中的任一种或任意几种。

高沸点有机溶剂为混合二元酸酯（DBE）、异佛尔酮、丙二醇乙醚中的任一种或任意几种。

配方 33　单组分无溶剂聚氨酯胶黏剂

特性：本品主要应用于聚氨酯泡沫板材与金属板的粘接。本品单组分无溶剂聚氨酯胶黏剂能够快速固化，生产效率高；为单组分，其黏度较低可常温施胶，使用方便；不含有机溶剂，使用无污染，本品胶黏剂属于高效、便于施工、环保的聚氨酯胶黏剂。

配方（质量份）：

原料名称	配比 1	配比 2	配比 3	配比 4	配比 5
高活性高官能度聚醚多元醇 MPO	30	40	50	50	50
聚氧化丙烯二醇 220	30	—	10	10	10
聚酯多元醇 PE1	5	—	20	—	—
扩链剂乙二醇	1	2	—	—	—
多异氰酸酯 VKS	40	—	30	30	30
二异氰酸酯 44C	10	5	10	10	10
二异氰酸酯 M-50	10	—	20	20	20
聚氧化丙烯三醇 330N	—	15	—	—	10
多异氰酸酯 9258C	—	50	—	—	—
甲苯二异氰酸酯 TDI	—	10	—	—	—
聚酯多元醇 PE2	—	—	—	20	20

制法：先加入如原料组合物所述分量的聚醚多元醇、聚酯多元醇、扩链剂乙二醇，开启搅拌，并升温至 30～40℃，10min 后依次加入如原料组合物所述分量的多异氰酸酯和二异氰酸酯，控制反应温度在 80～85℃，保温 1h 后，开始监控 NCO 基团含量和黏度，每 0.5h 取样一次，待 NCO 基团含量及黏度合格后，降温至 60℃以下出料。

配方 34　氟橡胶与金属粘接用环氧树脂胶黏剂

特性：本品主要用于未硫化氟橡胶与金属的粘接。本品所提供的氟橡胶与金属粘接用环氧树脂胶黏剂，其主要成分为砜类聚合物与环氧树脂共混物。大量的环氧端基提高了其固化时的反应活性以及与金属之间的黏合力，砜类聚合物不仅促进了胶黏剂与金属的粘接，也参与了氟橡胶的黏合与硫化反应，固化剂除了与环氧基进行反应外，也会与氟橡胶在粘接界面处生成配位键，改善与氟橡胶的粘接性能、提高粘接强度。相比现有技术的优越性在于，在低温下有较好的稳定性，高温下有较好的反应性，它是一种高温固化、适用期长的结构胶黏剂。其粘接性能优异，平均拉伸剪切强度为8～10MPa，远高于Chemlok-607胶黏剂。胶黏剂固化物的玻璃化转变温度较高（>140℃），具有较好的耐热性和热稳定性。

配方（质量份）：

原料名称	配比1	配比2	配比3	配比4
环氧树脂E-51	10	10	10	10
双氰胺粉末	1	4	4	3
三氯甲烷溶液	20	20	24	20
三氯甲烷	100	100	100	100

制法：

① 首先将环氧树脂E-51加热到130℃。

② 立即加入研细的双氰胺粉末搅拌均匀，使固化剂均匀分散并溶于树脂中。

③ 加入预先配制的25%砜类聚合物的三氯甲烷溶液，充分搅拌使之分散均匀，用三氯甲烷稀释到一定黏度，即得氟橡胶与金属粘接用环氧树脂胶黏剂。

氟橡胶与金属粘接用环氧树脂胶黏剂的储存方法：所制备的氟橡胶与金属粘接用环氧树脂胶黏剂必须密封，于低温、干燥处保存。

7

建筑用胶黏剂配方与生产

7.1 建筑用胶黏剂简介

在建筑建材行业中，胶黏剂是一种重要的建筑材料，它可以将被粘基材和外加材料牢固地连接在一起，担负着连接、密封、固定、防潮、防腐、阻尼、减震、耐磨、加固、防护等诸多功能。近 20 年，中国工程建设规模迅猛发展，建筑胶黏剂作为化学建材的重要分支，在新建工程和已有建筑的加固修补中得到广泛应用，近 10 年，胶黏剂的研发生产技术日臻成熟，各类实用型和环保型新产品不断推出，满足了市场需求。

目前，市场上的胶黏剂较多，常用的主要有环氧树脂、聚氨酯胶黏剂、聚硅氧烷胶黏剂、橡胶、水乳覆膜胶黏剂、沥青等。建筑胶黏剂的应用范围主要包括：建筑装饰工程中墙地砖的粘接，石材的粘接，壁纸、木地板的粘接，玻璃幕墙的安装，门窗、卫生间的防水密封，各类板缝、伸缩缝的密封，墙体保温材料的粘接；建筑结构加固与维修改造中用于确保或提高结构的承载力和使用寿命，包括新老混凝土的界面粘接、钢板加固、碳纤维加固、裂缝修复、防水堵漏、古建维修等；预制构件和复合建材中的轻质、多功能复合建材如纸面石膏板、各类预制板、铝塑装饰板、中空玻璃、预制保温板等。

作为建筑与化学的交叉学科，建筑胶黏剂的研发今后将向耐高温、水中固化、低温可施工性、阻燃、无溶剂、对环境无污染、可在封闭环境中使用的方向发展。随着我国大规模的基础建设项目开工，新住宅的不断交工，建筑用胶黏剂的市场份额越来越大，发展前景乐观。

7.2 建筑用胶黏剂实例

配方 1　建筑胶黏剂（108 胶）

特性：本品黏结力强，保水性能好，防水性能好，无臭味，无毒性，耐冲击，耐水，耐老化，聚合物水泥砂浆具有一定的弹性，即使黏结层厚，硬化前也不流淌，能起到衬垫找平作用。

配方（质量份）：

原料名称	配比1	配比2	原料名称	配比1	配比2
聚乙烯醇	10.26	9	尿素	适量	适量
水	85	80	氢氧化钠	适量	适量
甲醛	4	3.5	盐酸	6	10

制法：将水加入反应釜中，升温至70℃，然后徐徐加入聚乙烯醇，并升温至90～95℃，使聚乙烯醇完全溶解。将聚乙烯醇溶液冷却至80～85℃，滴加盐酸，再搅拌20min，加入甲醛进行缩合，大约需要60min。降温并调节pH值后，加入尿素进行氨基化处理，取样检验合格后，把pH值调至中性，降温至40～50℃，出料。

配方2 瓷砖超强胶黏剂

特性：本品具有超高的粘接强度、剪切强度、耐水性、耐高温性和抗冻融循环能力；凝结时间适宜，且在一定时间内，具备可塑性，可以对已粘贴在基层面上的瓷砖进行适当的位置调整，以达到最佳的装饰质量；一定时间后凝结迅速并建立强度，避免瓷砖因质量大和木托拆除而脱落。本品可用在黏土砖、水泥砂浆、水泥混凝土、混凝土砌块表面粘贴陶瓷墙或大理石、花岗岩以及人造石材装饰材料，广泛适用于建筑物外立面、内墙面、室内地坪、卫生间和厨房等处的装修，也可用于游泳池和蓄水池为防止渗水和发生水质污染而在池底和池内侧镶贴瓷砖。

配方（质量份）：

原料名称	配比1	配比2	原料名称	配比1	配比2
硅酸盐水泥	100	100	硫铝酸盐膨胀剂	6.5	7.5
黄沙（粒径1.25～0.63mm）	120	135	纤维素	0.3	0.4
黄沙（粒径0.315～0.16mm）	70	78	聚乙酸乙烯酯乳胶粉	4.5	6
石灰石粉	5	13			

制法：将以上各种原料通过物理机械混合均匀，即可得灰色干粉状成品。

配方3 墙面弹性乳胶胶黏剂

特性：本品成本低，性能优良，适用范围广；粘接力强，附着力大，有利于刮涂；有弹性，不粉化，不开裂，抗碱，耐老化；稳定性好，便于运输；无毒并有芳香气味，不含甲醛，有利于环境保护。本品为墙壁装修用胶黏剂，主要应用于装修中的涂料、大白刮涂。

配方（质量份）：

原料名称	配比1	配比2	配比3
纯水	800	600	800
纯水①	150	200	250
纯水②	200	250	200
纯水③	150	100	200
纯水④	20	60	40
聚乙烯醇	100	100	100
淀粉	100	100	100
羟丙基淀粉	100	100	100
聚丙烯酰胺	10	3	5

原料名称	配比 1	配比 2	配比 3
丙烯酸乳液	500	400	600
锌钡白	5	8	3
苯甲酸钠	5	3	7
玫瑰香精	5	10	3
溶剂	15	10	6
二乙二醇	5	8	3

制法：

① 淀粉和纯水①均匀混合成水溶淀粉 A；

② 羟丙基淀粉和纯水②均匀混合成水溶增稠剂 B；

③ 聚丙烯酰胺和纯水③均匀混合成水溶聚丙烯酰胺 C；

④ 锌钡白与纯水④均匀混合成水溶增白剂 D；

⑤ 将余下的纯水加入带搅拌器的反应釜中，升温至 20～80℃，在搅拌情况下加入聚乙烯醇，升温至 90～99℃，保温 40min 以上使聚乙烯醇完全溶解，降温至 82～92℃（最佳为 86～90℃）时加入水溶淀粉 A，使其在反应釜中糊化；迅速降温至 25～50℃时加入丙烯酸乳液，搅拌 15min 以上；加入水溶增白剂 D，搅拌 15min 以上；加入水溶增稠剂 B 和水溶聚丙烯酰胺 C，搅拌 15min 以上；加入酸碱调 pH 值在 6～9 之间，加入锌钡白后依次加入苯甲酸钠、玫瑰香精和二乙二醇，可得成品。

配方 4　混凝土动载荷结构胶黏剂

特性：本品可用于各种钢筋混凝土与钢结构的粘接，适用于大型重量级工作制钢筋混凝土吊车梁，预应力钢筋混凝土桥梁及类似动载荷构件和构筑件加固，更适用于静载荷结构加固。本品成本低，工艺流程简单，粘接牢固；弹性、韧性、抗挠性及抗疲劳性能好，抗老化性强。

配方（质量份）：

原料名称	用量	原料名称	用量
环氧树脂	100	苯基-β-萘胺	1
聚硫橡胶	10	2-羟基四甲氧基二苯基甲酮	1
聚酰胺	25	铁粉	70
邻苯二甲酸二丁酯	6	β-羟乙基乙二胺	13
普通硅酸盐水泥	50		

制法：在容器中放入环氧树脂，依次加入聚酰胺、聚硫橡胶、邻苯二甲酸二丁酯，混合均匀；然后将普通硅酸盐水泥、铁粉和苯基-β-萘胺、2-羟基四甲氧基二苯基甲酮一起加入，在常温下搅拌至胶状；最后徐徐加入 β-羟乙基乙二胺，搅拌 10min 以上，固化温度控制在 15～25℃，固化时间 40～48h。

配方 5　墙面柔性粉体胶黏剂

特性：本品原料易得，工艺流程简单；粘接性能优良，强度高，耐火，柔性好，富有弹性，同时又具有与水泥混凝土同样的耐老化性能。本品广泛适用于建筑工程领域，可用于各类材料界面的粉刷、粘贴、界面处理等。

配方（质量份）：

原料名称	用量	原料名称	用量
525#灰水泥	360	叔碳乙烯-聚乙烯共聚物	40
精选干细砂	150	甲基纤维素	0.25
石英砂	450	聚乙烯醇	1.25

制法：先将 525#灰水泥 200 份倒入进料口，打开提升机开关，使水泥自动进入搅拌机内，再投入叔碳乙烯-聚乙烯共聚物、甲基纤维素和聚乙烯醇，然后将 525#灰水泥 150 份、精选干细砂和石英砂加入搅拌机，同时将搅拌机启动，将剩余 525#灰水泥 10 份投入其中，进料完成后再搅拌 5min（搅拌时间共 10～15min），即得成品。

配方 6　粉煤灰无烧结胶黏剂

特性：本品原料易得，成本低，工艺流程简单；粘接强度高，使用效果好，不易收缩、开裂，耐磨，不空鼓；对废弃物有效利用，有利于环保。本品能够与混凝土结构、砖石结构、木结构、钢结构、玻璃、瓷砖等黏合，可替代水泥广泛应用于工业及民用建筑物，如用于建筑物的砌砖、制预制板、制砖、粘贴墙地砖等，还可用于屋面、房顶、卫生间、厕所、地下室等防水。

配方（质量份）：

原料名称	用量
粉煤灰与氧化镁混合物	35
氯化镁溶液	65

制法：将粉煤灰与氧化镁混合物、氯化镁溶液混合搅拌均匀，即得成品。

配方 7　墙纸胶黏剂

特性：本品性能优良，粘接强度大，耐冻性、耐水性好；不含甲醛，没有残留疏水剂挥发溢出，无毒、无刺激性，不损害人体健康，有利于环境保护。本品可替代 107 胶水，适用于粘贴墙纸、保温板建材，还可以与老粉或水泥调配成腻子或聚合水泥来批刮墙面、地面，粘贴面砖。

配方（质量份）：

原料名称	配比 1	配比 2	配比 3	配比 4
聚乙烯醇	7	7	12	12
丙烯酰胺	2	5	5	2
氢氧化钠溶液	3	5	3	5
丙烯酸	0.2	3	0.2	3
水	88	80	83	75

制法：先将聚乙烯醇溶解在水中，然后加入丙烯酰胺和氢氧化钠水溶液进行聚合反应，待其与聚乙烯醇反应完毕后加入丙烯酸进行改性反应，即得成品。

配方 8　干粉状瓷砖胶黏剂

特性：本品具有较好的施工性以及良好的粘接力和粘接强度；工艺流程简单，设备无特殊要求，以固体废弃物粉煤灰为主要原料，成本低廉，并且为粉煤灰的综合利用开辟了新的途径。

本品可用于建筑材料瓷砖铺贴，广泛适用于建筑装潢行业。使用时，根据施工要求，可加入一定比例的水进行混合，搅拌均匀后，放置 10min 即可使用。

配方（质量份）：

原料名称	配比1	配比2	原料名称	配比1	配比2
二级粉煤灰	800	700	丁二烯-苯乙烯聚合物	10	20
硅酸钠	75	100	纤维素醚	4	4
425#水泥	110	175	消泡剂	1	1

制法：将二级粉煤灰、硅酸钠、425#水泥、丁二烯-苯乙烯聚合物、纤维素醚、消泡剂放入搅拌釜中，搅拌混合均匀后，即得成品。

配方9 环氧树脂胶黏剂

特性：本品粘接性能优异，在常温下即可固化，具有持久韧性及高反应活性，耐老化、抗剪切、T形剥离及耐冲击强度高，能应用于较宽的环境温度范围。本品适用于建筑加固维护中的裂缝修补，粘钢加固，粘贴碳纤维加固，钢筋锚固等。

配方（质量份）：

	原料名称	配比1	配比2
A组分	环氧树脂	适量	适量
B组分	乙二胺	30	29
	丙烯腈	16	13
	苯基缩水甘油醚	39	50
	脲	4	3
	硫脲	5.7	3
	季戊四醇四疏基丙酸酯	1	1
	γ-苯氨基甲基三乙氧基硅烷	5	2

制法：在三口烧瓶中加入乙二胺，升温至 $50\sim80℃$，在搅拌的条件下加入苯基缩水甘油醚和丙烯腈的混合物，恒温反应 $3\sim6h$，再升温至 $100\sim130℃$，加入脲和硫脲化合物，抽真空至压力 $<0.001MPa$ 并保持 $30\sim120min$，冷却至 $15\sim60℃$ 后加入季戊四醇四疏基丙酸酯和 γ-苯氨基甲基三乙氧基硅烷，即合成固化剂（B组分）。

将环氧树脂（A组分）和固化剂（B组分）在常温下混合，充分搅拌均匀，静置 $5\sim10min$ 即得成品。

配方10 建材预制胶黏剂

特性：本品工艺简单，性能优良，使用效果好，采用本品制造建筑预制件不需养生，时间短，不用烧结，能耗小，强度高。本品适用于建筑领域中制造地板、砖、瓦等建筑预制件。

配方（质量份）：

原料名称	配比1	配比2	原料名称	配比1	配比2
氯化镁	30	33	松香	0.1	—
氧化镁	48	40	聚乙烯醇	0.45	0.45
草酸	0.006	0.01	明矾	0.01	0.01
硫酸	0.01	0.01	水玻璃	0.02	0.02
硫酸铝	0.01	0.01	高锰酸钾	0.018	0.018
硫酸锌	0.01	0.01	水	45	50
硬脂酸	0.2	0.22			

制法：将氯化镁溶于水，使之成为氯化镁溶液，再添加其他化学制剂（氧化镁除

外），搅拌混合均匀，然后添加氧化镁搅拌均匀，即得成品。

配方 11　建筑防水用薄型卷材胶黏剂

特性：本品性能优良，可以在潮湿基层上和宽温度范围内进行施工，适合于大规模工业化生产，可有效提高建筑防水工效，节约基层干燥工时和费用。本品特别适用于地下防水工程、建筑防潮工程、现场制作防水层的大型桥工程、屋顶花园、屋顶泳池等卷材防水层的铺贴、黏合、封闭。具体如下：

① 用于 PE 卷材防水工程，同时可用于其他薄型或超薄型橡胶类和薄膜复合类防水卷材施工中卷材与卷材的黏合及卷材搭接的封闭；

② 寒冷季节施工时作为 PE 卷材或其他薄型卷材防水层的增强涂料；

③ 和纤维片材结合组成二布三涂、三布四涂或多层涂覆防水层，也可单独作为防水涂料使用。

配方（质量份）：

原料名称	配比 1	配比 2	原料名称	配比 1	配比 2
30#建筑石油沥青	100	100	煤油	30	20
合成丁基橡胶	100	70	乳化剂	1.8	2
橡胶防老剂 RD	1.5	3	汽油	220	280

制法：向沥青反应罐和胶体反应罐输送汽油，将 30#建筑石油沥青与合成丁基橡胶分别投入沥青反应罐和胶体反应罐中，进行单体制备，具体方法如下：

① 沥青制备。投料后常压升温至 140℃保温 15min，加入一半的乳化剂（非离子型和阳离子型为佳），再加入汽油，开动搅拌机搅拌至沥青完全溶解。加油前停止加热，当所用原料含水量超过 5% 时，加入汽油前应搅拌 20min 并对沥青进行脱水处理。生产中反应罐内压力应保证小于 0.15MPa。

② 胶体制备。投料前应将合成丁基橡胶粉碎至 30 目以上，投料的同时投入经磨细的橡胶防老剂 RD、剩余的乳化剂、全部煤油，注入汽油，开动搅拌机进行搅拌，同时启动齿轮泵进行循环研磨，研磨时间为 20～40min，亦可将橡胶与橡胶防老剂 RD、乳化剂、煤油再加水在开炼机或密炼机上制成胶泥，再投入反应罐加注汽油进行循环研磨搅拌 10～15min。

③ 单体制备好后送入混合罐，开动搅拌机进行搅拌，混合单体送入比例为 1∶1，混合搅拌时间控制为 15～60min。

④ 将搅拌好的胶合剂混合体送入胶体磨进行研磨，控制研磨细度，即得成品。

配方 12　建筑粉末涂料胶黏剂

特性：本品成本低，能耗低，不需加热设备，劳动强度小；性能优良，坚硬光滑，耐水洗擦；稳定性好，便于储存及运输；现配现用，使用方便；无味、不伤皮肤，安全可靠；生产时无"三废"排放，有利于环境保护。本品主要用于粉末涂料的生产，也可用于水性涂料的生产，还可用于配制建筑胶水、建筑砂浆及瓷砖的粘贴等。

配方（质量份）：

原料名称	用量	原料名称	用量
羧甲基纤维素	20	胶桐预混料	15
羟乙基纤维素	18	涂料助剂	3
熟胶桐粉	20		

制法：按比例将各组分混合均匀即得成品。

配方 13　装修用无毒胶黏剂

特性：本品性能优良，粘接强度高，耐水、耐高低温作用强，适用范围广；原料易得，成本低，按常规方法即可制备，且生产过程不产生污染，无毒无害。本品能混合于水泥砂浆中作为建筑物界面处理及粘接硅酸盐类和多种多孔、微孔建筑装饰材料，适用于粘接地砖、墙砖、地板、墙板、门窗和家具等。

配方（质量份）：

原料名称	配比 1	配比 2	配比 3	配比 4	配比 5
乙酸乙酯	100	100	100	100	100
聚苯乙烯	114	81	83	100	108
石膏	2	25	30	5	3

制法：按比例将以上各原料用常规方法进行溶解或熔解，然后搅拌混合即得成品。

配方 14　墙面粘接胶黏剂

特性：本品工艺简单，粘接强度大，附着牢固、平整，具有防潮、耐冻性能，在 -15℃以下室内外照常使用，可满足不同季节和地域的施工要求；无毒无味，不污染环境，使用安全方便。本品适用于各种内外墙、地面的粘接，可以用于瓷砖、水磨石、大理石、马赛克、拼木地板、地毯等的粘接。

配方（质量份）：

原料名称	配比 1	配比 2	原料名称	配比 1	配比 2
天然橡胶	50	40	甲醛	0.2	0.2
环乙酮	14	13	碳氧化合物	5	4
氨水	1.1	0.8	滑石粉	30	30

制法：先将天然橡胶、环乙酮、氨水、甲醛、碳氧化合物放入夹套加热反应釜中，逐渐升温，在 30~45min 内升温至 150~170℃，在此温度下不断搅拌，转速为 90~120r/min，反应 1.5~2h，然后停止加热，自然冷却保持 1~2h，待自然晾干后移至混合罐中，加入滑石粉，在 90~120r/min 转速下搅拌 1h，即可制得成品。

配方 15　建筑胶黏剂

特性：本品原料充足，成本低廉，生产工艺简单，实用性强，应用范围广阔；生产过程中没有毒气或毒液排放，不损害人体健康，对环境无污染，安全可靠。本品主要用于建筑工程、室内装饰装修工程以及铸造。

配方（质量份）：

原料名称	配比 1	配比 2	配比 3
聚乙烯醇	2	3	10
硫酸钠	0.05	0.5	0.68
羟乙基纤维素	0.07	0.002	0.06
丙二醇聚氧丙烯聚乙烯醚	0.002	0.01	0.4
水玻璃	0.75	6	5.6
硼砂	0.01	0.1	0.07
尿素	0.5	1	12
苯甲酸钠	0.08	0.5	0.75
水	96.547	88.888	81.24

制法：在反应罐中加入一定量的水并升温至80℃，加入聚乙烯醇，边搅拌边升温至90℃直至聚乙烯醇全部溶解；

停止加热，搅拌10～15min后加入硫酸钠、羟乙基纤维素、丙二醇聚氧丙烯聚乙烯醚，充分搅拌10～15min；然后缓缓加入水玻璃，边加边搅拌，加完后再搅拌10～15min；

后加入尿素和苯甲酸钠以及剩余的水，充分搅拌，反应完成即得成品。

配方16　墙面整饰胶黏剂

特性：本品原料易得，工艺流程简单；形成墙面的面层后，其防水抗湿性能、附着力以及白度和光泽度均有所提高，墙面的综合性能得到改善，同时也提高了大白粉作为内墙墙面建筑材料的使用效果和使用价值。本品为建筑物内墙墙面所用大白粉的胶黏剂。使用时，按一定比例和大白粉混合拌匀后，刮涂在墙体上形成内墙墙面的面层即可。

配方（质量份）：

原料名称	用量	原料名称	用量
钛白粉	1	甲醛	18
聚丙烯酰胺	2	尿素	10
荧光增白剂 VBL	2	氢氧化钠水溶液	1
水	1000	氯化铵水溶液	0.1
聚乙烯醇	31		

制法：

① 在反应釜中加入水，再加入聚乙烯醇，加热至80～100℃，待聚乙烯醇溶解后，冷却至80℃，加入甲醛，搅拌，缩合反应40min后加入尿素和氢氧化钠水溶液，搅拌20min，再滴加氯化铵水溶液，至反应物呈透明黏稠状；

② 在另一容器中加入水，再加入钛白粉、聚丙烯酰胺、荧光增白剂 VBL，搅拌20min，得到乳白色黏稠状产物；

③ 将步骤①制得的物料与步骤②制得的物料混合，搅拌30min，即得成品。

配方17　贴面材料胶黏剂

特性：本品原料广泛易得，成本低，性能优良，初粘力强，干燥速度快（不大于45s），喷涂时无拉丝现象，剥离强度高。本品特别适用于玻璃棉与贴面装饰材料的黏合；也可用于矿棉、岩棉、石棉和硅酸铝岩棉与装饰贴面材料的黏合；此外，对于发泡PE、发泡PS、发泡PU或类似材料与铁板、三夹板、石棉板的黏合也适用。

配方（质量份）：

原料名称	配比1	配比2	配比3	配比4
丁苯橡胶	8	10	15	12
甘油松香酯	5	10	20	12
萜烯树脂	1	5	10	15
氧化镁	0.7	2.7	1.7	3.5
汽油	加至100	加至100	加至100	加至100

制法：先将丁苯橡胶用炼胶机塑炼，再加入氧化镁进行混炼，最后加入甘油松香酯、萜烯树脂和汽油经混合釜搅拌，即可得成品。

配方 18　防水贴面装饰胶黏剂

特性： 本品具有良好的粘接作用及防水、耐水性能，耐磨度高，应用广泛；以废旧发泡聚苯乙烯为原料，降低了成本，同时可优化环境，减轻污染。本品可用于建筑装饰、装修中的各种瓷砖、马赛克、大理石板、花岗石板、石膏板、薄型水泥制品、外墙砖、地砖等的粘贴，适用于卫生间、水房、地下室、仓库等的防水、防潮工程。

配方（质量份）：

原料名称	用量	原料名称	用量
聚苯乙烯	85	石英粉	9
丙烯酸甲酯	100	白水泥	130

制法： 将聚苯乙烯与丙烯酸甲酯放入一级反应釜中混合，在－25℃温度下搅拌 1～3h，反应生成母液。

将母液放入二级反应釜中，加入白水泥及石英粉，充分混合搅拌 20～60min，得成品，放入密封容器内即可。

配方 19　沥青路面胶黏剂

特性： 本品应用范围广，粘接强度高，固化时间短；常温施工，速度快，操作简便，安全性高；避免了沥青加热过程中产生有毒、有害气体的环境污染问题。本品适用于沥青路面的铺筑或修复，特别适合抢险和抢修公路。使用方法如下，按质量 1：（10～20）的比例与碎石骨料（米石或者豆石）混合搅拌均匀，填铺于需要铺筑或修补的路面裂缝或者坑槽，压实后 30min 即可通车。

配方（质量份）：

原料名称	配比1	配比2	配比3	配比4	配比5	配比6	配比7	配比8	配比9
沥青	50	51	53	54	53	54	56	58	60
乙烯-丙烯共聚物	2	3	3.5	3.5	4	4.5	3	2	2
90#工业溶剂油	40	39	60	41	45	37	37	37	16
120#工业溶剂油	—	—	—	—	—	—	—	—	20
SBS 添加剂	5	7	2	4	2	1	2	6	8
组合物添加剂	12	15	18	18	20	22	27	29	30

制法：

① 向沥青中加入一半 90# 或 120# 溶剂油，在（70±10）℃下溶解，得到溶液 A；

② 称取乙烯-丙烯共聚物，粉碎后加入剩余的 90# 或 120# 溶剂油，在（80±10）℃下搅拌溶解，得到溶液 B；

③ 将 SBS 添加剂加入溶液 B 中，在（80±10）℃下搅拌溶解，得到溶液 C；

④ 将溶液 A 与溶液 C 按 1：（0.5～1）的比例混合，再加入组合物添加剂，即可得到成品。

组合物添加剂可选用：①碳酸钙、石粉、木质纤维素、硅精土、石油醚；②石粉、木质纤维素、硅精土、石油醚；③碳酸钙、石粉、木质纤维素、石油醚；④碳酸钙、石粉、硅精土、石油醚；⑤碳酸钙、木质纤维素、硅精土、石油醚。其中石油醚可选用 30# 石油醚或 60# 石油醚。

配方 20　地板胶黏剂

特性：本品在常温下黏稠度适中，使用期限长，宜于施工操作；粘接强度高，固结后能把装饰地板牢固地黏附于建筑物基面上；毒性低，对环境污染小，安全可靠。本品可用于建筑工程的常温粘接施工领域，也可用于对木地板、纤维地板及复合地板的常温铺设施工。

配方（质量份）：

	原料名称	配比 1	配比 2	配比 3
组分 A	石油沥青	100	100	100
	平平加 O	1	2	3
	OP-10	3	2	2
	月桂醇硫酸钠	0.1	0.2	0.2
	聚乙烯醇	4	3	5
	水玻璃	1.6	1.6	2
	氢氧化钠	0.9	0.9	1
	水	100	120	60
组分 B	硬脂酸盐	1	1	1
	滑石粉	6	4	10

制法：将石油沥青、平平加 O、OP-10、月桂醇硫酸钠、聚乙烯醇、水玻璃、氢氧化钠和水加热，混合均匀制得乳化沥青，为 A 组分。

将硬脂酸盐与滑石粉混合均匀为增稠组分 B。

将 A 组分与 B 组分按比例混合，搅拌均匀即可。

配方 21　耐水混凝土胶黏剂

特性：本品耐水性能优异，可长期在水浸条件下使用，用途广泛，使用方便，性质稳定，可长期储存，低温下不冻结。本品适用于建筑行业中各种轻型建筑配件与混凝土的粘接及修补防漏，也可用于其他领域中多种材料的粘接，对无机材料、有机材料、混凝土、木材、塑料、金属均有极好的黏合力。

配方（质量份）：

原料名称	用量	原料名称	用量
过氯乙烯	100	乙酸乙酯	120
二氯乙烷	70	邻苯三甲酚酯	60
丙酮	40	水泥	35
乙酸丁酯	200		

制法：将过氯乙烯树脂放入反应釜中，然后依次放入二氯乙烷、丙酮、乙酸丁酯、乙酸乙酯和改性剂邻苯三甲酚酯，在常温条件下静置 2h，搅拌速度为 40r/min（如需提高产量也可使反应釜夹套升温至 60～80℃，此时反应釜必须带冷凝装置），搅拌 0.5h 后放入水泥，再搅拌使其呈均相后即得成品。

配方 22　石材胶黏剂

特性：本品粘接性能优良，固化强度较高，在常温下固化快，低温下也能够固化，操作方便；具有良好的耐水性、耐热性、低收缩性，使用寿命长，可以和石材的使用寿命相适应，并且有多种颜色，可以和不同色彩的石材相匹配，使装修效果更好；固化后无气味，无污染。本品用于大理石、花岗岩、瓷砖等石材的铺设、拼花、勾缝。按比例将甲组分和乙组分调拌均匀即可使用，5min 固化；通过增减固化剂的用量可调节固化时间的长短。调拌未用完的胶料不可再放回罐内，以免影响储存。

配方（质量份）：

	原料名称	配比 1	配比 2	配比 3
组分 A	双环戊二烯型不饱和树脂	56	55	53
	N,N-二乙基苯胺	0.3	0.35	0.3
	氢化松香	2	2	5
	滑石粉	40	40	40
	钛白粉	1.5	2	1
	甲基硅油	0.2	0.2	0.2
	KH-550	0.05	0.05	0.05
	对苯二酚	0.3	0.3	0.4
组分 B	过氧化苯甲酰	70	70	70
	气相二氧化硅	3	3	3
	双飞粉	27	27	27

制法：将组分 A 中各种原料加入搅拌反应器中，升温至 70℃，抽真空搅拌 2h 以上，所得产物即为组分 A。

将组分 B 中各种原料加入搅拌反应器内，搅拌均匀，所得产物即为组分 B。

将组分 A 和组分 B 按比例调拌匀得成品，即可使用。

配方 23 陶瓷石材胶黏剂

特性：本品成本低，制造工艺简单；固化速度快，粘贴力强，具有优良的耐水、耐酸碱和耐气候变化性能；稳定性好，不燃，易于储存和运输，使用方便；无毒，无废气排放，不会造成环境污染。本品适用于陶瓷石材类建筑装饰材料的粘贴。

配方（质量份）：

	原料名称	配比 1	配比 2
组分 A	聚乙烯醇	60	55
	丙烯酸	0.5	1
	甲醛	25	28
	三氯化铁	0.05	0.05
	尿素	7	8
	盐酸	6	7
	水玻璃	1.5	1
组分 B	海泡石	28	25
	氢氧化钙	10	12
	石英砂	30	28
	水泥	32	35

制法：将聚乙烯醇加入水中升温至 92℃以上使之溶解，待完全溶解后，在搅拌情况下均匀加入丙烯酸，降温至 80～85℃加入盐酸，反应 5～20min，然后加入甲醛与三氯化铁进行反应，至出现白色胶团沉淀时，立即降温至 40～70℃，同时加入尿素降温，

降至室温后，加大搅拌速度，使胶团重新溶解成胶溶液，加入水玻璃，搅拌均匀，即可制得胶料A。

将海泡石和石英砂粉碎，与氢氧化钙、水泥混合均匀，过筛，即可制得粉料B。

将胶料A与粉料B按比例混配为成品即可使用。

配方24　环保装饰胶黏剂

特性：本品粘接强度高，干燥速度快，耐水性好，性质稳定，价格低廉，无刺激性气味，无毒无公害，不污染环境；工艺规范，操作简便，设备无特殊要求，投资较小，易于形成工业化生产。本品广泛适用于建材、房屋装修和家庭装饰等行业。

配方（质量份）：

	原料名称	用量	原料名称	用量
主料	玉米淀粉	1000	柠檬酸	50
	水	1800	尿素	50
	30%氢氧化钠	50	硫酸镁	8
	次氯酸钠	50	硫酸锌	20
	氯化钠	10	甘油	50
	工业酒精	150	偏磷酸钠	80
	氢氧化钠	50	硅烷偶联剂	30
	氯乙酸	50	钛白粉	100
	乙酸乙烯酯	80		
改性增强剂	聚乙烯醇	120	十二烷基硫酸钠	80
	水	900	乙酸乙烯酯	250
	尿素	10	聚丙烯酸钠溶液	250
	过硫酸钠	10		
	硫酸钠	10		

制法：

① 配制主料。将玉米淀粉、水放入容器中搅拌，经乳化成为白色淀粉水溶液；加入次氯酸钠，使淀粉分子上的部分羟基被氧化为醛基或羧酸；加入氢氧化钠、氯乙酸，形成淀粉-氯乙酸钠；在上述反应基础上，加入乙酸乙烯酯、偏磷酸钠、硅烷偶联剂，再加入30%氢氧化钠使pH值为8～10，最后加入氯化钠、工业酒精、柠檬酸、尿素、硫酸镁、硫酸锌、甘油、钛白粉，搅拌均匀，即制得主料。

② 配制改性增强剂。将聚乙烯醇和水放入另一容器中搅拌均匀成为溶液，在50℃温度下加入尿素、乙酸乙烯酯、过硫酸钠、硫酸钠及十二烷基硫酸钠，经均匀搅拌聚合成乳胶，再加入聚丙烯酸钠溶液，即成为改性增强剂。

③ 将步骤①制得的主料和步骤②制得的改性增强剂按比例混合均匀，搅拌0.2～1.5h，即可得成品。

配方25　阻凝高强胶黏剂

特性：本品原料易得，成本低，工艺流程简单；粘接性能优良，初粘性好，富有弹性，易溶于水，可常温固化，能适应机械化涂胶；无毒、无味、无公害，使用安全方便。本品可粘接纸张、木材、织物、贴墙布或水泥等亲水材料，也可粘接PVC、涤纶等疏水性材料，广泛适用于纸/涤网布、纸/维纶网布、纸/玻璃纤维或纸/箔等多种材料的复合粘接。

配方（质量份）：

原料名称	配比 1	配比 2	配比 3
聚乙烯醇	14	12	13
尿素	11	11	11
水	69.5	72	71
羧甲基纤维素钠	0.5	1	0.5
乙二醇	5	4	4.5

制法：在聚乙烯醇和尿素的混合物中加入水，在常温下以 40～50r/min 的速度搅拌均匀，在 92～98℃ 温度下以 60～70r/min 的速度搅拌 2～3h；在 80～90℃ 温度下加入羧甲基纤维素钠和乙二醇，以 40～50r/min 速度搅拌 30～40min，至常温即得成品。

配方 26　彩钢夹芯板胶黏剂

特性：本品用于黏结彩钢板和聚苯乙烯泡沫板。本产品对两相界面黏结强度高、原料成本低。

配方（质量份）：

原料名称	配比 1	配比 2	配比 3
多苯基多亚甲基多异氰酸酯	100	100	100
甲苯二异氰酸酯	35	40	30
羟值（以 KOH 计）为 124mg 脱水蓖麻油	135	—	—
羟值（以 KOH 计）为 128mg 脱水蓖麻油	—	140	130
精制蓖麻油	25	25	25
三羟甲基丙烷-氧化丙烯聚醚三醇	25	25	25
三亚乙基二胺	0.4	0.5	0.3
N,N-二甲基苄胺	0.4	0.5	0.5
辛酸亚锡	0.7	0.7	0.6
丁酮	35	40	30
4-叔丁基邻苯二酚	0.1	—	0.1

制法：在反应釜中，依次加入多苯基多亚甲基多异氰酸酯、甲苯二异氰酸酯，在搅拌的条件下，再加入低羟值脱水蓖麻油、精制蓖麻油、三羟甲基丙烷-氧化丙烯聚醚三醇、辛酸亚锡、三亚乙基二胺、N,N-二甲基苄胺和丁酮，加热，温度控制在 50～60℃，反应 2～2.5h 后，每隔 30min 测 NCO 基含量，当含量恒定时，加入 4-叔丁基邻苯二酚，继续搅拌 10～15min，冷却至室温，出料，密封包装。

配方 27　塑胶地面胶黏剂

特性：本品特别适用于室内运动场地的铺设。本产品无论是在施工中，还是在使用中，都不含 TDI、重金属催化剂等有毒物质，都不会对人产生危害，属于环保型聚氨酯胶黏剂，用本品制作的跑道各项指标均优于国标。

配方（质量份）：

原料名称	配比 1	配比 2	配比 3
DL-3000	70	—	40
DL-2000	—	60	—
纯 MDI	27	—	27
液化 MDI	—	15	—
UV-9	1	2	1

原料名称	配比 1	配比 2	配比 3
BHT	1	2	1
双吗啉二乙基醚	1	1	1
磷酸/10^{-6}	20	20	—
苯甲酰氯/10^{-6}	—	—	20

制法：将基于配方量的聚醚多元醇常温下加入反应釜，升温至 80～100℃下搅拌，抽真空脱水脱气 2～3h，降温至 10～40℃加入二异氰酸酯、抗老化剂、紫外线吸收剂和阻聚剂，80～85℃，反应 2～3h，降温至 10～40℃加入催化剂，装桶。

聚醚多元醇为聚氧化丙烯多元醇，选自 DL-2000、DL-3000、MN-3050 或 330N 的一种或多种；异氰酸酯为二苯基甲烷二异氰酸酯。其中的 DL-2000 是指分子量为 2000±200 的聚氧化丙烯丙二醇，DL-3000 是指分子量为 3000±200 的聚氧化丙烯丙二醇，MN-3050 为分子量为 3000±200 的聚氧化丙烯三元醇，以甘油为起始剂。330N 为分子量为 5000±200 用氧化乙烯封端的聚氧化丙烯三元醇，以甘油为起始剂。

二苯基甲烷二异氰酸酯，可以是纯 MDI（纯二苯基甲烷二异氰酸酯）、液化 MDI（碳化二亚胺改性异氰酸酯）、MDI-50 中的一种或多种。

抗老剂采用 1010 ［四［β-(3,5-二叔丁基-4-羟基苯基) 丙酸］季戊四醇酯］或 2,6-二叔丁基对甲苯酚（BHT）中的一种或多种。

紫外线吸收剂为 2-羟基-4-甲基二苯甲酮（UV-9）或 2-羟基-4-正辛氧基二苯甲酮（UV531）。

双吗啉醚类催化剂优选双吗啉乙醚或双吗啉甲醚。

阻聚剂优选磷酸或苯甲酸氯。

配方 28　固体胶黏剂（一）

特性：本品主要用于木材、玻璃、陶瓷等材料的粘接。本产品具有粘接强度高，耐水性好，固化速度快，保存周期长和使用范围广的特点。

配方（质量份）：

原料名称	用量	原料名称	用量
聚乙烯缩丁醛	16	氢氧化钠	2
酚醛树脂	7	乙醇	32
环氧树脂	4	丙酮	9
硬脂酸	5	碳酸钙填料	1
月桂酸	2	水	22

制法：

① 用配比中的一部分乙醇溶解聚乙烯缩丁醛，然后加入酚醛树脂，并搅拌均匀。

② 再取另一容器用丙酮溶解环氧树脂，把上述两种溶液混合均匀，配成溶液 1。将硬脂酸和月桂酸加热熔化，再滴入氢氧化钠溶液，边滴边搅拌，使之充分溶解，得到液体 2。

③ 将液体 1 和液体 2 混合后，加入碳酸钙填料，充分搅拌，得到黏稠状胶黏剂，冷却后得到固体胶黏剂。

配方 29　环保胶黏剂

特性：本品是适用于板材、家具制造，建筑业、装饰业等行业的环保胶黏剂。本产品原料易得，制备方法简单，工艺流程短，生产成本低，能耗低，不排污，不排毒，对生产者、使用者均不会带来任何伤害。

配方（质量份）：

原料名称(胶黏剂)	配比 1	配比 2	配比 3
母液	50	40	56
水	25	30	15
丙烯酸	10	18	10
淀粉	10	—	8
尿素	—	6	—
聚乙二醇辛基苯基醚-10	3	5	8
松香	0.5	0.5	—
硼砂	—	—	1
羟甲基纤维素	1	1	1
邻苯二甲酸二丁酯	0.5	0.5	0.5
过硫酸钾	1	0.5	1
苯甲酸钠	0.5	0.5	0.5

原料名称(母液)	配比 1	配比 2	配比 3
固体石蜡	10	5	15
吐温 80	5	5	8
司盘 80	5	5	7
水	80	85	70

制法：

① 将固体石蜡熔化后，在其中加入复合乳化剂吐温 80 和司盘 80 以及水，在 80～90℃下充分搅拌，即得母液；

② 在步骤①的母液中加入表面活性剂和丙烯酸，充分搅拌乳化 1h，得乳化物；

③ 将步骤②所得乳化物加热至 60～90℃后，向其中加入引发剂，搅拌反应 2～3h，之后再加入增稠剂、增黏剂、改性剂、增塑剂、防腐剂、搅拌并保温1～3h后，冷却至室温，即得环保胶黏剂。

增稠剂为淀粉，或者尿素，或者硫酸铵中的一种或几种。

表面活性剂为聚乙二醇辛基苯基醚-10。

增黏剂为羟甲基纤维素。

改性剂为硼砂，或者松香中的一种或几种。

引发剂为过硫酸铵，或者过硫酸钾中的一种或几种。

增塑剂为邻苯二甲酸二丁酯。

防腐剂为苯甲酸钠。

配方 30 环保水泥胶黏剂

特性：本品可用作水泥改性剂、建筑密封胶、嵌缝胶等。本产品性能稳定，黏度较低，便于操作，压缩剪切强度符合要求，初粘性强，弹性好，成膜性和防水性能极好，快干、不易发霉，而且无毒，生物降解性好，与其他的建筑胶黏剂相比，它具有良好的黏附性，干燥速度快，性能稳定等优点，还具有对内外墙极强的附着粘接力度，封堵墙体缝隙、沙眼效果尤为显著，应用范围宽。

配方（质量份）：

原料名称	配比 1	配比 2	配比 3	配比 4
聚乙烯醇	45	40	50	48
水	502	592	420	475
乙酸乙烯-乙烯共聚乳液	150	100	196	200
邻苯二甲酸二丁酯	5	4	6	6
乙酸乙烯酯	280	250	300	260
丙烯酸单体	10	5	15	9
过硫酸铵	2	1	2	2
碳酸氢钠	适量	适量	适量	适量
氢氧化钠	适量	适量	适量	适量

制法：按配方要求备料，在反应釜中，加入聚乙烯醇和水，开动搅拌，并使温度升至（80±2）℃，将聚乙烯醇完全溶解；降温至（70±2）℃时，将乙酸乙烯-乙烯共聚乳液和乳化剂依次投入反应釜中，加入乙酸乙烯酯和丙烯酸单体，并加入 35%～45% 的引发剂进行乳液聚合，使温度保持在（70±2）℃范围内，然后再加入剩余的 55%～65% 引发剂；等引发剂加入后，保温 1～2h，当体系中的液体回流时，逐步升温至（90±2）℃，并保温 30～40min，把体系内温度降到（50±2）℃，用 pH 值调整液调整 pH 值，搅拌均匀后出料。

引发剂为过硫酸铵；乳化剂为邻苯二甲酸二丁酯；pH 值调整剂为碳酸氢钠或氢氧化钠。

配方 31 环保油溶性胶黏剂

特性：本品应用于制作自粘型隔音、防震、保温材料。本产品经过涂胶烘干，制作成自粘型隔音、防震、保温材料，经过 1～24h 存放，其定位可达到理想效果。本品初粘性强，持黏性好，防水效果佳。

配方（质量份）：

原料名称	用量	原料名称	用量
丙烯酸异辛酯	30	丙烯酸	10
乙酸乙酯	55	丙烯酸羟乙酯	3
乙酸乙烯	15	20%过氧化苯甲酰	适量
丙烯酸丁酯	10	三乙酰丙酮铝	适量

制法：将原料按质量份称量混合后投入反应釜中，逐步用蒸汽加热升温，同时，搅拌机在反应釜中不停搅拌，然后开启冷凝器，当反应釜中升温到 70～90℃，冷凝器有回流液体出现，这时将配好的引发剂——过氧化苯甲酰投入高位槽，并滴入反应釜中，1～3h 滴完。滴完引发剂后，开始对反应釜保温，温度控制在 70～75℃之间，保温 2～4h。然后开始降温，往反应釜夹套中通入冷却水，使混合物降温，在此过程中不断搅拌，使其降至 40～50℃左右，将配制好的交联剂——三乙酰丙酮铝加入反应釜，并且继续搅拌 30min，过滤后即得透明色环保油溶性胶黏剂。

配方 32 砌块黏合胶黏剂

特性：本品用于人造木板加工，建筑砌块生产和电路绝缘板制造过程中的粘接。本产品优点在于不含甲醛、多氯联苯等有毒有害物质，黏合力强，绝缘环保，生产方便，成本低廉，运用范围十分广泛，黏合建筑砌块时，养生期仅为 24h，不受时间、场所等条件限制，可在建筑工地现场调制使用，也可利用各种模具生产不同形状的建筑砌块。

配方（质量份）：

原料名称(主剂)	配比 1	配比 2	原料名称(主剂)	配比 1	配比 2
硅酸钠	96	99	尿素	3	1
聚乙烯醇	0.5	0.1	硫酸铝	0.5	0.1
聚丙烯酰胺	0.5	0.1			

原料名称(助剂)	配比 1	配比 2
氟硅酸钠	17	23
膨润土	6	6

制法：将硅酸钠、聚乙烯醇、聚丙烯酰胺、尿素和硫酸铝按比例混合，经加热（90～110℃）、搅拌、完全溶解后，进行成品包装即可制成主剂。

将氟硅酸钠和膨润土按比例经混合、搅拌后，进行成品包装即可制成助剂。使用时，将制好的主剂和助剂拆装，混合搅拌即可。

配方 33　缓黏结预应力筋用胶黏剂

特性：本品应用于预应力筋的黏结。本产品具有良好的流动性、附着性以及韧性，经挤压涂包工艺与预应力筋结合后，在一定时间内逐渐固化，黏结力不断增大，最终完全固化后具有极高的强度。

配方（质量份）：

原料名称	配比 1	配比 2	配比 3
E-51 双酚 A 型环氧树脂	15	25	20
616 号双酚 A 二甘油醚	15	25	20
非活性稀释剂邻苯二甲酸二丁酯	5	10	8
650 聚酰胺树脂	1	5	3
SL-102 型热塑性聚氨酯	2	8	5
P042.5 硅酸盐水泥	55	40	47

制法：

① 将物料按配比投入捏合机中搅拌 3～5min，使其搅拌均匀，并至糊状；

② 将步骤①中所得糊状物料放入三辊机中，使其脱去气泡，研磨、混合得更加细致、均匀。

配方 34　混凝土修补胶黏剂

特性：本品是用于油介质混凝土修补的树脂胶黏剂。本产品使被粘物表面固化过程不仅能吸收混凝土表面油层，而且使之逐步扩散到胶黏剂层中，形成均一整体，从而达到胶黏剂分子与被粘物分子大程度的接触，使已渗入混凝土中的油介质能充分被修复材料吸收，且与混凝土本体粘接具有很高的强度。

配方（质量份）：

原料名称	配比 1	配比 2	配比 3	配比 4	配比 5
环氧树脂	100	100	100	100	100
固化剂	45	40	50	50	45

原料名称	配比 1	配比 2	配比 3	配比 4	配比 5
促进剂	3	2	6	5	4
偶联剂	3	2	6	5	5
稀释剂	20	10	40	50	40
吸油树脂	—	—	40	50	28
PVC 树脂	—	—	35	50	25

制法：将环氧树脂、吸油树脂及 PVC 树脂混合后搅拌均匀成浆料，再加入稀释剂和偶联剂，搅拌均匀后再加入固化剂及促进剂，拌匀后得到本品。

固化剂选自改性胺类，如乙二胺、二亚甲基三胺、三亚甲基四胺、酰氨基胺等；稀释剂为含有反应活性环氧基的聚醚类稀释剂，如缩水甘油醚、环氧丙烷丁基醚等；促进剂为改性胺类环氧固化促进剂，如活性聚酰胺、改性芳香族胺等；吸油树脂为合成腈类聚合物，如 PVC 树脂等。

配方 35   建筑用风管胶黏剂

特性：本产品为建筑用风管胶黏剂。采用维尼龙短切纤维代替原有的木质纤维，并改变维尼龙短纤维在配方中的质量分数，能有效地防止氯氧镁水泥风管板材与板材结合处、风管与风管结合处产生龟裂，增强氯氧镁水泥风管的密封性和粘接强度。采用缓凝型配方，能使胶黏剂在夏天高温或其他高温场合的凝结时间延缓 2h，减少胶黏材料浪费。采用促固型配方，能使胶黏剂在低温场合的凝结时间加快 1 天左右，加快施工进度。

配方（质量份）：

原料名称	配比 1	配比 2	配比 3
粉剂：氧化镁（活性镁含量 60%）			
低温煅烧氧化镁	—	—	20
硼砂	—	—	0.5
维尼龙短切纤维（长度为 7cm）	3	3	2
重质碳酸钙	10	15	15
液剂：氯化镁			
水	27	19	20
磷酸	—	0.5	—
丙苯乳液	—	3	—

制法：取各组分混合搅拌均匀，分别制成粉剂和液剂。将粉剂和液剂混合，充分搅拌均匀后即可使用。

缓凝型配方可在液剂中加入磷酸和丙苯乳液。

促固型配方可在粉剂中加入硼酸和低温煅烧氧化镁。

配方 36   建筑用耐热耐老化胶黏剂

特性：本品适合作为建筑行业的胶黏剂，特别适用于外墙、风道以及排烟道构筑物的粘接。本产品具有良好的抗老化性能和耐热性能。

配方（质量份）：

原料名称	配比1	配比2	配比3	配比4
预聚组分A				
环氧树脂E-51	100	100	100	—
DER331	—	—	—	100
丙酮	70	60	—	—
环己酮	—	—	60	—
乙酸乙酯	—	—	—	50
聚氨酯预聚体	15	30	25	30
松香树脂	15	10	15	20
固化催化剂二月桂酸二丁基锡	0.3	0.3	0.3	0.3
组分B				
γ-氨基丙基三乙氧基硅烷	5	5	5	—
间苯二胺	5	3	3	—
二亚乙基三胺	—	3	3	—
丙酮	10	10	10	—
细度小于400目的铬铝磷酸盐	—	—	5	—

制法：将胶黏剂预聚组分A在使用前与组分B混合，组分A与组分B中的质量比为(1～50)∶(1～2)，混合时，环氧树脂与固化剂的质量比不低于100∶1，或者也可以在使用前，将预聚组分A与组分B混合时，添加无机填充剂，混合后放置5～15min，就可以粘接。

预聚组分A的制备方法：原料取所述质量份，将环氧树脂溶解到溶剂中，预热至约30～110℃溶剂沸点温度，再慢慢加入聚氨酯预聚体和松香系树脂，加入固化催化剂，聚氨酯预聚体、松香系树脂和固化催化剂的加入顺序不是关键的，在氮气保护下50～90℃反应3～10h后，得到胶黏剂预聚组分。

环氧树脂优选1分子中至少具有2个环氧基团的化合物。

聚氨酯预聚体为聚醚型聚氨酯预聚体或聚酯型聚氨酯预聚体。

松香系树脂是树脂松香、妥尔油松香、木松香等，也可以是对该松香系进行改性、氢化或歧化的松香，如改性松香、氢化松香或歧化松香。

固化剂选用多元胺，特别是脂肪胺类和芳香胺类，例如二亚乙基三胺、三亚乙基四胺、己二胺、间苯二胺等。

固化催化剂选用有机锡、有机酸锡类催化剂，优选的是二月桂酸二丁基锡和辛酸锡。

溶剂选用有机溶剂，例如乙醇、甲醇、甲苯、丙酮、环己酮和乙酸乙酯中的一种或多种。

配方37 纳米水泥增强胶黏剂

特性：本品主要用于建筑中水泥增强、配制腻子和内外墙涂料以及木材、纸张的粘接。本产品粘接强度高、耐热性好、成本低、对环境无污染，完全符合环保要求，而且制备时操作简单，工艺流程短，大大降低了加工成本。

配方（质量份）：

原料名称	配比1	配比2	配比3	配比4
聚乙烯醇	2	2	2	2
纳米级凹凸棒土	2	3	3	—
纳米级蒙脱土	—	—	—	3
水	96	96	95	95

制法：将聚乙烯醇、纳米级凹凸棒土或纳米级蒙脱土和水加入反应瓶中，在常温下以 40～50r/min 的速率搅拌均匀，升温至 90～98℃，以 60～70r/min 的速率搅拌 0.5～1h 后，出料得纳米复合聚乙烯醇胶黏剂。

配方 38　纳米改性水玻璃胶黏剂

特性：本产品可以广泛应用于玻璃、陶瓷、纸制品、包装材料、建筑材料、金属、非金属、合金等多种材质的粘接上，应用领域也非常广泛，可用于粘接刀具、量具、仪器仪表、精密工具、夹具以及管路和元件密封补漏等。本产品具有一定的耐磨性、耐水性、耐酸碱等性能。

配方（质量份）：

原料名称	用量	原料名称	用量
硅酸钠	26	氧化铝	3
填料	15	助剂	3
纳米蒙脱土	6	水	40
氧化镁	7		

制法：按配方加入各种成分，50～80℃下高速混合 2h，放置室温冷却，即得成品。

配方 39　湿性石材胶黏剂

特性：本品适用于大理石复合板制作过程中湿性大理石、花岗岩、瓷砖等板材之间的粘接。本产品对湿性板材实施粘接，生产成本低，效率高，而且具有可在低温情况下进行操作、耐温情况好、抗冲击能力强、固化时间短的特点。

配方（质量份）：

	原料名称	用量		原料名称	用量
甲组分	双酚 A 环氧树脂 E-44	100	乙组分	酚醛胺	260
	活性碳酸钙粉	150		胶黏剂	适量
	乙醇	10		邻苯二甲酸二丁酯	50
	γ-氨基丙基三乙氧基硅烷	2			

制法：甲乙组分按配方比例混合后，经搅拌至分散均匀而制得成品。

配方 40　石膏基建筑胶黏剂

特性：本品主要应用于石膏基建筑材料的砌筑、灌浆、嵌缝、抹面、修补、黏结装饰构件等。本产品在使用时不需要添加其他材料，只需加清水搅拌即可使用，而且无挥发性有机物释放，不含有毒物质，施工性能好，黏结强度高，适用范围广。

配方（质量份）：

原料名称	配比 1	配比 2	配比 3	配比 4	配比 5	配比 6
建筑石膏	99	99	99	9	—	—
建筑石膏粉	—	—	—	—	99	99
羟丙基甲基纤维素	1	—	1	—	—	—
羟丙基甲基纤维素醚	—	1	—	—	—	—
甲基纤维素	—	—	—	1	—	—
纤维素醚	—	—	—	—	1	2
乙烯-乙酸乙烯酯共聚乳胶粉	1	1	—	—	—	—

原料名称	配比 1	配比 2	配比 3	配比 4	配比 5	配比 6
聚乙烯醇胶粉	—	—	1	1	—	—
柠檬酸	0.1	0.1	0.1	—	—	—
酒石酸	—	—	—	0.2	—	—
缓凝剂	—	—	—	—	1	—

制法：按配方量称取各组分，将其进行机械搅拌，混合均匀即可制成产品。

配方 41　环保室内装修胶黏剂

特性：本品为室内胶黏剂。本品采用天然物质提纯配方，具有无毒、无异味的特点，绿色环保，不会对人体健康造成危害；黏结快、粘接牢固；而且粘接安全，不会粘在人的手上撕破皮肤；黏结牢靠而易去除、不会损坏黏结物及墙体，不需要费很大力就可以撕除粘接物，且不会留下残留物。制备方法操作简单，不需要复杂的设备、不需要烦琐的工艺，也不需要高温高压等苛刻的工艺条件，非常适合于工业应用。

配方（质量份）：

原料名称	配比 1	配比 2	配比 3	配比 4	配比 5
碳酸钙	70	73	80	78	77
甘油	20	17	15	15	17
羧基甲基纤维素	4	3	5	4	5
复合磷酸盐	4	4	—	4	—
淀粉	2	4	—	—	2

制法：

① 制胶。将甘油、羧基甲基纤维素按配方比例投入胶水锅中润湿搅拌，使之成为半透明状液态，储存 1 天让其充分溶化膨胀后使用；

② 将粉固体原料按配方比例与配制好的胶水混合在搅拌机中搅拌均匀，制成具有一定黏性、稀稠适当的膏体；粉固体原料是碳酸钙；

③ 膏体经过搅拌倒入研磨机中，将过粗过硬颗粒磨细；

④ 研磨好的膏体要储存，进行真空脱气，静置完成；

⑤ 脱气后的膏体经静置后即可通过自动灌装设备装入软管并进行包装。

配方 42　无机耐高温胶黏剂

特性：该胶黏剂用于耐火纤维制品的生产中，取代有机胶黏剂，扩大了耐火纤维制品的品种，提高了耐火纤维制品的使用温度，并且随着耐火纤维制品的升温，其中的二氧化硅和碱组分不同程度地作用而生成硅酸盐，从而增加了耐火纤维制品的强度。该胶黏剂生产成本低，制备工艺简单，使用方法简便。

配方（质量份）：

原料名称	配比 1	配比 2	配比 3
工业浓磷酸	1	1	1
工业浓硫酸	1	1	1
80 目细度的氢氧化铝粉	0.5	0.5	0.2
200 目细度的二氧化硅粉	1	1	1
水	26	26	29
碱液	适量	适量	适量

制法：将工业浓磷酸和工业浓硫酸混合，加入氢氧化铝粉，待氢氧化铝完全溶解后，加入二氧化硅粉，然后用水稀释，再用碱液调 pH 值至 5～7。

配方 43　液化秸秆环氧树脂胶黏剂

特性：本品为液化秸秆环氧树脂胶黏剂。本产品是一种新的环境友好型胶黏剂。同时充分利用了可再生资源，降低了环氧树脂的生产成本。

配方（质量份）：

原料名称	配比 1	配比 2	配比 3	配比 4
秸秆粉末	100	100	100	100
苯酚	200	—	—	—
间苯二酚	—	400	—	—
甲酚	—	—	600	—
对苯二酚	—	—	—	500
浓硫酸	5	10	—	—
浓盐酸	—	—	8	—
磷酸	—	—	—	6
环氧氯丙烷	250	500	1000	900
5％氢氧化钠溶液	5	—	—	—
10％氢氧化钠溶液	—	80	—	—
10％氢氧化钾溶液	—	—	40	—
9％氢氧化钾溶液	—	—	—	40
聚酰胺（固化剂）	400	180	—	—
三亚乙基四胺	—	—	300	—
二亚乙基三胺	—	—	—	250
碳酸钙	—	200	—	—
氯化钙	—	—	300	250
钛酸酯	—	20	30	20

制法：

① 秸秆的液化产物的制备。不断搅拌苯酚和秸秆粉末和酸性催化剂的混合物，于 100～180℃反应 50～150min，减压蒸馏回收苯酚，制得秸秆的液化产物；

② 环氧树脂的制备。在所得的秸秆的液化产物中加入配比量的碱性催化剂和环氧氯丙烷，于 60～100℃下搅拌反应 120～360min，将得到的产物分液，用极性小分子溶剂洗涤两次油相，得到外观为黄褐色黏稠的环氧树脂。

③ 环氧树脂胶黏剂的制备。常温下在环氧树脂中加入固化剂及其他助剂即可。

所述秸秆粉末可以包括很多秸秆，例如玉米秸秆、稻草秸秆、小麦秸秆等的粉末，其细度为 40～80 目。

酚类化合物是苯酚、甲酚、间甲酚、间苯二酚、对苯二酚、邻氯苯酚或邻硝基苯酚等。

酸性催化剂是无机酸、有机酸或路易斯酸，例如，磷酸、草酸、盐酸、硫酸或苯磺酸。其中优选浓硫酸。

环氧树脂外观为深褐色黏稠液体。其中碱性催化剂可以使用氢氧化钠或氢氧化钾，使用时将其配成 5％～10％的水溶液。

固化剂可以选用聚酰胺、三亚乙基四胺、二亚乙基三胺。

填料可以选用碳酸钙、氯化钙。

配方 44　石材修补胶黏剂

特性：本品主要应用于石材粘接修补，能有效提高粘接强度，不污染石材。本丙烯酸酯胶黏剂采用特定的原料和原料配比制备而成,具有优异的粘接性能,能长时间抗老化、防腐,不污染石材,固化后无挥发物,有利于环保;同时方便施工与运输。

配方(质量份):

原料名称		配比 1	配比 2	配比 3	配比 4
A 组分	甲基丙烯酸甲酯	10	20	10	20
	甲基丙烯酸乙酯	20	—	—	20
	甲基丙烯酸 2-乙基己酯	10	10	20	20
	SBS	15	15	10	—
	ABS	15	10	—	10
	二甲基苯胺	0.1	0.01	—	—
	硝基苯酚	0.01	—	—	—
	丁苯橡胶	5	—	—	—
	BYKA-555	0.1	—	—	—
	KH-550	0.1	—	0.1	0.1
	丙烯酸乙酯	—	20	—	—
	氯磺化聚乙烯	—	10	—	—
	取代基硫脲	—	0.03	—	—
	对苯二酚	—	0.01	—	—
	液体丁腈橡胶	—	5	—	—
	甲基硅油	—	0.1	0.1	0.1
	KH-560	—	0.1	—	—
	丙烯酸丁酯	—	—	20	—
	丁腈橡胶	—	—	20	—
	氯丁橡胶	—	—	10	20
	N,N-二乙基苯胺	—	—	0.1	—
	2,6-二叔丁基对甲酚	—	—	0.01	—
	液体聚丁二烯橡胶	—	—	5	—
	N,N-二甲基对甲苯胺	—	—	—	0.1
	苯醌	—	—	—	0.01
	液体聚硫橡胶	—	—	—	5
B 组分	过氧化邻苯二甲酰	50	30	60	70
	邻苯二甲酸二甲酯	15	20	—	—
	邻苯二甲酸二丁酯	15	20	20	20
	气相法白炭黑	2	3	4	4
	氢过氧化异丙苯	—	30	—	—
	邻苯二甲酸二乙酯	—	15	—	—
	邻苯二甲酸二辛酯	—	—	—	20

制法:

① A 组分的制备方法。按原料配比,在配胶釜中投入丙烯酸酯单体,再投入促进剂、阻聚剂、消泡剂和增韧剂;然后搅拌,使各原料溶解并混合均匀;最后投入弹性体,室温放置 12h。待弹性体溶胀后,保持釜内温度 60~70℃,时间 4~6h。弹性体充分溶解后停止加热,出料制得 A 组分。

② B 组分的制备方法。按原料配比,将过氧化物、增塑剂、增稠剂、气相法白炭黑加入分散釜内,搅拌均匀即可制得 B 组分。

③ 最后将 A 组分和 B 组分混合均匀即得丙烯酸酯胶黏剂,A 组分和 B 组分的用量

比为 A：B＝10：1。

丙烯酸酯类单体由甲基丙烯酸甲酯、甲基丙烯酸乙酯、丙烯酸乙酯、丙烯酸丁酯、甲基丙烯酸 2-乙基己酯中的任意 3 种组成。

弹性体为 SBS、ABS、氯磺化聚乙烯、丁腈橡胶、氯丁橡胶中的任意两种或多种。

促进剂为胺类、醛胺缩合物、硫胺类中的一种或多种。

阻聚剂为对苯二酚、苯醌、硝基苯酚、2,6-二叔丁基对甲酚中的一种或多种。

增韧剂为液体聚硫橡胶、液体聚丁二烯橡胶、液体丁腈橡胶、丁苯橡胶中的一种或几种。

过氧化物为过氧化邻苯二甲酰、过氧化月桂酰、氢过氧化异丙苯中的一种或几种。

增塑剂为邻苯二甲酸二甲酯、邻苯二甲酸二乙酯、邻苯二甲酸二丁酯、邻苯二甲酸二辛酯中的一种或几种。

消泡剂为甲基硅油或 BYKA-555。

偶联剂为 KH-550 或 KH-560。

配方 45　瓷器专用黏合剂

特性：本品主要用于黏合瓷器，达到黏结牢固、看不出旧纹、使破旧瓷器修旧如旧、新瓷器修复如新的效果，属于化工领域。本品渗透性强，通过无机材料的相似相溶有效成分能充分渗透到附着体内部；同化程度高，与修复体相同的瓷器细粉在黏结过程中能很好地与黏结层同化，缝隙几乎看不出是新作；吸收性能强，黏结后隆起的余剂能吸收平复；黏结牢固，经久不开裂。

配方（质量份）：

原料名称	配比 1	配比 2	配比 3
阿拉伯胶	10	15	20
瓷器细粉	3	4	5
雪花石膏	70	75	80
硝酸钙	10	12	14
硅酸钠	1	2	3
去离子水	适量	适量	适量

制法：上述配料按照比例用去离子水调和成糊状。使用时，将瓷器损面用洗洁精洗刷，清水洗净，晾干。将糊状黏合剂涂于表面，吻合，用橡皮筋圈固，静置 12h 后，粘接缝两边用鹿皮打磨即可。

配方 46　瓷质墙、地砖用胶黏剂

特性：本品是一种瓷质墙、地砖用胶黏剂。本品黏结强度高，强耐老化，耐四季温差变化能力强，使用本品黏合的瓷质墙、地砖不会出现空鼓、开裂、渗水和脱落现象。

配方（质量份）：

原料名称	配比 1	配比 2	配比 3	配比 4
硅酸盐水泥	15	25	35	50
聚合物水泥基防水胶	25	20	15	10
河砂	40	25	25	40
装修废渣粉	20	30	25	10

制法：将水泥、防水胶、河砂、装修废渣粉按比例混合并搅拌均匀，即可使用。

水泥为硅酸盐水泥。

防水胶为聚合物水泥基防水胶。

装修废渣粉包括灰砂和混凝土块，粒径为 0.01～2mm。

河砂的粒径为 0.01～2mm。

配方 47 瓷砖填缝胶黏剂

特性： 本品是一种用于环保建材装饰，具有膏状物料的流态特性，黏结性能强的瓷砖填缝胶黏剂。本品储存期长，膏状瓷砖填缝胶黏剂产品用塑料瓶装或塑料软袋真空包装，储存期在 1 年以上。运输便利，膏状瓷砖填缝胶黏剂产品包装体积小，便于装箱、搬动和运输。环保卫生，产品便于在建筑工地、家居、厨房、卫生间等施工场所使用，拿出即用，不影响环境，对人体无害。节省材料，浪费少，施工时需要多少用多少，不会像水泥基填缝材料因剩余材料而产生浪费。省工、省时、效率高，施工时，施工人员只需用灌压枪或手挤压瓶尾部，对准瓷砖砖缝充填材料。省去了砖面的二次清理，省工、省时、效率高。质量稳定，具有聚合体材料的黏结性、柔韧性和膏状物料的流态特性。产品在罐装设备的挤压下能充满瓷砖缝隙，与不同基面上的材体紧密黏结在一起，封闭砖缝，有效地阻碍水分通过砖缝向基材渗透，保护瓷砖的牢固性，又可提高装饰体系的稳定性和防水性能。

配方（质量份）：

原料名称		配比 1	配比 2	配比 3
聚合乳液		100	100	100
硅灰石矿物填料		20	40	33
分散剂	丙烯酸钠盐	5	—	—
	高效聚丙烯酸盐	—	1	3
增稠剂	非离子聚氨酯类综合增稠剂	1	—	—
	疏水改性碱性溶胀增稠剂	—	3	1
保水剂	羟丙基纤维素醚	5	1	3
防霉防藻剂	四氯间苯二腈	0.5	3	1
广谱长效高稳定性防腐剂		5	1	3
消泡剂	疏水二氧化硅类消泡剂	0.5	—	—
	多羟基化合物疏水消泡剂	—	3	2
清水（纯净水）		20	1	11

制法：

① 瓷砖填缝胶黏剂的制备。将聚合乳液、矿物填料、分散剂、增稠剂、保水剂、防霉防藻剂、防腐剂、消泡剂、清水依次投放到搅拌容器内，按设定的时间搅拌均匀后，由灌装设备将混拌膏状体装入包装容器内即可。

② 聚合乳液的制备。首先将反应釜内的丙烯酸材料加热至（92±2）℃，保持 5h 进行溶解，然后将其温度降至（83±2）℃，再加入高位槽料（即有机硅材料），进行 5h 的聚合反应后，将反应釜温度降至 50℃，加入相关的功能性辅料，均匀搅拌 3h，将聚合乳液排放到中转储罐内，过滤后可以作为本品用的聚合乳液。

矿物填料为硅灰石、微硅粉末、高岭土或二氧化硅含量大于 99％ 的细集料。

分散剂为改性共聚胺盐、高效聚丙烯酸盐或丙烯酸钠盐。

增稠剂为丙烯酸类或非离子水性聚氨酯类。

保水剂为甲基纤维素醚或羟丙基纤维素醚。

防霉防藻剂为四氯间苯二腈。

消泡剂为疏水二氧化硅、疏水型多羟基化合物或有机酯多羟基化合物。

防腐剂为5-氯-2-甲基-4-异噻唑啉-3-酮或2-甲基-4-异噻唑啉-3-酮。

配方48 多功能柔性粉体黏合剂

特性：本品主要适用于各类材料界面的粉刷、粘贴、界面处理。本黏合剂既具有弹性又具有与水泥混凝土同样的耐老化性能，从而使传统意义上的混凝土水泥砂浆的性能有了质的飞跃，产品的柔性变形量达30%，享有"水泥弹簧"的美称，适用于各类材料界面的粉刷、粘贴、界面处理，在建筑工程上有着极为广泛的应用。

配方（质量份）：

原料名称	用量	原料名称	用量
525#灰水泥	360	干细砂	150
乙酸乙烯——乙烯共聚物	40	石英砂	450
聚乙烯醇	2.5		

制法：

① 先将525#灰水泥200份倒入进料口，打开提升机开关，使水泥自动进入搅拌机内，再将称量好的乙酸乙烯-乙烯共聚物和聚乙烯醇投进去。

② 将灰水泥150份、干细砂和石英砂加入搅拌机，启动搅拌机，称量灰水泥10份投入其中。

③ 进料完成后再搅拌5min，搅拌时间共10～15min，然后取样，初测合格后包装。

配方49 防渗堵漏环氧胶黏剂

特性：本品是一种建筑类潮湿/水中固化防渗堵漏环氧胶黏剂。本品原料来源广泛，成本低，具有良好的韧性。本品剪切强度22MPa左右，冲击强度$9.41kJ/m^2$，拉伸强度12.50MPa，比一般同体系的环氧胶黏剂强度高。水下粘接强度能达到4～7MPa，比同类型的胶黏剂水下粘接强度（4MPa左右）高。本品涉及的反应、工艺简单，操作方便，对设备要求不高，易于工业化生产。

配方（质量份）：

	原料名称		配比1	配比2	配比3	配比4	配比5
A组分	填料水泥		100	100	120	80	120
	辅助填料氧化钙		10	10	10	10	10
	偶联剂	KH-560	5	4	4	—	5
		石油磺酸	—	—	5	—	—
		KH-550	—	—	—	5	—
B组分	环氧树脂E-44		100	100	100	100	100
	稀释剂		10	10	10	10	10
	促进剂	二亚乙基三胺	3	—	—	—	—
		三亚乙基四胺	—	3	—	—	—
		四亚乙基五胺	—	—	3	—	—
		聚酰胺650	—	—	—	3	—
		DMP-30	—	—	—	—	2
	自增韧酚醛胺改性固化剂T31		30	40	40	40	40

制法：

① 将填料、辅助填料和偶联剂按照上述质量份配比混合，搅拌均匀，得 A 组分。

② 将环氧树脂 E-44、稀释剂和促进剂按照上述质量份配比混合，搅拌均匀，得 B 组分。

③ 将 A 组分加到 B 组分中，搅拌 5min 混合，再加入上述质量份配比的改性固化剂 T31，搅拌均匀，得防渗堵漏环氧胶黏剂。

偶联剂为石油磺酸、KH-560 或 KH-550。

促进剂为二亚乙基三胺、三亚乙基四胺、四亚乙基五胺、聚酰胺 650 或 DMP-30。

稀释剂为巴陵石化提供的环氧树脂专用稀释剂。

填料为水泥、石英砂或其他常用填料。

配方 50　固体胶黏剂（二）

特性：本品主要应用于黏结纸张、木材和织物，还适于黏结玻璃、陶瓷和金属。本品与其他胶黏剂相比有以下优点：黏结力增强、耐水性好、应用范围扩大，可以黏结玻璃、陶瓷和金属。本品含有纳米碳酸钙，使胶黏剂固化速度快，同时也克服了其他固体胶黏剂固化后收缩率较大的缺点。本品含有甘油和山梨醇，使本品具有长期保存不变形和不变质的特点。

配方（质量份）：

原料名称	配比 1	配比 2	配比 3
聚乙烯醇	18	12	25
酚醛树脂	7	2	4
环氧树脂	4	9	2
硬脂酸	5	8	6
月桂酸	3	7	5
氢氧化钠	2	1	
丁酮	30	40	34
甘油	1	2	1
山梨醇	1	2	2
淀粉	6	1	1
纳米碳酸钙	2	1	2
水	21	15	17

制法：

① 首先用配比中的一部分丁酮溶解聚乙烯醇，然后加入酚醛树脂，搅拌均匀。用另一部分丁酮溶解环氧树脂。把两种溶液合并，搅拌均匀，即配成液体 A。

② 将硬脂酸和月桂酸加热熔解，再滴入氢氧化钠溶液，要边滴边搅拌，滴完后搅拌反应 2h，即配成液体 B。

③ 按配方比例把淀粉和水混合，配制成液体 C。

④ 混合液体 A、液体 B 和液体 C，搅拌均匀，加热至 70℃，边搅拌边加入甘油、山梨醇和纳米碳酸钙，趁热注入容器中成形，冷却后即凝固成固体胶黏剂。

8

橡胶塑料用胶黏剂配方与生产

8.1 橡胶塑料用胶黏剂简介

橡胶的极性越大，胶接效果越好。其中丁腈氯丁橡胶极性大，胶接强度大；天然橡胶、硅橡胶和异丁橡胶极性小，粘接力较弱。另外，橡胶表面往往有脱模剂或其他游离出的助剂，妨碍胶接效果。

橡胶与橡胶的粘接可以分为三种情况：未硫化橡胶之间粘接；未硫化橡胶与硫化橡胶粘接；硫化橡胶之间粘接。未硫化胶之间的粘接一般采用热粘接方法，因为胶料在热贴合时一般都具有较好的粘接性能，半成品的压延压出过程可以采用热贴合将胶料部件结合在一起。在室温条件下粘接，就必须采用溶剂涂刷胶料的粘接面，以清除表面杂质，保证粘接效果。粘接性能太差的胶料必须涂刷胶黏剂之后才能进行粘接。一般天然胶料的自粘性较好，易于成形加工，合成胶料尤其是非极性的合成胶料自粘性较差，粘接比较困难，必须经过适当的改性，如在分子链中引入树脂或在其中添加极性树脂才能改善其粘接性能。两种不同的胶料之间粘接时，若二者间的极性或不饱和程度相差较大，为保证粘接效果，在制品胶料粘贴成形时，一般要采用过渡性的中间胶层。如未硫化的丁基橡胶与天然料粘贴时，可以采用氯化丁基橡胶及氯丁橡胶并用体系胶料作过渡胶层；未硫化胶与硫化胶之间的粘接，这项粘接技术多用于轮胎翻修、胶囊修补和某些橡胶制品的制造。粘接时，首先对硫化胶的表面进行处理，如机械打磨、化学处理，然后用溶剂擦洗，干燥后涂刷胶黏剂贴未硫化胶片加热硫化，达到粘接的目的。胶黏剂要根据被粘硫化胶与未硫化胶的胶种和性能进行配制；硫化胶之间的粘接比较困难，因为交联后的橡胶分子链难以扩散、渗透，大大减少了界面分子间的接触机会，而且由于硫化后橡胶分子链上的活性官能团减少，界面分子间产生进一步化学结合的机会也减少了。另外胶料配方中的增塑剂等成分容易迁移析出到表面，也会影响界面分子间的良好接触，硫化胶在粘接之前必须对其表面进行机械打磨或化学处理，使其表面清洁、新鲜或改性之后再选用合适的胶黏剂。

橡胶制品大都是由复合材料构成的，即在橡胶基材中复合了各种不同的骨架材料和增强材料，以满足不同用途或达到某种性能要求。锦纶和聚酯的纤维织品和帘线、钢和镀黄铜、镀铜、镀锌钢丝的帘线和绳是橡胶制品的主要骨架材料，特别是钢和钢丝是增强橡胶制品不可替代的高强力骨架材料。要获得高性能的橡胶-骨架材料复合制品，就需要选择合适的胶黏剂。

塑料胶黏剂主要用于塑料复合软包装袋的黏合，主要包括反应型聚氨酯胶黏剂（酯溶型聚氨酯，醇溶型聚氨酯，无溶剂聚氨酯），水性聚氨酯，水性丙烯酸等。目前塑料胶黏剂已从塑塑贴合为主扩展到其他各类复合材料的贴合，如：PVC装饰材料，装饰覆膜贴，保护膜，电磁屏蔽膜，汽车防爆膜，建筑节能膜，甚至气球，风筝等娱乐用品。目前，在我国的塑料胶黏剂市场上，溶剂型聚氨酯胶黏剂需求量仍在快速发展，绝对量增长远大于其他类胶黏剂的增长，无溶剂聚氨酯胶黏剂和水性胶黏剂的增长在加速，水性聚氨酯胶黏剂将是水性胶黏剂的发展方向，未来必将是反应型胶黏剂（溶剂型胶黏剂、无溶剂胶黏剂）、水性聚氨酯胶黏剂占领绝大部分市场份额。

8.2 橡胶塑料用胶黏剂实例

配方1 单组分聚氨酯胶黏剂

特性：本品原料易得，反应过程容易控制，无须用催化剂，干性好，粘接力强，使用方便，储存稳定性好，无毒无污染，不损害人体健康，对环境无污染。本品可用于粘接各种橡胶颗粒制作塑胶跑道、弹性胶垫、弹性防滑路面，还可与颜料、填料混合制作建筑密封胶。

配方（质量份）：

原料名称	配比1	配比2	配比3	配比4
聚醚二元醇	47	58	45	48
聚醚三元醇	—	—	—	3
4,4′-二苯基甲烷二异氰酸酯	33	42	55	50
乙酸丁酯	20			

制法：将聚醚二元醇和聚醚三元醇加热脱水（聚醚多元醇的脱水方法采用真空脱水或者用苯、甲苯或二甲苯为溶剂回流脱水）至含水量≤0.05%，降温到≤50℃，搅拌下加入4,4′-二苯基甲烷二异氰酸酯，加完再升温至50～85℃；并保温反应，直至测定异氰酸酯基含量在5%～10.5%的范围内，降温至≤60℃，即得成品。

配方2 橡胶塑料多用胶黏剂

特性：本品性能优良，适应面广，不仅能粘接极性材料而且能粘接非极性材料；价格较低廉，耐酸、耐碱，固化时间为8h。本品适用于对金属、陶瓷、聚氯乙烯等材料的黏合，也可用于聚乙烯、聚丙烯等高分子材料，甚至结晶度较高的非极性材料（聚丙烯、聚苯乙烯）或者发泡非极性材料（如发泡聚苯乙烯）的黏合。

配方（质量份）：

原料名称	用量	原料名称	用量
聚乙烯醇缩醛物	24	丙酮	3
聚乙酸乙烯	24	苯或苯衍生物	2
丙烯酸酯乳液	32	乙醇	3
C_4～C_6二酮	5	松香水	3
乙酸异丙烯酯	5		

制法：将各组分混合均匀即可。

配方3 覆膜胶黏剂

特性：本品不燃烧、不易爆、无毒、无刺激性气味，成本低，易于储存和运输，解决了有机溶剂覆膜胶的高毒、易燃易爆、污染环境等问题。本覆膜胶可用于拉伸聚丙烯、聚乙烯、聚酯薄膜与彩色印刷纸的复合，粘接强度高，成膜韧性好，覆膜制品外观平整，亮度极佳，具有很好的装饰效果。

配方（质量份）：

原料名称	用量	原料名称	用量
聚丙烯酸酯乳液(33%)	40	十二醇烷基硫酸钠	10
丙酮	6	水	30
松香树脂	14		

制法：将各组分混合均匀即可。

配方4 高分子热熔胶黏剂

特性：本品成本低，工艺流程简单，粘接强度高，性能稳定，使用方便；采用本品制得的复合板材品质好，具有优异的理化性能。本品适用于金属板材与聚烯烃板材之间的黏合，特别是连续挤出聚烯烃板材与金属板材之间的黏合。

配方（质量份）：

原料名称	配比1	配比2	配比3	配比4	配比5	配比6
聚乙烯	50	60	50	9	90	5
丙烯酸-乙烯共聚物	47	47	46	90	5	90
十八酸铬化物	3	2	4	1	5	4
抗氧剂DNP	—	1	0.5	0.5	—	1

制法：将以上各组分在高速混合机中混合均匀，混合时间一般为2～10min，然后加入挤出机中（可选用普通的单、双螺杆挤出机，但最好是混合效果好的同向平行双螺杆挤出机），在150～240℃（最佳为180～220℃）温度范围内挤造粒，即可制得成品。

配方5 氯丁酚醛胶黏剂

特性：本品原料易得，工艺简单，常温操作，使用方便，能耗低；粘接力强，固化时间短，具有很好的耐水性。本品特别适用于橡胶与金属的常温黏合。

配方（质量份）：

原料名称	用量	原料名称	用量
有机溶剂	500	松香树脂	10
不饱和酚醛树脂	10	氯化石蜡	5
氧化镁	1	凡士林	2
水	0.1	多异氰酸酯	15
氯丁橡胶	100		

制法：在反应釜内先加入有机溶剂，再加入不饱和酚醛树脂、氧化镁和水，常温搅拌16h，再加入氯丁橡胶、松香树脂搅拌10h，然后加入氯化石蜡、凡士林搅拌4h即得成品。在使用本品前，还可加入多异氰酸酯，使用效果更佳。

配方6　耐高温胶黏剂

特性：本品用途广泛，性能优良，粘接强度高，在高温下蒸煮不开裂，耐酸碱，耐油盐，不含金属离子，无毒，符合食品卫生要求。本品工艺流程简单，反应过程中不产生有害物质，有利于环境保护。本品用于聚酯膜、涤纶膜、真空镀铝膜、聚丙烯、聚乙烯以及它们之间的复合，广泛适用于软塑包装行业。

配方（质量份）：

	原料名称	用量		原料名称	用量
甲组分	月桂酸	6	乙组分	混合二元酸聚酯	40
	苯二甲酸	25		甲苯二异氰酸酯	12
	丙三醇	10		乙酸乙酯	加至100
	乙二醇	13	固化剂	甲苯二异氰酸酯	16
	三羟甲基丙烷	5		三羟甲基丙烷	59
	乙酸乙酯	加至100		乙酸乙酯	加至100
乙组分	精制蓖麻油	37			

制法：

① 甲组分的合成。将除乙酸乙酯外的物料加入反应釜中，加热搅拌使其充分反应；在8h内使反应温度由室温缓缓升至280℃，保温反应3h，蒸出反应生成的水；停止加热，冷却釜内物料；当釜内的混合二元酸聚酯冷却至50℃时，将物料转移至混合釜中，加入乙酸乙酯，搅拌均匀备用。

② 乙组分的合成。将蓖麻油和混合二元酸聚酯加入反应釜中，升温至50～65℃，加入甲苯二异氰酸酯，充分搅拌反应；当温度升至80～90℃时，保温反应5h；然后降温至50℃，加入乙酸乙酯，搅拌均匀备用。

③ 固化剂的合成。将甲苯二异氰酸酯和乙酸乙酯加入反应釜中，开动搅拌加热升温；当温度达到60～70℃时，加入三羟甲基丙烷，继续搅拌，使之充分反应；在70～80℃下维持反应3h后停止加热，降至室温，即得固化剂。

④ 将甲、乙组分按1∶1加入反应釜中，充分搅拌使之混合均匀，即得胶黏剂主胶。然后按主胶∶固化剂＝8∶1的比例将两者加到容器中（必要时可加入部分乙酸乙酯稀释），充分搅拌均匀后即得成品。

配方7　热熔胶黏剂

特性：本品性能优良，粘接强度高，固化时间短，成膜快，热封强度高。本品适用于铝箔与PVC塑料的复合粘接。

配方（质量份）：

原料名称	配比1	配比2	配比3
多元共聚酯	60	46	23
丙酮	20	27	50
氯乙烯-乙酸乙烯-顺丁烯二酸酐三元共聚树脂	15	20	20
乙烯-乙酸乙烯共聚酯	3	5	5
乙烯-丙烯酸乙酯共聚酯	2	2	2

制法：在丙酮中加入氯乙烯-乙酸乙烯-顺丁烯二酸酐三元共聚树脂，控制温度在40～60℃内，搅拌至完全溶解，然后加入乙烯-乙酸乙烯共聚酯、乙烯-丙烯酸乙酯共聚酯和多元共聚酯，使其溶解并混合均匀即得成品。

配方8 软塑复合包装材料胶黏剂

特性： 本品性能优良，初粘性好，终强度高，可在室温下实现交联；成本较低，设备投资小，可代替溶剂型聚氨酯胶黏剂。本品适用于软塑复合包装材料的生产，如聚丙烯薄膜、聚乙烯薄膜、聚酯薄膜、尼龙薄膜、聚偏二氯乙烯薄膜、玻璃纸以及铝箔和纸等。

配方（质量份）：

	原料名称	配比1	配比2	配比3	配比4	配比5	配比6	配比7	配比8
聚合物溶液	丙烯酸丁酯	143	129	160	99	91	155	161	186
	苯乙烯	—	25	10	27	63			
	富马酸	5	7	2	3	14	5	6	6
	N-羟甲基丙烯酰胺	4	7	19	5	7	7	2	8
	E-51环氧树脂	46	33	10	67	26	34	31	—
	N,N-二甲基苄胺	0.1	0.2	0.05	1	0.3	0.02	0.03	—
	过氧化二苯甲酰-N	0.7	0.7	0.7	0.5	0.7	0.7	0.7	0.8
	乙酸乙酯	590	590	590	590	590	590	590	590
有机多胺		2	0.4	0.2	1	1	1	1	—

制法：

① 在装有恒温水浴、搅拌装置、温度计、回流冷凝管、氮气导入管以及滴液漏斗的四口烧瓶中，先通入氮气，然后将水浴升至70~110℃，加入乙酸乙酯，待内温升至所需温度时，开始滴加由丙烯酸丁酯、苯乙烯、富马酸、N-羟甲基丙烯酰胺、过氧化二苯甲酰-N组成的混合溶液，单体滴加时间为2~5h，总反应时间为10~20h，滴加完毕继续保温，得共聚物溶液；

② 在制成的共聚物溶液中（或在制备共聚物前的单体中）加入E-51环氧树脂以及N,N-二甲基苄胺，所得聚合物溶液作为第一组分；

③ 将第一组分聚合物溶液和有机多胺混合均匀为成品，即可使用。

配方9 三元乙丙橡胶片材专用胶黏剂

特性： 本品性能优良，初粘力大，粘接强度高，耐老化、耐水、耐酸碱，实用性强，成本低。本品适用于二元乙丙硫化橡胶片材之间、片材与其他基材之间的粘接或用作密封胶。

配方（质量份）：

原料名称	配比1	配比2	原料名称	配比1	配比2
丁基橡胶或卤化丁基橡胶	100	100	对苯醌二肟	20	25
酚醛树脂	10	25	甲苯	适量	适量
轻质碳酸钙	40	150	萜烯树脂	20	160
氧化铅	10	10	催化剂	—	8

制法： 将丁基橡胶或卤化丁基橡胶配以酚醛树脂及轻质碳酸钙，加入对苯醌二肟和氧化铅进行混炼，然后在开炼机上一次取片，再进行120~170℃热处理，0.5~5h预硫化，再薄通，二次取片，最后与甲苯（或混合溶剂）进行配比，并配以萜烯树脂，进行强力搅拌、溶解10~29h，待完全溶解后即得成品。

配方10 食品袋复合膜胶黏剂

特性： 本品成本低，能耗小，生产时也可使用低温干燥设备；黏合力强，自干性能好、干燥快，耐温性能好，透明度高，使用寿命长；成品为单组分，不需混合，使用方便；无毒无异味，符合食品卫生要求；生产过程中不产生有害物质，对环境无污染。本品适用于聚乙烯、聚丙烯、聚氯乙烯、聚酯、铝膜、热合膜、共挤膜、玻璃纸、塑料编织布复薄膜或纸张等复合膜制成的食品、药品包装袋，以及美术装潢印刷品等。

配方（质量份）：

原料名称	用量	原料名称	用量
松香	30	苯乙烯-丁二烯-苯乙烯 (SBS)热塑性弹性体	20
苯酚	1		
甲醛	1	甲苯	40
乌洛托品	0.05	乙酸乙酯	8
氧化锌	0.04	萜烯树脂	9
甘油	2	香精	0.005

制法：

① 将松香置于反应锅内，加热，控制温度100～110℃，使之熔化，再分别加入苯酚、甲醛，用乌洛托品作催化剂，升温至80～100℃，保温2～3h，待完全脱水后，分别加入氧化锌和甘油，再加热升温至250～270℃，保温3～5h，所得反应物为松香改性树脂。

② 将苯乙烯-丁二烯-苯乙烯（SBS）热塑性弹性体和甲苯加入乙酸乙酯中，搅拌2～4h，溶解后，继续搅拌并依次加入萜烯树脂、步骤①制得的松香改性树脂及香精，搅拌3～5h，溶解完全后即得成品。

配方11 水性丙烯酸复合胶黏剂

特性：本产品用于各种塑料膜或镀铝膜之间的复合，在食品包装用薄膜复合应用上完全可以替代溶剂型胶黏剂。本品采用低皂乳液聚合的方法，先对部分聚合单体进行预乳化，另一部分单体制备种子，有效地降低了乳化剂的用量，同时结合种子聚合和预乳化的工艺，使用两种阴离子混合乳化剂，乳液反应稳定，得到的产品稳定性高、粘接强度高。

配方（质量份）：

原料名称	配比1	配比2	配比3	配比4	配比5
丙烯酸异辛酯	—	—	40	—	40
丙烯酸乙酯	41	—	5	—	5
丙烯酸丁酯	20	50	10	50	10
丙烯酸甲酯	—	6	10	—	10
甲基丙烯酸甲酯	33	41	30	30	30
甲基丙烯酸丁酯	2.5			10	
甲基丙烯酸乙酯				5	
丙烯酸	2			1	
甲基丙烯酸		1	1		
甲基丙烯酸羟乙酯			2		
甲基丙烯酸羟丙酯					4
丙烯酸羟丙酯	1.5		2	4	
丙烯酸羟乙酯	—	2			
去离子水	150	120	100	110	100

原料名称	配比 1	配比 2	配比 3	配比 4	配比 5
异丙基萘磺酸钠	0.3	—	—	0.5	—
丁基萘磺酸钠	—	0.25	—	—	—
亚甲基双甲基萘磺酸钠	—	—	0.5	—	0.5
丁二酸二异辛酯磺酸钠	0.1	—	0.05	—	0.05
丁二酸二戊酯磺酸钠	—	0.1	—	—	—
丁二酸二辛酯磺酸钠	—	—	—	0.5	—
$(NH_4)_2S_2O_2$	0.6	0.8	0.8	0.6	0.8
$NaHCO_3$	0.25	0.3	0.3	0.25	0.3
十二烷基硫醇	0.3	0.25	0.5	0.01	0.5
氨水	适量	适量	适量	适量	适量

制法：将总量 50％～90％的去离子水、50％～90％的乳化剂搅拌乳化，投入总量 40％～90％的混合单体进行预乳化，得到预乳化液Ⅰ。

将剩余的去离子水、乳化剂和反应单体投到聚合釜中进行乳化，得到乳化液Ⅱ。

将乳化液Ⅱ升温至 70～75℃，加入总量 20％～50％的过硫酸铵溶液进行聚合反应，反应 20～30min 后加入分子量调节剂调节分子量，然后开始滴加预乳化液Ⅰ，3～4h 滴加完毕，并不断补充剩余的过硫酸铵溶液，同时用碳酸氢钠溶液来调节 pH 值在 3～5 之间，滴加完毕后在 80～85℃保温 1～2h，然后降温到 50℃以下用氨水调节 pH 值为 6～7，得到水性丙烯酸复合胶黏剂。

乳化剂为烷基萘磺酸钠盐和二酸烷基酯磺酸钠盐两种阴离子型乳化剂的混合物，二者混合的质量比例为 10∶（1～10），乳化剂的用量为反应单体总质量的 0.1％～1.0％；

分子量调节剂为十二烷基硫醇，用量为单体总质量的 0.01％～0.5％。

配方 12 水性聚氨酯胶黏剂

特性：本产品具有固含量高，干燥速度快，粘接强度大、抗张强度大、弹性好、耐水、耐溶剂、耐高低温性能十分优异的特点。本品对 PVC、SBS、PU、帆布、EVA 等树脂基材有非常好的粘接性能。

配方（质量份）：

原料名称	配比 1	配比 2	配比 3	原料名称	配比 1	配比 2	配比 3
水性聚氨酯分散体	100	100	100	聚硅氧烷	0.05	0.02	0.03
萜烯树脂	0.3	0.1	0.2	三(2,4-二叔丁基苯基)亚磷酸酯	0.02	0.05	0.03
丙烯酸型流平剂	0.08	0.3	0.2				

制法：将多元胺化合物滴加到水性聚氨酯分散体中，在 10～25℃下 15～30min 脱去水性聚氨酯分散体中的有机溶剂，再加入萜烯树脂、丙烯酸型流平剂、聚硅氧烷和三(2,4-二叔丁基苯基)亚磷酸酯后混合均匀，得到水性聚氨酯胶黏剂。

多元胺化合物选自乙二胺、己二胺、二乙烯三胺、三乙烯四胺、3,3'-二氯-4,4'-二氨基二苯基甲烷，或其混合物。

脱去水性聚氨酯分散体中的有机溶剂优选为采用真空减压脱溶法。

配方 13 塑料管道低毒性溶剂型胶黏剂

特性：本品用于硬聚氯乙烯（PVC-U）塑料管道系统中管道与配件、配件与配件间的粘接。本品使用低毒性溶剂，具有良好的卫生性能，符合健康环保趋势，本品的混合溶剂体系具有灵活可调的溶解度参数和氢键参数，良好地适应了市场原材料价格和性能波动，降低生产成本，保障技术性能。

配方（质量份）：

原料名称	配比 1	配比 2	配比 3	配比 4
聚氯乙烯	50	—	90	10
氯化聚氯乙烯	50	100	10	90
氯化乙丙橡胶	—	1.5	—	—
聚氨酯	1.5	—	—	—
丙烯腈-丁二烯-苯乙烯共聚物	—	10	5	—
乙烯-乙酸乙烯共聚物	5	10	10	5
氯化聚乙烯	5	—	—	—
C$_5$ 石油树脂	—	5	5	—
聚合树脂	—	5	—	—
2402 树脂	10	10	—	—
萜烯树脂	—	—	5	—
210 树脂	—	—	5	—
抗氧剂 1076	—	0.1	—	—
抗氧剂 1010	—	—	0.1	—
抗氧剂 264	0.5	—	0.5	—
抗氧剂 168	—	0.2	0.2	—
双酚 A	—	0.5	—	—
气相二氧化硅	1	2	—	—
氢化蓖麻油	1	—	—	—
有机膨润土	—	—	2	—
经偶联剂表面处理的碳酸钙	15	—	10	—
玻璃微珠	—	5	5	—
丙酮	—	500	300	450
甲乙酮	200	—	—	—
乙酸乙酯	150	—	200	80
乙酸甲酯	—	180	—	—
乙酸丁酯	150	180	—	80
四氢呋喃	260	—	180	150

制法：将各组分加到溶剂中，搅拌混合均匀即可。

配方 14　塑料胶黏剂

特性：本品原料易得，工艺流程简单，性能优良；适用温度范围宽，在常温下固化快（20～30min 即可固化），进行黏合操作时，被黏合物不必进行酸性或碱性处理，也不必加热和加压，简单方便；对各种材料均无破坏作用，而且耐酸、耐碱、耐油。本品可用于金属、塑料、化纤等不同材料之间的黏合。

配方（质量份）：

原料名称	配比 1	配比 2	配比 3	原料名称	配比 1	配比 2	配比 3
环氧树脂	100	100	100	乙二胺	6	6	6
重质碳酸钙	110	90	100	氧化锌	6	5	3
邻苯二甲酸二丁酯	2	4	3				

制法：将环氧树脂、重质碳酸钙、邻苯二甲酸二丁酯和氧化锌混合在一起，一边加热一边搅拌，直到加热至80℃并搅拌均匀，然后静置片刻，使内部气体逸出，气泡消失后，再加入乙二胺，搅拌均匀即得成品。

配方 15　橡胶地砖用聚氨酯胶黏剂

特性：本品拉伸强度和断裂伸长率都有显著提高，无污染，施工方便，属于一种符合环保要求的粘接剂。本品主要用于橡胶地砖的粘接。

配方（质量份）：

原料名称	用量	原料名称	用量
聚醚二元醇	9	苯甲酰氯	0.2
聚醚三元醇	78	二甲基乙醇胺	0.2
甲苯二异氰酸酯	13		

制法：首先将聚醚二元醇、聚醚三元醇加入反应釜中，开动搅拌，然后升温至40～50℃，继续搅拌15～30min，后加入甲苯二异氰酸酯掺入量的90%及苯甲酰氯，将反应釜中混合料继续升温至（80±2）℃反应90min，加入剩余甲苯二异氰酸酯，升温至（90±2）℃，搅拌0.5h，降温至50℃加入二甲基乙醇胺；搅拌20min，检测胶黏剂异氰酸酯基含量在6%～8%，黏度在900mPa·s。最后在搅拌状态下，抽真空至0.08MPa、30min；在静止状态下，抽真空至0.08MPa、10min、放气出料。

配方 16　橡胶用丙烯酸乳液胶黏剂

特性：本品具有低VOC、低成本等优点，可以用于橡胶、金属、镀铝金属、PE等材料，在很多场合可以替代溶剂型胶黏剂。

配方（质量份）：

核组分

原料名称	配比 1	配比 2	配比 3	配比 4	配比 5	配比 6	配比 7
丙烯酸丁酯	45	45	45	40	40	25	50
甲基丙烯酸甲酯	35	35	35	35	35	40	30
苯乙烯	20	20	20	25	25	30	20
甲基丙烯酸	3	3	3	3	3	3	3
甲基丙烯酸羟乙酯	1.5	1.5	1.5	1.5	2	2	2
OP-10	1	1	1	1	3	2	3
十二烷基苯磺酸钠	1.5	1.5	1.5	2	4	3	4
过硫酸铵	1	1	1	1	0.5	0.5	1
碳酸氢钠	1	1	1	1	0.5	0.5	0.5
去离子水	130	130	130	130	130	140	150

壳组分

原料名称	配比 1	配比 2	配比 3	配比 4	配比 5	配比 6	配比 7
丙烯酸丁酯	60	60	60	65	65	65	65
甲基丙烯酸甲酯	15	15	15	15	15	15	10
苯乙烯	15	15	15	10	15	15	15
甲基丙烯酸	5	5	5	5	1	1	1

原料名称	配比 1	配比 2	配比 3	配比 4	配比 5	配比 6	配比 7
甲基丙烯酸羟乙酯	3	3	3	3	1	1	1
四氢呋喃甲基丙烯酸酯	8	—	—	5	3	10	—
含氟丙烯酸	—	8	—	—	—	—	5
十二烷基苯磺酸钠	1	1	1	2	2	3	4
OP-10	1	1	1	1	2	2	2
过硫酸铵	0.3	0.3	0.3	0.6	0.1	0.2	0.3
去离子水	70	70	70	70	70	80	80

制法：

① 先将核组分中的部分单体（60%）、部分去离子水、部分乳化剂进行预乳化得到预乳液；

② 将预乳液移入反应釜中，在 100～150r/min 的转速下升温至 70～80℃，加入核组分中的部分引发剂，反应得到种子乳液；

③ 将核组分的剩余单体缓慢地滴加入步骤②得到的种子乳液中，反应过程中补加核组分的剩余乳化剂、去离子水和引发剂，反应得到乳液的核部分；

④ 再将壳组分的单体缓慢加入步骤③制备的乳液的核部分中，反应过程中补加壳组分的乳化剂、去离子水、引发剂，反应完毕，调 pH 值至 7～8 即得到橡胶用丙烯酸乳液胶黏剂。

引发剂优选阴离子引发剂过硫酸钾和/或过硫酸铵。

乳化剂优选阴离子乳化剂与非离子型乳化剂的复合乳化剂，阴离子乳化剂优选十二烷基苯磺酸钠、十二烷基磺酸钠、十二烷基硫酸钠中的一种或一种以上，非离子乳化剂包括 OP-10 和或 XP-10 等。

配方 17　耐热氯丁橡胶胶黏剂

特性：其粘接强度高，具有优良的耐热性和耐候性，适用于易发热的电子元件，克服了高温时氯丁橡胶的结晶性丧失从而导致其黏合力急剧下降的情况发生。

配方（质量份）：

原料名称	配比 1	配比 2	配比 3	原料名称	配比 1	配比 2	配比 3
氯丁橡胶	35	33	40	氧化锌	3	4	5
甲苯	125	145	150	氧化镁	1.5	2	2
叔丁基酚醛树脂	27	28	30	2,6-二叔丁基对甲酚	0.2	0.3	0.3

制法：按配比，将各组分混合，分散均匀后即可得成品。

配方 18　双组分室温固化胶黏剂

特性：本品是一种双组分室温固化胶黏剂，应用范围广，适合于聚乙烯（PS）、聚氯乙烯（PVC）各类型材的自粘和互粘，经本产品复合的装饰板材具有优异的外观质量和极高的黏合强度。本品采用氧化-还原引发体系制成两个组分，其配比可根据用户对固化速度快慢和不同季节温度变化进行调整，便于大型材料自动化流水作业，固化速度快。制造工艺简单，不需要反应釜，只需混合釜将各组分混合均匀即可。

配方（质量份）：

原料名称		配比 1	配比 2	配比 3	配比 4
甲组分	甲苯	48	—	36	48
	二甲苯	—	53	—	—
	乙苯	43	47	56	70
	乙酸乙酯	—	—	40	—
	聚苯乙烯	10	24	18	38
	聚甲基丙烯酸甲酯颗粒料	17	21	29	30
	过氧化苯甲酰	5	—	—	4
	过氧化丁酮	—	5	—	—
	过氧化环己酮	—	—	5	—
乙组分	甲苯	48	46	39	26
	二甲苯	—	26	—	—
	环己酮	—	—	—	47
	乙酸丁酯	—	—	30	—
	甲基丙烯酸甲酯	49	45	59	35
	二甲基苯胺	3	—	—	4
	二乙基苯胺	—	—	1	—
	环烷酸钴	—	2	—	—
	辛酸钴	—	3	3	—

制法：

① 甲组分的制备。在溶解釜中加入有机溶剂，搅拌状态下加入聚苯乙烯及聚甲基丙烯酸甲酯颗粒料，待固体料全部溶解后加入有机过氧化物引发剂，再次搅拌均匀，制得甲组分。

② 乙组分的制备。在另一溶解釜中加入有机溶剂、甲基丙烯酸甲酯，搅拌均匀后再加入促进剂，继续搅匀，制得乙组分。

所述有机过氧化物引发剂为氧化-还原引发体系的过氧化苯甲酰、过氧化丁酮、过氧化环己酮等。

所述促进剂为氧化-还原引发体系的叔胺（二甲基苯胺、二乙基苯胺等）和金属离子（环烷酸钴、环烷酸锌、环烷酸锰、辛酸钴等）。

所述有机溶剂为甲苯、乙苯、二甲苯、乙酸乙酯、乙酸丁酯、环己酮中的两种或两种以上的混合物。

配方 19　塑料用紫外线固化胶黏剂

特性：本品主要应用于 PVC、ABS、PC、PMMA 等塑料的黏结，无溶剂，操作简单易行，适合大批量生产。本品固化效果符合国家标准，对人体及环境无任何危害。环氧丙烯酸酯综合性能优良，但其具有固化膜较脆、韧性差的缺点，采用柔韧性较好的聚氨酯丙烯酸酯进行共混使用使得整个体系的机械强度、硬度都有所增加，柔韧性也非常好。这种新型紫外线固化胶黏剂通过两种预聚体的复合使用相互补充不足，使得整个体系固化速度快、黏结强度大，充分发挥了两种预聚体之间的协同效果。

配方（质量份）：

胶黏剂

原料名称	配比1	配比2	配比3	配比4	配比5
环氧丙烯酸酯	10	20	15	30	10
聚氨酯丙烯酸酯	40	30	35	40	20
单体稀释剂1,6-己二醇二丙酸酯	45	45	45	25	65
光引发剂	5	5	5	5	4
促进剂(A-1)	0.5	0.4	0.4	0.1	1
阻聚剂2,6-二叔丁基对甲酚	0.1	0.1	0.1	0.2	0.1

聚氨酯丙烯酸酯

原料名称	配比1	配比2	配比3	配比4	配比5
聚乙二醇	1	1	1	1	1
3-异氰酸酯基亚甲基-3,5,5-三甲基环己基异氰酸酯	2	2	2	2	2
二月桂酸二丁基锡	2	2	2	2	2
甲基丙烯酸羟乙酯	0.05	0.1	0.1	0.1	0.1
2,6-二叔丁基对甲酚	0.1	0.1	0.1	0.1	0.1
无水乙醇	5	5	10	10	5

环氧丙烯酸酯

原料名称	配比1	配比2	配比3	配比4	配比5
丙烯酸	1	1	1	1	1
环氧树脂	1	1	1	1	1
2,6-二叔丁基对甲酚	0.02	0.01	0.03	0.03	0.03
催化剂四正丁基溴化铵	1	1	1	1	1

制法：在环氧丙烯酸酯树脂中加入聚氨酯丙烯酸酯和单体稀释剂，于50～55℃恒温搅拌3～4h，再加入光引发剂、促进剂和阻聚剂，调节温度至60～70℃，恒温搅拌1～2h，出料，制得一种新型的紫外线固化胶黏剂。

单体稀释剂为1,6-己二醇二丙酸酯、丙烯酸异冰片酯、丙氧基化新戊二醇双丙烯酸酯和二缩三丙二醇二丙烯酸酯中的一种或两种。

阻聚剂为2,6-二叔丁基对甲酚。

促进剂（A-1）即70％双（二甲氨基乙基）醚的二丙二醇溶液。

光引发剂为异丙基硫杂蒽酮和 N,N-二甲基对氨基苯甲酸甲酯的复合光引发剂。

配方20 高强度环氧树脂胶黏剂

特性：本发明黏合力好，机械强度高，具有优良的耐腐蚀性、耐热性、耐酸碱性，并有良好的绝缘性能，使用范围广，在－60～100℃范围内具有良好的胶黏能力，固化后的胶层可以进行机械加工，适合于铝及铝合金、钢材、玻璃钢塑料等的黏结。

配方（质量份）

原料名称	配比1	配比2	配比3	原料名称	配比1	配比2	配比3
环氧树脂E-44	60	70	80	邻苯二甲酸二丙烯酯	3	4	5
环氧树脂D-17	30	40	50	二乙烯三胺	2	3	4
聚硫橡胶	10	20	30	二氧化硅粉	20	30	40
2-乙基-4-甲基咪唑	6	8	10	高岭土	10	16	20

制法：

① 将环氧树脂 E-44、环氧树脂 D-17 及聚硫橡胶混合，分散均匀得 A 组分。

② 将 2-乙基-4-甲基咪唑、邻苯二甲酸二丙烯酯及二乙烯三胺混合，分散均匀得 B 组分。

③ 将二氧化硅粉及高岭土混合，分散均匀得 C 组分。

④ 将 A、B 及 C 组分混合，经充分搅拌混合均匀后即得成品。

配方 21　橡胶黏合剂

特性：本品主要应用于各种橡胶与非纯棉织物的黏合。对于布面胶鞋，加入本品后的黏合剂的黏合强度可达到 2.1~2.5kN/m。本品配方应用方便，操作简单，黏合强度提升明显。

配方（质量份）：

原料名称	配比 1	配比 2	配比 3	原料名称	配比 1	配比 2	配比 3
间苯二酚	10	20	30	六亚甲基四胺	20	30	40
蒸馏水	40	50	60				

制法：

① 在常温常压条件下把间苯二酚放入 20 份蒸馏水中，搅拌使其溶解，形成溶液，待用。

② 在常温常压条件下把六亚甲基四胺放入 20 份蒸馏水中，搅拌使其溶解，形成溶液，待用。

③ 在常温常压条件下把间苯二酚溶液加入反应釜中，然后逐步加入六亚甲基四胺溶液，边加入边搅拌，直至 pH 值达到 7~8。

④ 过滤、脱水、烘干。

⑤ 检验、包装。

配方 22　PVC 软板与海绵黏合剂

特性：本品采用与 PVC 软板成分几乎完全相同的材料，无毒且不含有机挥发物。只需在海绵材料的被黏合面上涂胶，采用滚筒滚涂的方法，涂胶量容易控制，复合成形时工艺简单，制造费用低，而且黏结强度高。

配方（质量份）：

原料名称	配比 1	配比 2	配比 3	原料名称	配比 1	配比 2	配比 3
糊状 PVC 树脂	100	100	100	聚乙烯蜡	2	1	2
邻苯二甲酸二辛酯	70	72	68	炭黑	1	1	1
二碱式亚磷酸铅	1	2	2	防老剂	1	1	—
三碱式硫酸铅	2	3	4				

制法：将各组分混合均匀即可。

配方 23　紫外线固化黏合剂

特性：本品主要应用于聚氯乙烯、聚碳酸酯、聚酯、聚甲基丙烯酸甲酯、聚氨酯、聚苯乙烯、玻璃等的黏结。本品可用于多种有机底材及玻璃、金属等，可实现中等黏度、可紫外线或可见光固化并满足光学粘接要求，弥补了现有光固化黏合剂的不足。

配方（质量份）：

原料名称	配比1	配比2	配比3	配比4	配比5
聚酯型聚氨酯二丙烯酸酯	25	28	30	32	35
N,N-二甲基丙烯酰胺	10	12	15	18	20
丙烯酸异冰片酯	10	13	16	18	20
己二醇二丙烯酸酯	6	9	12	14	16
丙烯酸乙氧基乙氧基乙酯	1	2	3	4	5
氯乙烯与乙酸乙烯共聚树脂	5	6	7	8	10
2-羟基-2-甲基-1-苯基-1-丙基酮	1	2	3	4	5
1-羟基环己基苯甲酮	1	2	3	4	5
2,4,6-三甲基苯甲酰基二苯基氧化膦	1	1	1	2	2
乙烯基三叔丁基过氧硅烷	1	1	2	2	2

制法：

① 将 N,N-二甲基丙烯酰胺、己二醇二丙烯酸酯、丙烯酸异冰片酯、丙烯酸乙氧基乙氧基乙酯加到容器内，混合均匀。

② 将氯乙烯与乙酸乙烯共聚树脂缓慢加入所述容器中，同时搅拌，至树脂完全溶解，成为无色透明液体。

③ 向所述容器中再加入聚酯型聚氨酯二丙烯酸酯及 2-羟基-2-甲基-1-苯基-1-丙基酮、1-羟基环己基苯甲酮、2,4,6-三甲基苯甲酰基二苯基氧化膦、乙烯基三叔丁基过氧硅烷，继续搅拌 0.5～1h。

④ 静置 1～2 天熟化，过滤，即制成紫外线固化黏合剂。

配方 24 高强度玻璃钢胶黏剂

特性：本品主要应用于玻璃钢管道的黏结。本品耐压性能好，粘接强度大；现场维修操作简单方便，确保能够及时投产；固化时间短，完全固化后，不怕与水接触。

配方（质量份）：

	原料名称	配比1	配比2	配比3	配比4	配比5
A组分	双酚 A 型环氧树脂	90	95	100	105	110
	气相二氧化硅	1	2	3	4	5
	硅粉	6	8	9	10	12
B组分	二亚乙基三胺	1	—	—	—	—
	三亚乙基四胺	1	1	1	1	2
	四亚乙基五胺	—	1	—	—	—
	多亚乙基多胺	—	—	1	1	2

制法：

① 将双酚 A 型环氧树脂、气相二氧化硅和硅粉混合配制成 A 组分，备用；

② 将多亚乙基多胺混合配制成 B 组分，密封备用；

③ 在温度 10～35℃，将 B 组分开封倒入 A 组分中，搅拌速度 100～150r/min，搅拌时间 1～5min，即制得高强度玻璃钢胶黏剂。

配方 25 硅橡胶胶黏剂

特性：本品是一种耐高温硫化硅橡胶胶黏剂。本品的碳纳米管（CNTs）为无缝中空的管状结构，长度为几十微米，而直径却只有十几纳米，按石墨烯片的层数分类可分为单壁 CNTs 和多壁 CNTs，其具有优异的力学性能，如极高的强度、韧性及弹性模量，还有良好的传热性能和电学性能，另外，CNTs 还具有极好的场致电子发射性能、高频宽带电磁波吸收特性以及导热、储氢、吸附和催化等性质。由于 CNTs 具有较高的热稳定性和良好的导热性，本品使用的碳纳米管加入 RTV-1 硅橡胶胶黏剂中可改善胶黏剂的耐热性，提高 RTV-1 硅橡胶胶黏剂的使用温度，拓展 RTV-1 硅橡胶胶黏剂的应用范围。

配方（质量份）：

原料名称	配比 1	配比 2	配比 3	配比 4	配比 5	配比 6
端羟基聚二甲基硅氧烷	100	100	100	100	100	100
气相法二氧化硅	10	20	25	30	35	40
碳纳米管	1	1	2	2	3	3
六甲基环三硅氧烷	1	1	3	4	5	5
二氯甲基三乙氧基硅烷	2	3	4	6	8	10
二月桂酸二丁基锡	0.5	0.5	0.5	1	1	1

制法：

① 将所述黏度为 4000～12000mPa·s 的端羟基聚二甲基硅氧烷、二氧化硅和耐热添加剂混合均匀，干燥脱泡；

② 向步骤①制备的混合物中，加入所述的羟基处理剂、催化剂和交联剂，混合均匀，即制成耐高温的室温硫化硅橡胶胶黏剂。

所述交联剂为二氯甲基三乙氧基硅烷；催化剂为二月桂酸二丁基锡；羟基处理剂为六甲基环三硅氧烷；耐热添加剂为碳纳米管。

所述二氧化硅为气相法二氧化硅。

所述步骤①中，干燥脱泡工艺优选在真空烘箱中干燥脱泡 1～6h，温度为 50～80℃，真空度为 0.02～0.05MPa。

所述步骤②中，优选在 20～25℃下搅拌 0.5～1h，真空度为 0.02～0.05MPa。

配方 26　环保型氯丁胶黏剂

特性：本品主要应用于橡胶、皮革、织物、木材、纸品、金属等多种材料。本品不含"三苯"、卤代氢类有毒溶剂。本品使用无水催化剂用于预反应液的制备，预反应液黏度高、储存稳定性好；添加了气相白炭黑作为触变剂，触变指数可达 1.5，方便施工；氯化橡胶和氯丁橡胶并用，大大改善了对金属等极性材料的黏附力和剥离强度。

配方（质量份）：

原料名称	配比 1	配比 2	配比 3	原料名称	配比 1	配比 2	配比 3
环己烷	25	20	30	氯丁橡胶 2442	16	15	—
2402 酚醛树脂	10	8	5	氯丁橡胶 A-90	—	—	14
高活性氧化镁	2	1	1	氯化橡胶	1	2	1
催化剂 N-甲基-2-吡咯烷酮	0.1	0.05	0.05	气相法白炭黑	1	1	1
乙酸乙酯	15	20	10	2,6-二叔丁基-4-甲基苯酚	1	1	1
环保溶剂油	30	33	38				

制法：

① 将环己烷加入反应釜中，开动电机搅拌，加入 2402 酚醛树脂，搅 30～60min 至完全溶解；加入高活性氧化镁，搅拌 30～60min 至分散均匀；加入催化剂，搅拌 6～8h

至完全反应，制得预反应液，过滤出料。

② 将乙酸乙酯、环保溶剂油加入高速溶胶釜，开动电机搅拌，依次加入氯丁橡胶、氯化橡胶、气相法白炭黑、2,6-二叔丁基-4-甲基苯酚，搅拌 4～6h 至完全溶解；加入预反应液，搅拌 30～60min，制得环保型氯丁胶黏剂。

③ 其中，高速溶胶釜采用的是带分散盘的高速溶胶釜，其搅拌为高速搅拌。

配方 27　胶鞋中底布用乳胶

特性：本品主要应用于生产胶鞋。本品使用天然乳胶配合而成，采用软水作胶浆溶剂，提高了环保性能，降低了产品成本。本品用于胶鞋中底布，提高了胶浆的黏合性能，解决了原有胶鞋中底布脱空等质量问题，提高了劳动生产率和产品合格率，减少了浪费。

配方（质量份）：

原料名称	配比 1	配比 2	配比 3	原料名称	配比 1	配比 2	配比 3
13%渗透剂 JFC	6	8	10	软水	25	30	35
10%平平加 O 溶液	6	8	9	陶土	50	55	60
水玻璃	10	13	15	5%氢氧化钾溶液	3	4	4
12%羧甲基纤维素	30	35	40	含胶量 60%的天然乳胶	150	165	180
防霉剂 BCM	0.5	1	1				

制法：

① 将称量好的 13%渗透剂 JFC 溶液、10%平平加 O 溶液、水玻璃、12%羧甲基纤维素、防霉剂 BCM 及软水混合并在搅拌状态下加入陶土中，搅拌均匀，制得陶土剂分散体。

② 将称量好的 5%氢氧化钾溶液在搅拌状态下加入天然乳胶中，搅拌均匀。

③ 将经步骤①制得的陶土剂分散体在搅拌状态下加入步骤②的乳胶中，搅拌均匀。

④ 检查。用 pH 试纸测试，pH 值为 9±1；总固形物含量＞48%。

⑤ 经检验合格后停放至少 4h 使用，且成品使用周期短于 24h。

配方 28　无卤素环氧胶黏剂

特性：本品主要涉及一种适用于 PET（聚对邻苯二甲酸乙二醇酯）保护膜或绝缘层的无卤素环氧胶黏剂。本品采用无卤素环氧树脂，更能满足市场对无卤化材料的需求，对环境更安全；以环氧树脂作为主树脂，较聚酯树脂更具耐热性能，更能适应 FPC（柔性印刷电路板）、FFC（柔性扁平电缆）在耐温性能方面的应用；在无卤化、优良的耐热性的同时具有良好的难燃效果，对终端应用达到难燃等级，更安全。

配方（质量份）：

原料名称	配比 1	配比 2	配比 3	配比 4	配比 5	配比 6	配比 7
无卤素环氧树脂	30	30	35	35	30	37	37
丁腈橡胶	15	10	10	15	20	15	13
FAR-03 阻燃剂	17	22	18	13	8	10	12
固化剂	2	2	1	1	1	2	2
促进剂	0.1	0.1	0.1	0.1	0.1	0.1	0.1
溶剂	36	36	36	36	36	36	36

制法：

① 将无卤素环氧树脂和溶剂按质量比 100∶50 加入容器内，用搅拌机搅拌完全溶解，记录为 A 组分。

② 将增韧剂和溶剂按质量比 100∶100 加入容器中，用搅拌机搅拌至完全溶解，记录为 B 组分。

③ 将以上 A 组分∶B 组分∶阻燃剂∶固化剂∶促进剂溶剂按质量比(45～60)∶(40～70)∶(10～30)∶(1～5)∶(0.01～0.1)添加，搅拌均匀，制得无卤素环氧胶黏剂。

无卤素环氧树脂的环氧当量（EEW）为 180～850，采用双酚 A 型无卤素环氧树脂、双酚 F 型无卤素环氧树脂、酚醛环氧树脂及其他无卤素改性环氧树脂中的一种或一种以上的混合物。

所述溶剂采用丙酮、丁酮、乙二醇甲醚、丙二醇甲醚、N,N-二甲基甲酰胺等一种或一种以上的混合物。

所述增韧剂采用丁腈橡胶或羧基丁腈橡胶中的一种或一种以上的混合物。

所述阻燃剂采用氢氧化铝、磷酸盐、磷酸酯和有机磷化物中的一种或一种以上的混合物。

所述固化剂采用芳香胺类、无水酸类固化剂。

所述促进剂采用咪唑类、叔胺盐及其他改性促进剂的一种或一种以上的混合物。

9

专用胶黏剂配方与生产

9.1 专用胶黏剂简介

胶黏剂种类繁多，每种胶黏剂都有不同的使用条件和应用范围，针对不同的粘接物，胶黏剂也表现出不同的粘接效果。为获得更好的粘接效果，或者满足应用环境的特殊要求，或者合理降低粘接成本，可以针对应用场合研发专用的胶黏剂，对胶黏剂进行有针对性地改进，调整胶黏剂的配方，有针对性地提高胶黏剂的某些性能，提高粘接质量，如研发食品包装袋专用胶、有机玻璃专用胶、无机玻璃专用胶、塑胶跑道专用胶、PVC专用强力胶等，满足粘接的要求。

9.2 专用胶黏剂实例

配方1 成形材料用热封胶黏剂

特性：本品成本低，工艺简单，涂布时的烘干温度低，能耗少；黏度低，可以满足高速涂布的要求，提高涂布后产品表观质量。本品主要用于药品泡罩包装用铝箔的生产，特别适用于需要高阻隔性及冷冲压成形性要求的热带型泡罩成形材料的生产。

配方（质量份）：

原料名称	配比1	配比2	配比3	配比4	配比5	配比6
丙酮	75	40	35	45	50	40
氯乙烯-乙酸乙烯-马来酸三元共聚树脂	25	15	20	10	12	18
乙二醇-新戊基二醇-对苯二甲酸酯-癸二酯的共聚酯	50	30	25	35	25	30
聚氨酯	25	15	20	10	13	14

制法：

用丙酮作溶剂，加入氯乙烯-乙酸乙烯-马来酸三元共聚树脂作为主体黏合物质，在50～60℃的温度范围内搅拌至完全溶解，再加入乙二醇-新戊基二醇-对苯二甲酸酯-癸二酯的共聚酯和聚氨酯，搅拌1h，混合均匀，即得成品。

配方 2　低温环氧胶黏剂

特性：本品生产成本低，性能优良，可在极低温下使用，粘接强度高，同时具有较高的拉剪强度。本品用于在极低温下粘接铝箔于防辐射的铜氮屏上，适用于磁约束聚变物理实验装置等类似的低温防辐射装置中。

配方（质量份）：

原料名称	配比 1	配比 2	配比 3	配比 4	配比 5
低分子聚酰胺和丁腈橡胶合成物	20	50	30	40	35
环氧树脂	80	140	100	120	90
低分子聚酰胺	60	100	80	85	70
超细硅微粉	60	60	60	90	80

制法：将环氧树脂、低分子聚酰胺、超细硅微粉、低分子聚酰胺和丁腈橡胶合成物混合均匀得成品，即可使用。

配方 3　堵漏密封胶黏剂

特性：本品粘接力大，强度高，收缩性小，对金属与金属、金属与非金属均有较好的粘接性能；施工工艺简单，操作快速方便安全，可以不停气，带压堵漏，从而减少燃气放散损失，减轻环境污染，降低成本。本品适用于对承插式铸铁煤气管线的铅口或水泥口的密封堵漏，也适用于干铁管的直管段、螺纹连接口和钢管线堵漏抢修，特别适用于冬季低温（0～－20℃以下）带压快速堵漏作业，满足北方冬季煤气管道抢修堵漏。

配方（质量份）：

原料名称		配比 1	配比 2	原料名称		配比 1	配比 2
甲组分	环氧树脂	100	100	乙组分	YH-82	20	40
	液态聚硫橡胶	40	50		DMP-30	2	5
	丙酮	15	10		KH-550	4	2
	水泥	150	45				

制法：

① 将环氧树脂预热至 50～60℃，以降低其黏度和增加流动性，加入丙酮、液态聚硫橡胶搅拌均匀；

② 水泥经干燥，研细后加入步骤①制得的混合物中，搅拌均匀为甲组分，备用；

③ 将 YH-82、DMP-30、KH-550 混合在一起，搅拌均匀为乙组分，备用；

④ 使用时将乙组分加入甲组分中，混合在一起搅拌均匀即得成品。

配方 4　铸造芯砂复合胶黏剂

特性：本品性能优良，干拉强度高，可以替代合脂油普遍使用；使用本品的湿芯砂脱模后，在烘干和移动过程中，几何形状不发生变化，芯子成品率高；芯子烘干温度低，烘烤时间短，节省能源，浇注后溃散性好，极易清砂；在烘干和浇注过程中无烟、无味、无毒，有利于改善工作环境。本品为铸造胶黏剂，用于黏合芯砂。

配方（质量份）：

原料名称	配比1	配比2	配比3	原料名称	配比1	配比2	配比3
聚乙烯醇	100	140	120	淀粉	180	140	150
盐酸	10	8	2	水	100	100	100
甲醛	20	30	40	氢氧化钠溶液	适量	适量	适量
聚丙烯酰胺	10	5	7				

制法：

① 在反应釜中先加入 2/3 的水，当温度升高至 65℃后，加入聚乙烯醇，继续升温至 90℃，保温 1h 直至聚乙烯醇完全溶解，然后降温至 85℃；

② 向步骤①制得的物料中加入盐酸，0.5h 后再加入甲醛，在 85℃反应 1h，然后冷却至 70℃，用氢氧化钠水溶液调节 pH＝7，在搅拌下加入用热水溶解好的聚丙烯酰胺，在 70℃反应 0.5h；

③ 用剩余的水把淀粉调成浆料，在搅拌下加入反应釜中，加热至 80℃进行糊化，在 80℃保温 0.5h，完成糊化后冷却至 40℃以下即可出料。

配方5　改性丙烯酸酯胶黏剂

特性：本品性能优良，粘接强度高，韧性好；粘接工艺简便，可降低成本，保证行车平稳，延长钢轨和列车的寿命。本品适用于粘接钢轨接头。使用时按1∶1比例混合均匀，涂于粘接面上，黏合定位后，加螺栓紧固，常温放置一定时间（24h）即可完全固化。

配方（质量份）：

原料名称		配比1	配比2	配比3	配比4
甲组分	甲基丙烯酸甲酯	40	50	55	55
	丁腈橡胶	10	5	15	15
	ABS 树脂	20	25	15	10
	丙烯酸羟丙酯	10	5	1	6
	丙烯酸	10	10	4	4
	三羟甲基丙烷三丙烯酸酯	10	5	10	10
	异丙苯过氧化氢	3	3	3	3
乙组分	甲基丙烯酸甲酯	55	55	55	55
	丁腈橡胶	5	5	5	5
	ABS 树脂	25	25	25	25
	丙烯酸羟丙酯	15	15	15	15
	三乙胺	2	2	2	2
	亚乙基硫脲	2	—	1	2
	乙酸铜	0.2	0.2	0.2	0.2

制法：在带电动搅拌的三口烧瓶中，依次加入甲基丙烯酸甲酯、丁腈橡胶、ABS树脂、丙烯酸羟丙酯，常温下全部溶解后，加入丙烯酸、三羟甲基丙烷三丙烯酸酯和异丙苯过氧化氢，溶解均匀，即得甲组分。

乙组分按配方比例依次加入甲基丙烯酸甲酯、丁腈橡胶、ABS树脂、丙烯酸羟丙酯，常温下全部溶解后，加入三乙胺、亚乙基硫脲、乙酸铜，溶解均匀，即得乙组分。

使用时，将甲、乙两组分按1∶1的比例混合均匀即得成品。

配方6　工业运输皮带胶黏剂

特性：本品工艺合理，综合性能优良，耐油、耐晒、耐酸碱，密闭性好，抗拉强度高；经本品粘接的皮带经久耐用，耐环境及气候变化。本品适用于工业运输皮带的对接黏合。

配方（质量份）：

原料名称	配比 1	配比 2	原料名称	配比 1	配比 2
氯丁胶	110	90	溶剂油①	150	130
碳酸钙	12	9	溶剂油②	80	60
乙酸乙酯①	150	130	氧化镁	5	3
乙酸乙酯②	80	60	氢氧化钠	16	14
氧化锌①	6	3	氯化铵	11	9
氧化锌②	5	3	防老剂丁	3	2
氧化锌③	16	14	白炭黑	10	7
酚醛树脂	16	13			

制法：

① 将氯丁胶切片、冷却，然后碎轧成直径为 3～5mm 的胶片，混入碳酸钙粉末，搅匀备用；

② 将酚醛树脂、乙酸乙酯①、氧化锌①均匀混合备用；

③ 将溶剂油①入罐，加入以上步骤得到的两种混合物，搅拌 16～24h 至溶解均匀；

④ 将氧化镁及氧化锌②加入上述罐内混合；

⑤ 将氢氧化钠、氯化铵及氧化锌③混合并投入上述混合液中，再投入防老剂丁混合，然后投入白炭黑混合；

⑥ 将溶剂油②和乙酸乙酯②加入罐与上述混合液混合均匀，搅拌 2～6h 即得成品。

配方 7　秸秆纤维制品专用胶黏剂

特性：本品成本低，生产条件温和，粘接强度高，耐水性能好，可有效利用秸秆，杜绝农田秸秆焚烧对空气的污染，同时可节约大量木材；残留物易降解，降解率达 80% 以上，免除了塑料制品损坏抛弃所造成的环境污染。本品专用于粘接秸秆类植物纤维。

配方（质量份）：

原料名称	配比 1	配比 2	配比 3	原料名称	配比 1	配比 2	配比 3
甲醛	100	100	100	三聚氰胺	12	8	11
尿素	61	58	65	聚乙烯醇	2	1	1

制法：在装有回流装置的反应釜中加入甲醛，边搅拌边升温，同时加入三聚氰胺、聚乙烯醇，待温度升至 60℃，物料全熔后，将 pH 值调节至 7.5～8.3，随之加入尿素（75%），在升温至 88～90℃时，保持温度，反应 0.5～1h，然后改调 pH 值至 4.8～5.1，持续反应 1.5～1.7h，随之加入剩余尿素，逐渐调节 pH 值至 7～7.5，继续反应 0.5～0.7h，最后进行脱水作业至所需浓度，降温，出胶即得成品。

配方 8　聚氨酯铝塑复合胶黏剂

特性：本品性能优良，使用方便，剥离强度高，不易发生镀铝层转移现象。本品适用于镀铝膜结构的复合膜粘接。

配方（质量份）：

原料名称		配比 1	配比 2	配比 3	配比 4
主料	聚己二酸乙二醇酯二醇(PEA)	31	42	42	73
	多异氰酸酯	7	9	9	2
	乙酸乙酯	50	50	50	25
	SBS 热塑性弹性体	13	—	—	—
固化剂	甲苯二异氰酸酯	58	58	46	46
	乙酸乙酯	25	25	40	40
	乙二醇	17	0.2	14	14

制法：

① 将聚己二酸乙二醇酯二醇（PEA）和多异氰酸酯溶于乙酸乙酯中，在50～100℃下反应 2～4h，得到羟值为 50～60mg KOH/g 的聚氨酯预聚物溶液，再将 SBS 热塑性弹性体溶于其中，混合均匀，即得主料；

② 将甲苯二异氰酸酯（TDI）与乙二醇按［NCO］/［OH］<2 的比例，在40～100℃反应 1～6h，降温至 50～70℃，加入乙酸乙酯制得异氰酸根值为5％～12％、游离 TDI 含量不大于 0.1％的固化剂；

③ 将主料和固化剂溶于有机溶剂中，混合均匀，即得成品。

配方9　铝箔衬纸复合胶黏剂

特性：本品原料易得，成本低；粘接效果好，干燥速度快，无毒无害，无腐蚀性；性能稳定，防潮、抗氧化，可长期保存。本品适于香烟及高级食品包装复合铝箔衬纸用。

配方（质量份）：

原料名称	配比 1	配比 2	原料名称	配比 1	配比 2
玉米淀粉	100	100	硼砂	0.2	0.2
次氯酸钠	9	9	丙烯酸水溶液	10	—
催化剂	1	1	草酸水溶液	—	40
亚硫酸钠	适量	适量	脲醛树脂	7	7
氢氧化钠	1	1	尿素	7	7

制法：

① 在玉米淀粉中加入次氯酸钠，搅拌混合均匀，然后加入氢氧化钠调节 pH 值为 8～9，再加入催化剂，在常温常压下进行氧化处理 1h，然后以适量的亚硫酸钠中和残余的次氯酸钠，再经洗涤，滤去杂质，加入氢氧化钠、硼砂进行糊化使混合料成糊状物，即淀粉胶（淀粉胶黏剂基料）；

② 用丙烯酸或草酸水溶液，在常温常压下与淀粉胶进行反应，搅拌 10min 即可，采用丙烯酸水溶液时，此混合物的 pH 值是 7，采用草酸水溶液时 pH 值是 7～8.5；

③ 在步骤②制得的物料中加入脲醛树脂和尿素，在常温常压下搅拌混合均匀，时间一般为 0.5h 左右，即得成品。

所述催化剂由 0.5％的硫酸亚铁水溶液和 0.5％的硫酸镍水溶液配制而成。

配方10　铝塑复合胶黏剂

特性：本品成本低，工艺简单，性能优良，粘接效果好，强度高，热封温度低。本品适用于铝箔与聚氯乙烯的复合，也可用于其他金属箔及带金属镀层的塑料薄膜与塑料类的复合。

配方（质量份）：

原料名称	配比1	配比2	原料名称	配比1	配比2
酮类溶剂或酯类溶剂或酮类和酯类混合溶剂	53	40	乙二醇-新戊二醇-对苯二甲酸酯-癸二酯的共聚酯	30	25
氯乙烯-乙酸乙烯-马来酸三元共聚树脂	17	15			

制法：用酮类溶剂或酯类溶剂或酮类和酯类混合溶剂作溶剂，加入氯乙烯-乙酸乙烯-马来酸三元共聚树脂作为主体黏合物质，在50～60℃的温度范围内搅拌至完全溶解，再加入乙二醇-新戊二醇-对苯二甲酸酯-癸二酯的共聚酯，混合均匀即得成品。

配方11　输送带胶黏剂

特性：本品工艺流程简单，性能优良，粘接强度高，常温固化，无须加温加压，固化速度快，剥离强度高；耐酸碱、耐老化、耐水；稳定性好，储存及运输方便，遇明火不燃烧，使用寿命长。本品广泛用于矿厂、电厂、水泥厂、化工厂、汽车制造厂等企业的各种输送带接头的黏合。

配方（质量份）：

	原料名称	配比1	配比2	配比3	配比4	配比5
A组分	氯丁橡胶	80	90	90	95	100
	松香树脂	16	20	5	10	15
	二苯基对苯二胺	1	2	0.5	1	2
	乙酸乙酯	—	—			
	对叔丁基酚醛树脂	40	50	—	—	—
	MgO	6	10	5	6	8
	水	0.6	1.2	0.5	1	2
	三氯乙烯	540	660	555	650	700
	耐热酚醛树脂	—	—	30	60	90
	陶土	—	—	5	7	10
	白炭黑	—	—	3	5	8
B组分	3,3'-二甲基-2,2',4,4'-四异氰酸二苯基甲烷	10	10	10	10	10
	二氯甲烷	20	20	20	20	20

制法：

① 将3,3'-二甲基-2,2',4,4'-四异氰酸二苯基甲烷投入反应釜中，在氮气保护下，于20～50℃（最佳为30～40℃）搅拌聚合2～4h后终止反应，所得的聚合产物直接用作B组分。

② A组分的制备方法如下：

常温20min快速固化通用型：将各组分投入混合搅拌反应器中，控制温度40～70℃混合搅拌8～14h，即得A组分。

常温20min快速固化高温型：将氯丁橡胶、对叔丁基酚醛树脂、二苯基对苯二胺、陶土、白炭黑及三氯乙烯（总量的80%）投入混合搅拌反应器中，控制温度60～90℃，搅拌混合10～16h，得混合料H₁。

将耐热酚醛树脂、MgO、水及剩余三氯乙烯投入混合搅拌反应器中，控制温度

$40\sim60℃$，搅拌混合 $8\sim12h$，得混合料 H_2。

将混合料 H_1 和 H_2 在混合搅拌反应器中搅拌混合 2h，即得 A 组分混合液料。

将 A、B 两组分按比例搅拌混合均匀得成品，即可使用。

配方 12　轮胎抗扎防爆胶

特性：本品性能优良，无任何不良反应，适应各种温度环境，既补得住，又补得牢，保质期限长，使用方便，当轮胎在行进中被扎破以后，可在瞬间将扎眼补好，不再漏气。本品可作为充气轮胎自动补胎用的密封胶。

配方（质量份）：

原料名称	用量	原料名称	用量
羧基丁苯胶乳	40	炭黑	10
乙二醇	50	氧化锌	3
十二烷基硫酸钠	0.08	硫黄	4
氢氧化钠	0.2	硫化促进剂	2
硼砂	2	羧甲基纤维素	1
亚硝酸钠	2	膨润土	6
木粉	6	水	45
橡胶粉	7		

制法：

① 将羧基丁苯胶乳投入搅拌釜中，加入 1/2 的乙二醇；

② 将氢氧化钠、硼砂、亚硝酸钠溶解在水中，倒入搅拌釜中；

③ 将炭黑在搅拌条件下加入釜中，搅拌 40min；

④ 在搅拌中将硫黄、氧化锌、硫化促进剂、羧甲基纤维素徐徐投入釜中，搅拌 20min；

⑤ 将釜中混合物硫化，在 $30\sim60min$ 内加热到 $70℃$，在 $70℃$ 下保持 $30\sim60min$；

⑥ 将剩余的乙二醇全部投入釜中；

⑦ 将橡胶粉和木粉混合，将溶有十二烷基硫酸钠和同等质量的水溶液与其混合翻动，直到全部润湿为止，并投到搅拌釜中；

⑧ 将膨润土和剩余的水混合投到釜中，搅拌 1h 左右，停放 24h 后可得成品。

配方 13　热熔压敏胶黏剂

特性：本品不含有害物质，无论是在生产过程中，还是使用时，都不会污染工作环境，不会危害人体健康。本品适用于金属材料与各种硬质、半硬质、软质类非金属材料间的粘接，尤其适用于舰船上的钢板与隔热材料间的粘接。

配方（质量份）：

原料名称	配比 1	配比 2	配比 3	配比 4	配比 5	配比 6	配比 7	配比 8	配比 9	配比 10
SIS 热塑性弹性体	20	20	20	20	20	20	20	20	20	20
SBS 热塑性弹性体	5	5	5	5	5	5	5	5	5	5
5300 树脂	45	45	45	45	45	45	45	45	45	45
白矿油	25	25	25	25	25	25	25	25	25	25
超细二氧化钛粉	1	3	5	1	3	5	1	3	5	1
钛酸酯偶联剂	0.1	0.3	0.5	1	0.3	0.5	0.3	0.5	0.3	1
2,4,6-抗氧剂	1	1	1	1	1	1	1	1	1	1

制法：先将超细二氧化钛粉、钛酸酯偶联剂和部分白矿油置于胶体磨中研磨20min，然后与 SBS 热塑性弹性体一起放入混合器中加热至145℃并搅拌混合30～40min，倒出冷却成母胶备用。

将 SIS 热塑性弹性体、5300 树脂、2,4,6-抗氧剂，剩余白矿油和母胶一起放入混合容器中加热至180～195℃，低速混合30～40min 后倒出冷却即得成品。

配方 14　室温快速固化胶黏剂

特性：本品适用于丝网印花工艺中粘接丝网与网框。本品使用方便，干燥速度快，粘接强度高，耐热耐老化性能好，胶层柔韧，不损伤丝网，在印花过程中不会出现跑网现象。

配方（质量份）：

原料名称	配比 1	配比 2	配比 3	原料名称	配比 1	配比 2	配比 3
丁腈橡胶	40	50	60	白炭黑	5	3	10
氯丁橡胶	60	50	30	抗氧剂 264	2	3	1
氧化镁	10	5	20	乙酸乙酯	278	200	300
固体古马隆树脂	20	50	30	甲苯	110	150	100
硅烷偶联剂 KH-550	1	1	2				

制法：

① 将丁腈橡胶进行低温塑炼，使其可塑度为 0.4～0.5，然后将丁腈橡胶与氯丁橡胶、白炭黑、抗氧剂 264 进行混炼，均匀后切片；

② 将步骤①制得的物料放入混合溶剂（乙酸乙酯和甲苯）中搅拌溶解，加入氧化镁、固体古马隆树脂，溶解均匀，最后在 30～90℃条件下加入硅烷偶联剂 KH-550 进行改性，搅拌反应 3～5h 后出料，即可得成品。

配方 15　水产饲料胶黏剂

特性：本品工艺简单，易于操作，黏合饲料时用量少；无甲醛毒害，对人体安全，在水中无污染，有利于环境保护。本品适用于黏合水产饲料，可保持饲料在水中长时间不分散。

配方（质量份）：

原料名称	配比 1	配比 2	配比 3	配比 4	原料名称	配比 1	配比 2	配比 3	配比 4
甲醛溶液	1	1	1	1	豆粉	15	10	20	16
尿素	1.5	1	1.5	2	pH 值调节剂	适量	适量	适量	适量

制法：

① 将甲醛溶液在搅拌下用 pH 值调节剂调节其 pH 值为 7.5～8，加入尿素总量的 65%～80%，进行第一次缩聚反应，加热，均匀升温至 85～90℃，在该温度下当反应液达到浑浊点时立即用 pH 值调节剂调节 pH 值为 5～6，直到缩聚至黏度达到 18～20s 后，再用 pH 值调节剂调节 pH 值为 7～7.5；

② 冷却反应液温度为 50～60℃，加入尿素总量的 10%～25%，控制温度为 50～60℃、pH 值为 7～7.5 进行第二次缩聚反应；

③ 加入剩余的尿素（为尿素总量的 5%～10%），控制温度为 50～60℃、pH 值为 7～7.5 进行第三次缩聚反应，直至尿素全部溶解；

④ 在 50～60℃温度下真空脱水，当黏度达到 200～300s 时停止脱水，冷却至 30℃以下加入豆粉，搅拌直至豆粉完全溶解到液胶中，然后干燥即可得到粉状成品。

配方 16　水溶性胶黏剂

特性：本品原料易得，成本低，工艺简单；具有水溶性，对封面纸的粘贴牢固且不需晾晒，节约能源，使用方便；无毒无不良反应，不损害人体健康，安全可靠。本品可用于育苗容器的制作，也可作为封面胶使用。

配方（质量份）：

原料名称	配比 1	配比 2	配比 3	原料名称	配比 1	配比 2	配比 3
熔融苯乙烯-丁二烯-苯乙烯三元嵌段共聚物	28	11	20	白乳胶	42	65	54
				环氧树脂	3	4	3
熔融松香	34	38	22	松节油	适量	适量	适量

制法：

① 将苯乙烯-丁二烯-苯乙烯三元嵌段共聚物与松节油熔解成熔融状态，再将松香与松节油熔解成熔融状态；

② 将熔融苯乙烯-丁二烯-苯乙烯三元嵌段共聚物和环氧树脂混合在一起构成 A 组分，再将熔融松香和白乳胶混合在一起构成 B 组分；

③ 将 A 组分和 B 组分混合在一起，经搅拌器搅拌 1～2h，即得成品。

配方 17　通用型薄凸版胶黏剂

特性：本品可将薄凸版粘到滚筒型底板上，也可粘到平板型底板上，提高了凸版的互换性，且黏合强度高，安装操作方便，卸版容易，可大幅度提高生产率及印刷质量。本品能够把不同的凸版黏合安装到印刷机的底托上。

配方（质量份）：

原料名称	配比 1	配比 2	原料名称	配比 1	配比 2
天然橡胶	100	100	硒粉	1	1
碳酸钙	4	5	氧化锌	1	1
白炭黑	6	5	促进剂 DM	1	1
防老剂 D	1	1	聚合松香	100	120
硬脂酸	1	1	汽油	1000	1100
硫黄	3	2			

制法：

① 先把天然橡胶拉成长条，然后将天然橡胶、碳酸钙、白炭黑、防老剂 D、硬脂酸、硫黄、硒粉、氧化锌及促进剂 DM 在混炼机中炼成片状；

② 将步骤①制得的物料与聚合松香及汽油混合在一起，在常温下在搅拌机中搅拌均匀，即可储存待用。

配方 18　鞋用抗菌胶黏剂

特性：本品成本低廉，工艺简单，适用广泛，效果持久；对皮肤有抗菌、消除异味和保护作用，对脚汗严重者及有脚臭、脚气脚癣患者作用明显，并且对人体无任何不良反应和不良刺激，安全可靠。本品适用于鞋类产品，主要用于鞋里材料与鞋面材料的粘接、鞋里材料之间或鞋里材料与鞋底材料的粘接，也可以粘在鞋里任何部位结成膜状，以消除异味、预防脚气脚癣。

配方（质量份）：

原料名称		用量	原料名称		用量
甲组分	氯丁橡胶	100	甲组分	防老剂	2
	氧化镁	4		酚醛树脂	15
	香料	15		碳酸钙	适量
	乙酸乙酯	140	乙组分	克列纳	20
	银系抗菌粉	50		二氯乙烷	80
	120#溶剂油	130			

制法：

① 将甲组分中各原料经过切胶、破碎、塑炼、混炼、切片处理，再配上辅料制成胶浆待用；

② 将克列纳和二氯乙烷混合，搅拌使之溶解，配制成含克列纳20%的溶液；

③ 将甲、乙两组分混合搅拌均匀，即得成品。

配方 19　芯砂胶黏剂

特性：本品成本低，工艺流程简单，干、湿强度高，溃散性好，对环境无污染。本品为新型芯砂胶黏剂，可于翻砂中使用。

配方（质量份）：

原料名称	用量	原料名称	用量
麦粉	3	环氧树脂	0.2
米粉	1	松香	0.8
植物油	3		

制法：将植物油、环氧树脂、松香放入反应釜中加热成胶状溶液，充分混合均匀，然后取麦粉、米粉与上述胶状溶液充分搅拌均匀，即得成品。

配方 20　牙膏胶黏剂

特性：本品增稠能力强，稳定性好，使用效果好，使用本品制得的牙膏其分散性、触变性、外观、口感明显改善，牙膏膏体细腻光亮、爽滑适口。本品为新型牙膏胶黏剂，能替代CMC胶黏剂，广泛适用于牙膏工业，尤其适合于药物牙膏、高档复合管牙膏。

配方（质量份）：

原料名称	用量	原料名称	用量
瓜尔胶粉	100	酒精	215
氢氧化钠	9	盐酸	6
环氧丙烷	35	聚乙烯醇	12
白炭黑	0.3	去离子水	20

制法：

① 将酒精注入反应釜中，开动搅拌器，依次加入瓜尔胶粉、氢氧化钠溶液、白炭黑，加热至40~45℃，碱化30min，再升温至60~70℃，加入环氧丙烷，反应2~3h；

② 将步骤①制得的反应液离心分离，滤饼用80%酒精反复洗涤几次至杂质符合要

求，然后用盐酸中和至 pH 值为 7～9；

③ 加入聚乙烯醇进行物理改性；

④ 将滤饼真空干燥至水分符合要求，粉碎、过筛，即得成品。

配方 21　医用无毒胶黏剂

特性：本品成本低廉，工艺简单，易于推广；使用效果好，能保证皮片与衬垫可靠地黏着在一起，术后 5～7 天即可很容易地揭去衬垫且患者不会有痛感；不含苯或其他有毒的物质，对人体安全无害。本品主要在游离植皮手术中用于皮片与衬垫的黏着。

配方（质量份）：

原料名称	配比 1	配比 2	配比 3	配比 4	配比 5	配比 6	配比 7	配比 8
橡胶	1	3.5	5	5	1	5	1	3
松香	20	10	8	8	20	20	8	12
乙醚	150	72	35	150	35	35	150	100

制法：将橡胶破碎成粒度为 4～20 目，然后与松香一起装入清洁的容器中，该容器有一个泄压口，将容器内物料加热到 120～130℃，并保持 25～35min 灭菌，待物料冷却至常温后，经泄压口注入乙醚，振动或摆动容器，使橡胶或明胶和松香完全溶解于乙醚，即得成品。

配方 22　油田钻机刹车片用胶黏剂

特性：本品适用于油田钻机刹车片，也可以用于修井机刹车片以及火车、汽车刹车片。由本品制作的刹车片摩擦系数稳定、低磨耗、低硬度、低噪声、恢复性能好、寿命长、不易损伤对偶材料，安全可靠。

配方（质量份）：

原料名称	配比 1	配比 2	配比 3	配比 4	原料名称	配比 1	配比 2	配比 3	配比 4
线型酚醛树脂	100	100	100	100	炭黑	50	50	50	50
丁腈橡胶	200	150	200	300	氯化亚锡	3	3	3	4
硫黄	2	1	2	2	硫酸钡	5	10	10	12
六亚甲基四胺	1	1	1	2	混合溶剂	500	500	800	800
环己基苯并噻唑次磺酰胺	1	1	1	2					

制法：将线型酚醛树脂和丁腈橡胶溶解于混合溶剂中，依次加入硫黄、六亚甲基四胺、环己基苯并噻唑次磺酰胺、炭黑、氯化亚锡及硫酸钡，加入搅拌机中搅拌 20～60min，直至混合均匀即得成品。

混合溶剂中各组分配比范围如下：丙酮 10～30 份；二甲苯 20～40 份；乙酸乙酯 30～50 份。具体可选用：丙酮 20 份，二甲苯 38 份，乙酸乙酯 42 份；丙酮 25 份，二甲苯 33 份，乙酸乙酯 42 份；丙酮 30 份，二甲苯 20 份，乙酸乙酯 50 份；丙酮 25 份，二甲苯 40 份，乙酸乙酯 35 份。

配方 23　彩色涂层钢板复合材胶黏剂

特性：本品为以钢板为基板的复合材料用胶黏剂。本品对黏合面具有极强的黏结力，黏合膜层的剪切强度高，与同性能的进口专用黏结剂相比可降低成本 30%～50%，还能够明显提高彩色涂层钢板复合材料的表面美观度。

配方（质量份）：

原料名称	配比 1	配比 2	配比 3	配比 4	原料名称	配比 1	配比 2	配比 3	配比 4
甲苯溶剂	20	10	5	1	过氧化新癸酸异丙苯酯	0.01	0.1	0.05	0.001
聚酯多元醇	20	25	4	1	乙二醇单甲醚溶剂	10	2	1	4
三羟甲基丙烷	0.5	1	3	1	对叔丁酚甲醛树脂(2042 号)	2	15	1	5
二苯甲烷二异氰酸酯	1.5	1	15	6	萜烯树脂	1.5	1	10	15
甲苯二异氰酸酯	2.5	1	5	15	双酚 A 环氧树脂(E-44)	2.5	5	1	15
甲基丙烯酸甲酯	3	1	5	15	酚醛环氧树脂(F-44)	1	15	4	1
甲基丙烯酸羟丙酯	7	15	6	3	邻苯二甲酸二辛酯	1.5	1	15	4
甲基丙烯酸丁酯	5	1	15	7	乙酸乙酯	1.5	5	1	3
过氧化苯甲酰	0.04	0.01	0.005	0.1	二甲苯	7	1	10	4

制法：按比例取定量的聚酯多元酯和三羟甲基丙烷在甲苯溶剂中溶解，加入二苯甲烷二异氰酸酯和甲苯二异氰酸酯在 60～100℃条件下进行改性，检测—NCO 的质量分数在 1%～10%范围内，再加入丙烯酸类单体，然后在 60～100℃条件下加入含有过氧化物引发剂的乙二醇单甲醚溶剂反应 2～10h，降温加入增塑剂、增黏剂和其他溶剂混合均匀，即得到该聚氨酯胶黏剂。

丙烯酸类单体：甲基丙烯酸甲酯 1～15 份、甲基丙烯酸羟丙酯 1～15 份、甲基丙烯酸丁酯 1～15 份。

增黏剂：对叔丁酚甲醛树脂 1～15 份、萜烯树脂 1～15 份、双酚 A 环氧树脂 1～15 份、酚醛环氧树脂 1～15 份。

增塑剂：邻苯二甲酸二辛酯 1～15 份。

溶剂：乙二醇单甲醚 1～30 份、乙酸乙酯 1～30 份、甲苯 1～30 份、二甲苯 1～30 份。

其他：二苯甲烷二异氰酸酯 1～15 份、甲苯二异氰酸酯 1～15 份、聚酯多元醇 1～25 份、三羟基甲级丙烷 1～15 份。

配方 24　单组分无溶剂湿气固化聚氨酯胶黏剂

特性：本品为单组分无溶剂湿气固化聚氨酯胶黏剂。本产品无溶剂，不含甲苯等有毒溶剂，符合环保无毒要求，通过空气中及材料中的湿气固化，具有固化速度快、粘接强度高等特性，并有很好的储存稳定性。

配方（质量份）：

原料名称	配比 1	配比 2	配比 3	配比 4	配比 5	配比 6
聚酯多元醇	30	30	—	—	—	—
聚醚多元醇(型号 N-210)	30	30	30	—	—	—
聚醚多元醇(型号 N-330)	—	—	40	—	20	—
聚醚多元醇(型号 N-220)	—	—	—	50	40	60
环氧树脂(型号 E-12)	—	—	—	10	—	—
TDI(型号 80/20)	34	34	22	28	—	—
液化 MDI	—	—	20	—	57	—
PAPI	—	—	—	—	—	54
BDO	—	—	2	3	2	2
催化剂	0.1	0.5	0.2	0.5	0.3	0.3
硅烷偶联剂(KH-550)	0.5	1	1	1	1	1

制法：将多元醇用真空抽入反应釜，在 120℃真空脱水，脱水完毕，冷却至室温，加

入二异氰酸酯，加热升温到 90℃反应，保持在该温度下 2h，加入扩链剂（事先真空脱水），继续反应 2h，降温到 50℃，加入偶联剂、催化剂、搅拌 0.5h，检验合格，出料。

多元醇包括聚酯多元醇、聚醚多元醇、聚四氢呋喃多元醇、蓖麻油、环氧树脂等，是其中一种或两种以上的混合物。

二异氰酸酯包括甲苯二异氰酸酯（TDI）、二苯基甲烷-4,4-二异氰酸酯、液化 MDI、多亚甲基多苯基多异氰酸酯（PAPI）、1,6-己二异氰酸酯等，是一种或两种以上的混合物。

催化剂包括二月硅酸二丁基锡和辛酸亚锡等的有机锡类催化剂和三乙胺、三乙醇胺、三亚乙基二胺、N-甲基吗啉、N-甲基咪唑等叔胺类催化剂，是由以上两种类型催化剂中的一种或两种构成。

扩链剂是 1,4-丁二醇（BDO）。

偶联剂是硅烷偶联剂或钛酸酯偶联剂。

配方 25　电化铝涂料的胶黏剂

特性：本胶黏剂对于预处理和未处理的纸张及各种复合表面均具有优秀的粘接力；适用范围广泛；全胶黏剂对 OPP、乙酸纤维素复合纸张具有良好的黏附力；细节清晰，无飞金；对某些 UV 漆层也表现出良好的性能。

配方（质量份）：

原料名称	配比 1	配比 2	配比 3	原料名称	配比 1	配比 2	配比 3
丁酮	50	60	45	环氧树脂	—	20	—
甲苯	50	60	45	聚氨酯树脂	—	—	10
乙烯基树脂	10	10	10	丙烯酸树脂	—	—	10
石油树脂	20	20	—	氯化石蜡树脂	50	55	50

制法：

① 按配方要求先将全部溶剂投入反应釜中，并加热至 30~60℃进行搅拌；

② 保持搅拌并将添加剂树脂依次投入反应釜中，搅拌 0.5~2.5h；

③ 待混合均匀后将氯化石蜡树脂缓缓投入反应釜中；

④ 当全部固体溶解并混合均匀后，停机熟化 12h 以上；

⑤ 测量固体含量，并调整至理论值；

⑥ 再缓缓搅拌 0.5~2.5h，冷却，称量包装。

所述的添加剂树脂包括聚氨酯树脂、丙烯酸树脂、环氧树脂、氯化石蜡树脂、石油树脂、乙烯基树脂。

所述的溶剂包括丁酮、甲苯。

配方 26　耐高温泡沫胶黏剂

特性：本品可应用于复合材料夹心粘接，高温蒸汽保温管道修复。本产品具有优良的耐高温性能，无氟发泡、环保无污染等优点。

配方（质量份）：

原料名称	配比 1	配比 2	配比 3	配比 4	原料名称	配比 1	配比 2	配比 3	配比 4
双酚 A 型环氧树脂 E-44	63	85	50	60	促进剂甲基咪唑	3	1	4	4
固化剂萘胺	11	12	4	10	填料硅微粉	4	1	30	16
发泡剂丙酮	20	2	12	10					

制法：先将上述物料按比例混合、搅拌均匀，包装封存。使用时胶体在140℃的温度下反应30min，并在实施部位90℃下保温2h。

配方27　PET胶黏带压敏胶

特性：本品的配方设计赋予了产品良好的黏性和内聚力，在初粘力、黏合力、内聚力和黏基力平衡方面体现出非常优异的性能，剥离力高，但在撕开过程中不残胶，对被粘物不产生污染。本品是一种用于PET胶黏带的压敏胶。

配方（质量份）：

原料名称	配比1	配比2	配比3	配比4	配比5
丙烯酸丁酯	15	12	20	16	15
丙烯酸异辛酯	25	21	15	25	20
丙烯酸	1	1	2	1	1
甲基丙烯酸甲酯	3	3	5	3	3
乙酸乙烯	3	3	5	3	2
甲基丙烯酸2-羟基乙酯	1	1	2	1	1
过氧化苯甲酰	0.5	0.5	0.5	1	0.5
乙酸乙酯	26	25	30	20	20
甲苯	26	25	21	30	21
增黏树脂	11	9	—	—	16

制法：

① 将丙烯酸丁酯、丙烯酸异辛酯、丙烯酸、甲基丙烯酸甲酯、乙酸乙烯、甲基丙烯酸2-羟基乙酯、甲苯和乙酸乙酯混合均匀。

② 在反应釜中加热至80～85℃，然后在保温过程中分1～3次加入过氧化苯甲酰，保温时间为2～10h。

③ 将温度降低至40～55℃，加入增黏树脂，搅拌均匀，过滤，即得压敏胶。

配方28　阀袋用黏合剂

特性：本品主要应用于高分子黏合剂领域。本品可作为阀袋用黏合剂，由于不涉及异氰酸根改性，大大降低了生产成本，同时固化后的黏合剂耐老化性能优异。

配方（质量份）：

原料名称	配比1	配比2	配比3	原料名称	配比1	配比2	配比3
苯酐	12	14	12	一缩二乙二醇	13	20	11
对苯二甲酸	14	18	13	乙酸乙酯	55	40	57
1,2-丙二醇	6	8	7				

制法：

① 一次酯化。将苯酐、对苯二甲酸、1,2-丙二醇加到聚酯合成釜中，升温反应后完成一次酯化。

② 二次酯化。将一缩二乙二醇加到上述聚酯合成釜中，升温反应后完成二次酯化。

③ 缩聚反应。对完成二次酯化后的聚酯合成釜内进行抽低真空、抽高真空和长抽真空。

④ 溶解。将上述制得的聚酯多元醇降温至140～160℃，加入乙酸乙酯，制得固含

量为 35%～55%、羟值为 1～5mg（KOH）/g、25℃黏度为 3000～7000mPa·s、酸值为 0.01～3mg（KOH）/g 的聚酯多元醇黏合剂，即为阀袋用黏合剂。

配方 29　防火胶黏剂

特性：本品配方合理，工作效果好，生产成本低，主要用作防火胶黏剂。

配方（质量份）：

原料名称	配比 1	配比 2	原料名称	配比 1	配比 2
鱼胶	18	15	硼酸	1	0.5
大理石酸处理液	4	7	钾水玻璃	加至 100	至 100
氯化锆	4	3			

制法：将鱼胶、大理石酸处理液、氯化锆、硼酸、钾水玻璃按配比混合，组成防火胶黏剂。

配方 30　粉状淀粉树脂水产饲料黏合剂

特性：本品是一种饲料黏合剂，特别适用于水产饲料。本品以双醛淀粉替代传统的甲醛与尿素反应制得不含游离甲醛的淀粉树脂黏合剂，无毒、无公害，从而达到了绿色环保饲料添加剂的要求；同时生产中严格控制双醛淀粉中双醛的含量，不仅大大降低生产成本，而且保证黏合剂的适宜黏结强度和耐水时间，应用本品制作的水产颗粒饲料在 25℃下耐水时间达 2h。

配方（质量份）：

原料名称		配比 1	配比 2	配比 3	原料名称	配比 1	配比 2	配比 3
双醛化淀粉	淀粉	6	6	6	水	15	15	15
	水	18	18	18	催化剂乌洛托品	0.1	0.1	0.1
	高碘酸钠	1	2	3	尿素	1	1	1

制法：

① 取淀粉 6 份，加水 18 份，搅拌均匀，成淀粉乳液。另取高碘酸钠 1～2.5 份，调 pH 值至 1～1.5。然后将调配好的高碘酸钠溶液加到上述淀粉乳液中，加热 1.5～2h，温度控制为 35～40℃，反应结束后用蒸馏水洗涤 4 次，过滤得到一定双醛含量的双醛化淀粉。

② 在所得双醛化淀粉中加水 15 份，搅拌均匀，调 pH 值至 8.5～9。加 0.1 份乌洛托品作催化剂，加热至 95～98℃。先加入尿素 0.7 份，反应 30min 后再加入尿素 0.3 份。反应 1h 后用酸调 pH 值为 4～5，缩合反应 1～2h。再用碱调 pH 值至 7～8，得到棕色黏稠液体。最后喷雾干燥，制成粉状产品。

配方 31　耐辐射云母带胶黏剂

特性：本品主要应用于高压电机、发电机。本品的性能均能达到优等品标准，固化工艺性好，易于推广使用。聚合物结构中有很多五元、六元环，交联密度很高，热态力学性能稳定，有利于减少电机运行过程中由于物理振动产生绝缘损坏的情况发生，提高产品运行过程中的可靠性；电气性能优异，达到并超过普通环氧桐马玻璃多胶粉云母带的绝缘水平。

配方（质量份）：

原料名称	配比 1	配比 2	配比 3	配比 4	配比 5	配比 6	配比 7
双酚 A 型二氰酸酯树脂	10	15	20	20	10	25	10
液态双酚 A 型环氧树脂	40	—	45	—	45	—	45
固态双酚 A 型环氧树脂	—	45	—	35	—	35	—
甲苯	25	20	20	20	20	25	20
丙酮	25	20	15	25	25	15	25

制法：

① 先将环氧树脂在 90～100℃下加热熔融，或者将液态环氧树脂加热至 90～100℃，按配方量加入双酚 A 型二氰酸酯树脂，混合，搅拌至体系均匀。

② 将胶液温度降至 60℃以下时，加入丙酮搅拌溶解，再加入甲苯稀释，充分搅拌均匀后过滤制得胶黏剂。

配方 32 乳液型环保合成胶黏剂

特性：本品主要用于包装作业中。本品由单一品种的需求结构趋向于复配型，即将几种基本胶黏剂复合搭配出许多品种，发挥了协同效应；受温度影响小，强度大，浸润性好，而且稳定性强，降低了成本，粘接性好。

配方（质量份）：

原料名称	配比 1	配比 2	配比 3	配比 4	配比 5
乙酸乙烯树脂	200	360	360	260	260
丙烯酸树脂	220	370	370	280	320
氯化橡胶	180	340	180	300	210
丁基橡胶	190	350	190	310	310

制法：按照上述比例将各个配料精制加工而成本品胶黏剂。

配方 33 常温快干型黏合剂

特性：本品是一种铸造用型芯冷态黏合剂，是用于复杂型芯组合安装的常温快干型黏合剂。本品常温施工，不需要加热需组合的型芯或黏合剂本身，节省能源，干燥迅速，干燥时间缩短至传统黏合剂的 1/10，可大幅度提高生产效率；抗拉强度高，可满足不同型芯的组合安装需要；抗流挂性、涂抹性等施工性能优异；操作简易，施工效率高。

配方（质量份）：

原料名称		配比 1	配比 2	配比 3
混合填料	硅线石粉	5	14	17
	硅藻土	10	14	13
	高岭土	15	14	5
黏结树脂	乙烯-乙酸乙烯共聚树脂	20	15	10
触变剂	锂基膨润土	7	10	15
有机溶剂	丙酮	43	35	40

制法：

① 将黏结树脂溶于有机溶剂总质量 45％的有机溶剂中，充分溶解，待用。

② 将混合填料加入有机溶剂总质量 30％的有机溶剂中，加到碾轮式混砂机中，混合均匀。

③ 将预处理好的触变剂按所需量加到碾轮式混砂机中，与步骤②得到的混合填料的粉料充分碾压混合。

④ 在碾压过程中逐步加入剩余有机溶剂，将混合填料和触变剂混合碾压成硬膏，硬膏状物出碾，待用。

⑤ 将碾压好的硬膏状物装入搅拌桶，加入预处理好的黏结树脂，搅拌成软膏状，成品灌装。

所述混合填料为硅线石粉、硅藻土、高岭土的混合物。

所述黏结树脂为乙酸乙烯含量为 90％的乙烯-乙酸乙烯共聚树脂。

所述触变剂为锂基膨润土。

所述有机溶剂为丙酮。

10

多用途胶黏剂配方与生产

10.1　多用途胶黏剂简介

多用途胶黏剂主要是合成胶黏剂，通常又被称作"万能胶"，是生活中接触最多的一种胶黏剂。多用途胶黏剂主要指的是氰基丙烯酸酯、环氧树脂胶黏剂和氯丁橡胶胶黏剂，它们具有良好的耐油、耐溶剂和耐化学试剂的性能，应用面很广，可进行橡胶，皮革，织物，纸板，人造板，木材，泡沫塑料，陶瓷，混凝土，金属等自粘或互粘。

有些多用途胶异味大而且还有毒性，如果长期接触危害身体健康，只有合格的胶黏剂产品才能获得由国家环境保护总局颁布的"中国环境标志产品认证"证书。在《环境标志产品技术要求　胶粘剂》HJ 2541—2016 中对包装用水性胶黏剂、建筑用胶黏剂、木材加工用胶黏剂、鞋和箱包用胶黏剂以及地毯胶黏剂产品中有害物质的含量及检测标准做了明确的规定，鼓励生产企业减少直至取消苯、甲苯、二甲苯、乙苯、卤代烃等有毒有机溶剂的使用。

多用途胶黏剂多在室温下进行黏合操作，在使用前应当对被粘物表面进行适当处理，具体包括除油、去锈、除水分、打磨，保持表面清洁、干燥等。

10.2　多用途胶黏剂实例

配方1　α-氰基丙烯酸乙酯黏合剂（502胶）

特性：本胶黏剂具有粘接性能好、胶化时间短、耐温性以及耐水性好的特点。

配方（质量份）：

原料名称	配比1	配比2	配比3	原料名称	配比1	配比2	配比3
α-氰基丙烯酸乙酯	75	82	84	二氧化硫	0.1	0.1	0.2
甲基丙烯酸甲酯	3	5	6	对苯二酚	0.5	0.6	0.7
碳酸乙烯酯	5	6	7	二氧化硅	0.1	0.1	0.2
羟丙基纤维素乙酸酯	2	4	5				

制法：将 α-氰基丙烯酸乙酯、甲基丙烯酸甲酯、碳酸乙烯酯、羟丙基纤维素乙酸酯、二氧化硫加入到反应釜中，混合均匀，75℃加热反应 1.5h。将反应后的产物加入对苯二酚和二氧化硅于 178℃下减压蒸馏，即可得到瞬干胶黏剂。

制法：单体制备方法，在装有搅拌机、温度计、冷凝器、分水器的三口烧瓶中，投入固体甲醛、吡啶，将瓶内的液体升温至沸腾，停止加热，缓慢加入氰乙酸乙酯，约 15min，至温度 115℃，滴加环己烷进行脱水，回流脱水完全，蒸出脱水剂，加入磷酸三中酚酯，温度升至 120℃，加入适量 P_2O_5，在真空度 0.1MPa 条件下进行减压蒸熘，收集沸点 90～180℃的粗品，即得粗单体。将粗单体加入另一装有搅拌机、温度计、冷凝器的反应釜内，加入 P_2O_5、对苯二酚，在通有 SO_2 的气体中，真空度为 0.1MPa 条件下精制，收集馏分为 60～80℃的产品，即得精单体 α-氰基丙烯酸乙酯。

精单体易发生阴离子及自由基聚合，使得该单体的稳定性差，储存期短，而且固化后存在质脆、耐热及耐水性差等缺点，针对上述缺点进行改性，通过添加稳定剂、增塑剂、增黏剂、增强剂等配制成混合改性剂以改善其不足之处。

配方 2　α-氰基丙烯酸酯黏合剂

特性：本品可应用于各种材料的黏结。本品的主要有益效果在于通过采用新材料及新改进工艺和原料配方得到了一种白化度、刺激性得到显著降低的氰基丙烯酸酯黏合剂。这不仅可以改善粘接制品的美观性，而且有助于增强粘接强度。此外，该制备方法简单易行，在使产品性能显著提高的同时依然可以维持较低的生产成本。

配方（质量份）：

原料名称	配比 1	配比 2	配比 3	配比 4
多聚甲醛	60	—	—	—
甲苯	200	—	—	—
哌啶	0.5	2	—	—
α-氰基乙酸乙氧基乙酯	314	—	—	—
1%对甲苯磺酸水溶液	300	—	—	—
苯二酚	3	—	3	3
P_2O_5	3	—	3	3
粗品单体	272	385	228	314
98.8%的 α-氰基丙烯酸乙氧基乙酯	220	—	—	—
苯	—	300	—	—
α-氰基乙酸甲氧基乙酯	—	416	—	—
水	—	200	—	200
98.6%的 α-氰基丙烯酸甲氧基乙酯	—	332	—	—
37%甲醛水溶液	—	—	86	95
二甲苯	—	—	300	—
对甲苯磺酸	—	—	0.1	—
α-氰基乙酸丙氧基乙酯	—	—	240	—
0.5%硫酸	—	—	200	—
98.2%的 α-氰基丙烯酸丙氧基乙酯	—	—	203	—
二氯乙烷	—	—	—	100
六氢吡啶	—	—	—	2
α-氰基乙酸丁氧基乙酯	—	—	—	370
98%的 α-氰基丙烯酸丁氧基乙酯	—	—	—	235

制法：

① 将多聚甲醛或者质量分数为 37％或更高的甲醛水溶液加入反应器中，同时加入脱水剂和碱性催化剂，于 80～90℃边搅拌边滴加氰乙酸酯类，回流使之反应，得到缩合液。

② 减压蒸馏出缩合液中的脱水剂，再加入酚类阻聚剂和 P_2O_5，减压下于 150～200℃加热解聚，得粗 α-氰基丙烯酸酯单体。

③ 向得到的粗单体中加入 P_2O_5 和酚类阻聚剂各 0.3％～1.2％，进行蒸馏，得到纯度 98％以上的单体。在此产物中加入 30～80mg/kg SO_2 和 80～130mg/kg 酚类阻聚剂，即得黏合剂。

所述碱性催化剂选自哌啶、氢氧化钠或氢氧化钾、吡啶、乙醇胺和三乙胺中的一种。

所述氰乙酸酯类选自氰基乙酸 α-乙氧基乙酯、氰基乙酸 α-甲氧基乙酯、氰基乙酸 α-丙氧基乙酯、氰基乙酸 α-丁氧基乙酯、氰基乙酸正辛酯、氰基乙酸异丁酯和氰基乙酸甲酯中的一种。

脱水剂为苯类或二氯乙烷。

根据本品的又一种优选实施方案，可以进一步向步骤③得到的黏合剂中加入 2～8 份 EVA（乙烯-乙酸乙烯共聚物）以及 2～15 份有机硅改性助剂。有机硅助剂为 γ-甲基丙烯酸酯丙基三甲氧基硅烷。

配方 3 丙烯酸压敏黏合剂

特性：本品可以广泛应用在室内外广告、汽车、印刷和装饰等的各种压敏黏合剂片中。本品提供一种可除去的丙烯酸压敏黏合剂，是一种环保的水基黏合剂，具有在室温和老化条件下优异的尺寸稳定性和黏合性，以及具有与永久黏合剂一样的高黏合力，并同时具有极佳的可除去性。

配方（质量份）：

原料名称	配比 1	配比 2	原料名称	配比 1	配比 2
去离子水①	30	30	丙烯腈	7	12
烷基芳基萘磺酸钠（SANS）	0.5	0.5	聚乙二醇二丙烯酸酯	0.5	0.5
丙烯酸丁酯（BA）	60	54	烷基二苯醚二磺酸盐	1	1
丙烯酸-2-乙基己酯（2-EHA）	26	22	去离子水②	50	50
乙酸乙烯酯	7	12	过硫酸铵	5.2	5.2

制法：向装配有滴液漏斗、搅拌叶片、温度计、氮气注入管和回流冷凝器的 2L 玻璃反应器中加入去离子水①和烷基二苯醚二磺酸钠，在搅拌下用氮气替代反应器中的空气，并在氮气气氛下将反应器内的温度升至 70℃。

在向该反应器中加入 0.2 份过硫酸铵并使其完全溶解后，在 4h 内滴入单体混合物溶液与 15 份过硫酸铵水溶液，所述单体混合物溶液是通过混合丙烯酸丁酯、丙烯酸-2-乙基己酯、乙酸乙烯酯、丙烯腈、交联剂聚乙二醇二丙烯酸酯的溶液、阴离子型表面活性剂烷基二苯醚二磺酸盐和去离子水②乳化的。在滴入完成后，一次加入 5 份的过硫酸铵水溶液，然后使其保持在 80℃1h，从而完成聚合反应，并且冷却至室温，从而获得黏合剂。

配方 4 丙烯酸酯聚合物可再分散乳胶粉

特性：本品广泛应用于干粉乳胶涂料、干粉胶黏剂、内外墙建筑腻子、自流平地坪砂浆、抹灰材料以及保温材料等。本工艺采用梯度乳液聚合法，制得的丙烯酸酯聚合物乳液中组成胶粒的聚合物玻璃化温度（T_g）及其羧基官能团分布从胶粒中心至表面呈渐进式变化，使得以此种乳液制备的可再分散聚合物乳胶再分散后成膜不会发生相分离，具有很好的再分散性能和成膜性能。本工艺引入反应型乳化剂和交联单体，反应型乳化剂和自交联稳定的丙烯酸酯聚合物乳液消除了小分子乳化剂的影响，使聚合物的物理-化学性能、机械性能和粘接性能得到改善，同时提高了其乳胶粉的耐水性。采用梯度乳液聚合法，制备得到的乳胶粒子粒径小于 60nm，自交联稳定的丙烯酸酯聚合物乳液，在喷雾干燥条件下可制得再分散液粒径小于 0.1μm 的可再分散聚合物乳胶粉，再分散液的纳米级粒径也保证了乳胶粉良好的再分散性和再分散液的成膜性能，可满足各种高性能涂料对乳胶粉成膜性的要求。在可再分散乳胶粉制备过程中采用硅溶胶作为干燥助剂，喷雾干燥时可避免乳胶粒子发生粘连，乳胶粉具有较高的收率（接近 98％）。乳胶粉可采用纸袋包装至施工现场，减少运输成本；添加抗结块剂，具有较长的储存周期，给施工带来方便，而且能够做到真正的零 VOC（挥发性有机化合物）；更重要的是它在水中再分散可形成与原乳液性能相同的乳液，有广泛应用。

配方（质量份）：

可再分散乳胶粉

原料名称	配比 1	配比 2	配比 3	配比 4	原料名称	配比 1	配比 2	配比 3	配比 4
丙烯酸酯聚合物乳液	80	76	70	80	硫酸铝	3	—	—	—
氢氧化钠	3	—	2	4	高岭土	—	5	—	—
氢氧化钾	—	4	3	—	硅藻土	—	—	8	—
氢氧化钙	—	—	—	1	碳酸钙	—	—	—	6
硅溶胶	17	20	25	15					

丙烯酸酯聚合物乳液

原料名称		配比 1	配比 2	配比 3	配比 4
混合单体 I	甲基丙烯酸甲酯	57	30	—	45
	甲基丙烯酸乙酯	—	40	35	—
	甲基丙烯酸丙酯	—	—	10	—
	甲基丙烯酸丁酯	—	—	—	20
	甲基丙烯酸异辛酯	—	—	—	20
	丙烯酸丁酯	135	110	70	30
	丙烯酸乙酯	—	—	120	130
	丙烯酸甲酯	—	—	—	40
	丙烯酸异辛酯	—	60	—	—
	丙烯酸 2-羟基乙酯	—	2	3	3
	丙烯酸 3-羟基丙酯	—	1	—	—
	丙烯酸 5-羟基戊酯	—	—	2	2
	甲基丙烯酸	2	—	6	3
	丙烯酸	—	5	—	3
混合单体 II	甲基丙烯酸甲酯	60	50	—	40
	甲基丙烯酸乙酯	—	27	60	—
	甲基丙烯酸丙酯	—	—	55	—
	甲基丙烯酸丁酯	—	—	—	15
	甲基丙烯酸异辛酯	—	—	—	2
	丙烯酸丁酯	30	13	5	8

原料名称		配比 1	配比 2	配比 3	配比 4
混合单体Ⅱ	丙烯酸乙酯	—	—	20	5
	丙烯酸甲酯	—	—	—	20
	丙烯酸异辛酯	—	—	—	—
	丙烯酸 2-羟基丙酯	8	—	—	—
	丙烯酸 2-羟基乙酯	—	3	4	4
	丙烯酸 3-羟基丙酯	—	2	—	—
	丙烯酸 5-羟基戊酯	—	—	4	4
	甲基丙烯酸	8	—	6	3
	丙烯酸	—	7	—	3
乳化剂	SDS	2	1	—	—
	DSB	—	—	3	1
	LAS	—	1	—	1
	NaAMC$_{14}$S	—	—	5	—
	AMPS-Na	—	—	—	2
	AMPS-NH$_4$	—	—	—	2
	AMPS	2	—	—	—
	HAPS	—	—	5	—
	COPS-1	—	3	—	—
引发剂	过硫酸钾	2	—	—	—
	过硫酸铵	—	1	—	4
	过硫酸钠	—	1	4	—
水		420	360	450	500

制法：

① 丙烯酸酯聚合物乳液的制备。制备种子乳液：首先将混合单体Ⅰ的各组分混合制成混合单体Ⅰ，混合单体Ⅱ的各组分混合制成混合单体Ⅱ，备用。将占水总质量60%～80%的水、占乳化剂总质量 40%～60%的乳化剂和占引发剂总质量 30%～50%的引发剂加到反应釜中，搅拌分散 10～20min，待温度升至 78～85℃，将 10%～20%质量份的混合单体Ⅰ在 15～25min 内滴入反应釜中，滴加完毕后保温 15～30min，制得种子乳液。

在 3～5h 内将混合单体Ⅱ均匀滴加至剩余的混合单体Ⅰ中，维持搅拌使其混合均匀，同时将混合单体Ⅰ和混合单体Ⅱ的混合物均匀滴加到步骤①得到的种子乳液中，滴加完毕后反应 0.5～1h。升温至 80～90℃，保温 1～1.5h。然后降温至 40～50℃，过滤，出料，即得丙烯酸酯聚合物乳液。

② 可再分散乳胶粉的制备。将 pH 调节剂加入丙烯酸酯聚合物乳液中，搅拌均匀，调节 pH 值至 7～10，加入干燥助剂，搅拌均匀，即得喷雾干燥乳液。设置喷雾干燥器的干燥进口温度为 110～150℃、出口温度为 60～80℃、进料速度为 20～60r/min、雾化机转速为 200～400r/min，启动进料系统，将干燥乳液干燥后收集粉体，再加入填料，过滤，即得丙烯酸酯聚合物可再分散乳胶粉。

所述 pH 调节剂为氢氧化钠、氢氧化钾、氢氧化钙中的一种或数种的混合物。

所述干燥助剂为 15%～45%的硅溶胶。

所述填料为硫酸铝、高岭土、硅藻土、碳酸钙中的一种。

所述甲基丙烯酸烷基酯为甲基丙烯酸甲酯、甲基丙烯酸乙酯、甲基丙烯酸丙酯、甲基丙烯酸丁酯、甲基丙烯酸戊酯、甲基丙烯酸己酯、甲基丙烯酸异辛酯中的一种或数种的混合物。丙烯酸烷基酯为丙烯酸甲酯、丙烯酸乙酯、丙烯酸丙酯、丙烯酸丁酯、丙烯酸戊酯、丙烯酸己酯、丙烯酸异辛酯中的一种或数种的混合物。羟烷基酯为丙烯酸2-羟基乙酯、丙烯酸3-羟基丙酯、丙烯酸2-羟基丁酯、丙烯酸5-羟基戊酯、丙烯酸6-羟基己酯、甲基丙烯酸2-羟基乙酯、甲基丙烯酸3-羟基丙酯中的一种或数种的混合物。

所述烷基羧酸为甲基丙烯酸、丙烯酸中的一种或两种的混合物。

所述引发剂为过硫酸盐类引发剂过硫酸钾、过硫酸钠、过硫酸铵中的一种或数种的混合物。

所述乳化剂为阴离子乳化剂和反应型乳化剂复配，其中反应型乳化剂是阴离子乳化剂质量的1～3倍。阴离子乳化剂是十二烷基二苯醚磺酸二钠（DSB）、十二烷基苯磺酸钠（LAS）、十二烷基硫酸钠（SDS）中的一种或数种的混合物。反应型乳化剂是2-丙烯酰氨基-2-甲基丙磺酸（AMPS）、2-丙烯酰氨基-2-甲基丙磺酸钠（AMPS-Na）、2-丙烯酰氨基-2-甲基丙磺酸铵（AMPS-NH$_4$）、甲基丙烯酸羟丙磺酸钠（HPMAS）、烯丙氧基羟丙磺酸钠（HAPS）、1-丙烯氧基-2-羟基丙磺酸钠（COPS-1）、2-丙烯酰氨基十四烷磺酸钠（NaAMCuS）中的一种或数种的混合物。

为进一步实现本品目的，可再分散乳胶粉后还包括加入抗结块剂，所述抗结块剂为硅酸铝、碳酸钙、滑石粉、高岭土、二氧化硅中的一种或数种的混合物。pH调节剂配成含量为2.5%～10%的溶液加入。

水为去离子水，电导率小于0.057μS/cm。

配方5 丙烯酸酯黏合剂

特性：本品可以作为纸基、木材基、纤维基、塑料基黏合剂。本品通过非离子型化合物或阴离子型化合物对分散聚合体系进行改性，进而充分利用分散聚合的优势，采用一次顺序加料，简化常规制备丙烯酸酯类黏合剂的工艺，无其他有毒单体和添加剂，使得制备体系环境友好，产品稳定性好，黏结强度大。

配方（质量份）：

原料名称	配比1	配比2	配比3	配比4	配比5	配比6	配比7
烷基酚聚氧乙烯醚	1	3	2	—	—	—	1
十二烷基硫酸钠	—	—	—	1	3	2	1
偶氮二异丁腈	0.2	0.2	0.2	0.2	0.2	0.2	0.2
聚乙烯吡咯烷酮	2	2	2	2	2	2	2
乙醇	30	30	30	45	45	30	30
丙烯酸甲酯	15	15	15	15	15	15	30
丙烯酸丁酯	15	15	15	—	—	—	—
丙烯酸异辛酯	—	—	—	15	15	15	—

制法：将分散剂、溶剂、引发剂、丙烯酸酯类单体、添加剂加入反应釜中，搅拌混合均匀，在78℃下聚合6～8h。反应结束后，使用氨水调节至pH=7，出料，即可得到丙烯酸酯黏合剂。

所述添加剂选择非离子型化合物的一种或几种的混合物，或者选择阴离子型化合物的一种或几种的混合物，或者选择非离子型化合物与阴离子型化合物的混合物。非离子型化合物为烷基酚聚氧乙烯醚、脂肪酸聚氧乙烯酯、聚氧乙烯胺，优选烷基酚聚氧乙烯醚。阴离子型化合物为羧酸盐类（如硬脂酸钠、油酸钠）、硫酸盐类（如十二烷基硫酸钠、烷基醚硫酸盐）、磺酸盐类（如十二烷基苯磺酸钠、甲醛缩合萘磺酸二钠）；优选十二烷基硫酸钠。阴离子型化合物与非离子型化合物的混合物优选十二烷基硫酸钠与烷基酚聚氧乙烯醚的混合物。

所述分散剂可以是聚乙烯吡咯烷酮、甲基纤维素、羟基纤维素或聚丙烯酰胺，可以选择加入以上分散剂中的一种或它们的混合物，优选聚乙烯吡咯烷酮。

所述溶剂可以是醇类溶剂，如乙醇、丙醇、丁醇、戊醇、异丙醇、乙二醇；或酯类溶剂，如乙酸乙酯、乙酸丁酯；或酮类溶剂，如丙酮、丁酮。可以选择加入以上有机溶剂中的一种或它们的混合物，优选乙醇。

所述引发剂可以是过氧化物类引发剂，如过氧化苯甲酰、过氧化月桂酰、过氧化二碳酸二酯；偶氮类引发剂，如偶氮二异丁腈、偶氮二异庚腈。可以选择加入以上引发剂的一种或它们的混合物，优选偶氮二异丁腈。

所述丙烯酸酯类单体可以是丙烯酸 $C_1 \sim C_8$ 烷基酯、甲基丙烯酸烷基酯、丙烯酸羟基乙酯。体系中可以选择加入以上单体中的一种或它们的混合物，优选丙烯酸甲酯、丙烯酸丁酯、丙烯酸异辛酯或它们的混合物。

配方 6　常温黏合剂

特性：本品是一种水性常温黏合组合物，适用于多种基材的胶黏。由于聚合物的玻璃化温度不同，分子运动程度不同，受到外力后变形量也不同。选用玻璃化温度极低（低于 $-50℃$）的天然胶乳、SIS 乳液、丙烯酸乳液或乙丙乳液体系作为乳液二，提高了制得的黏合组合物体系受到压力后的变形度，即增强了体系的压敏性，使该黏合组合物适合在常温下黏合。由于聚合物的分子量不同，对基材的润湿程度也不同。选用分子量较低（分子量低于 10 万）的硅丙乳液、纯丙乳液作为乳液一，提高了黏合组合物体系对于各种基材的润湿能力，能够很好地在基材表面铺展，使制得的黏合组合物适用于多种基材。

配方（质量份）：

原料名称		配比 1	配比 2	配比 3
乳液一	纯丙乳液	—	—	57
	硅丙乳液	—	—	31
乳液二	天然胶乳	66	—	—
	SIS 胶乳	—	62	—
	苯丙乳液	23	—	—
	乙丙乳液	—	27	—
防粘连剂	滑石粉	1	—	—
	碳酸钙	—	1	2
润湿剂	DO-75	1	1	1
抗氧剂	水性抗氧剂 SI＞1688（聚合酚类与硫代酯类抗氧剂）	0.1	0.1	0.1
消泡剂	1551（矿物油类消泡剂）	0.3	0.3	0.2
氨水		5	2	2
水		4	7	8

制法：将配方中的各原料逐一加到搅拌釜中进行搅拌分散，搅拌转速为200～900 r/min，各原料之间加入的时间间隔均为10～30min。各原料加入顺序为：先按任意加入顺序逐一加入乳液一、乳液二，再按任意加入顺序逐一加入防粘连剂、润湿剂、抗氧剂、消泡剂，最后按任意加入顺序逐一加入氨水、水。所有原料添入搅拌釜后继续搅拌25～35min，过滤，出料，即得到常温黏合剂。

所述乳液一为硅丙乳液、纯丙乳液。

所述乳液二为SIS胶乳、天然胶乳、苯丙乳液、乙丙乳液中的任一种。

所述防粘连剂采用滑石粉、碳酸钙、二氧化硅中的任一种，优选滑石粉。

所述润湿剂采用EO值小于10的非离子表面活性剂，优选EO值在5～8之间的非离子活性物。

所述消泡剂主要采用有机硅类或矿物油类活性物，优选有机硅类活性物。

所述抗氧剂采用水性抗氧剂，水性抗氧剂为经乳化分散后形成的水性聚合酚类抗氧剂和水性硫代酯类抗氧剂的混合物。

配方7　单组分聚氨酯胶黏剂

特性：本品主要应用于金属表面、非金属表面、金属与非金属表面的粘接，特别适用于不平整表面的粘接处理。本品制胶工艺少、制备工艺简单，所得胶外观为无色胶状液体，pH值为6.0～8.0，黏度为500～800mPa·s，粘接强度＞3.0MPa，可稳定储存。

配方（质量份）：

原料名称	配比1	配比2	配比3	原料名称	配比1	配比2	配比3
聚醚多元醇GE310	100	—	100	TDI	60	65	50
聚醚多元醇3050	150	100	—	MDI	300	315	320
二丙二醇(DPG)	50	50	50	催化剂(三乙胺)	适量	适量	适量
聚醚多元醇210	—	150	150				

制法：向反应瓶中加入配比量的聚醚多元醇GE310、3050、210和DPG，加热到110～120℃，在−0.098～−0.1MPa真空度脱水。每30min分析一次，等料中含水率降为0.02%～0.05%后，降低料温至50～60℃，加入准确计量的TDI。反应开始会有较强放热，将反应温度控制为90℃，反应时间60min，加入准确计量的MDI，保持80～90℃，再反应90min。降温至35～40℃，加入催化剂，搅拌0.5h，出料。

配方8　多功能环保胶黏剂

特性：本品广泛适用于多种领域。本品原料易得，充分利用废旧聚苯乙烯及橡胶制品，降低成本，减少资源浪费；无有害物质成分，不损害人体健康，有利于环境保护。

配方（质量份）：

原料名称		配比1	配比2	配比3	配比4
母液	废旧橡胶轮胎	10	15	10	10
	废旧聚苯乙烯	30	35	30	30
	200#溶剂油	60	80	60	60
偶联剂	废旧玻璃	30	20	30	30
	沥青	100	60	100	100

原料名称		配比 1	配比 2	配比 3	配比 4
胶黏剂	母液	60	55	65	70
	偶联剂	8	10	8	10
	增黏剂	15	20	20	10
	固化剂	4	4	2	5
	增白剂	10	8	5	5
	石膏粉	2	3	—	—
	白水泥	1	2	—	—

制法：

① 将废旧橡胶轮胎及废旧聚苯乙烯除污洗净晾干，然后送入封闭式强力粉碎机进行粉碎，与 200# 溶剂油按 1∶1.5 配比，投入半封闭式的容器中在常温下搅拌均匀，制得母液；

② 将废旧玻璃除污洗净捣碎，与沥青按 0.3∶1 配比，投入高压反应器中，在 200~250℃ 温度下，搅拌至充分溶解，制得有机硅偶联剂；

③ 将母液、有机硅偶联剂、增黏剂、固化剂、增白剂、石膏粉、白水泥放入反应器中，在 65~100℃ 的温度下搅拌均匀，反应时间约为 2~3h，充分聚合后，自然冷却，然后进行杂质分离，即可制得成品。

增黏剂可选用增黏树脂、松香增黏剂；固化剂可选用 C-2 环氧树脂固化剂；增白剂可选用 VBL 增白剂。

配方 9 多用途胶黏剂

特性：本品性能优良，粘接力强，胶黏效果好，耐高温，无毒无公害；成本低，工艺流程简单，使用方便。本品可用于房屋装饰中有关木、纸等物质的粘接，特别适用于火车、汽车刹车片的粘接。使用时可进行喷涂、条涂、刷涂、浸胶，固化时间为 40~180min，使用温度为 -50~350℃。

配方（质量份）：

原料名称	配比 1	配比 2	配比 3	原料名称	配比 1	配比 2	配比 3
丁腈橡胶	100	100	100	硬脂酸	1	1	1
腰果油树脂	100	—	100	乌洛托品	6	—	—
酚醛树脂	200	300	200	KH-550	0.3	0.2	0.2
乙酸乙酯	300	300	300	促进剂 PX	0.5	0.5	0.5
丁酮	100	100	100	炭黑	10	10	10
二氧化锰	2	—	2	硫黄	2	2	2
氧化镁	2	2	—	促进剂 M	1	1	1

制法：将各组分混合均匀即得成品。

配方 10 防水胶黏剂

特性：本品可用于游泳池、厨房、地下室、卫生间、浴池及内外墙壁装饰用大理石、花岗岩、陶瓷砖、釉面砖、马赛克、水泥制地板砖、木制地板砖、塑料地板砖等的粘贴，也可用于屋面防漏、地面防潮、管道防渗等。本品成本低，稳定性好，储存期长；防水性能优异，浸泡 100h 无剥落、开裂现象；剪切强度高，耐酸碱及耐温度变化性能好；用途广泛，使用方便，不造成二次污染，有利于环境保护。

配方（质量份）：

原料名称		配比1	配比2	配比3	原料名称	配比1	配比2	配比3
共聚物	聚苯乙烯(EPS)胶液	100	100	100	填料	232	192	120
	邻苯二甲酸二辛酯	15	5	15	氧化锌	10	5	24
	松香	7	15	7	紫外线吸收剂	2	5	1
松香树脂		8	24	16				

制法：将聚苯乙烯接枝共聚物、增黏树脂、填料、氧化锌和紫外线吸收剂投入到混凝土搅拌机中进行混匀，然后将已混合的胶料送入三辊研磨机中进行研磨分散，达到250～350目即制得成品。

聚苯乙烯接枝共聚物采用EPS接枝共聚物，即将EPS胶液与增塑剂、松香等单体用化学接枝方法制备。具体制备方法如下：将回收的废旧聚苯乙烯泡沫EPS不加清洗投入到有溶剂（可选用芳香烃、氯代烃、溶剂油、甲乙酮、二甲苯等）的罐中，而后封闭自化96h，再用油泵将已溶好的胶液抽出备用；在带有搅拌器、冷凝器的三口烧瓶中加入聚苯乙烯胶液、增塑剂、松香[三者比例为100：（5～20）：（1～15）]，加热进行熔化，温度控制在65～85℃，反应时间为40～60min，然后抽样检测，稠度达到700～800时，即可成胶得到共聚物。

填料可选用250～325目大理石粉、325目高岭土、400～600目滑石粉、氧化锌、硼砂粉、氧化镁、松香粉中的两种或两种以上的混合物。

增黏树脂可选用羧基丁苯胶乳、丁腈橡胶、松香树脂、PVC树脂、脲醛树脂。

紫外线吸收剂可选用2-(3,5-二叔丁基-2-羟苯基)-5-氯苯并三唑。

配方11 改性胶乳压敏胶黏剂

特性：本品于被粘物表面的流动性和润湿性好，粘接力强，粘接牢固，性能稳定；成本低，工艺流程简单，设备投资少，无副产品，对环境无污染，经济效益好。本品广泛适用于多种领域。

配方（质量份）：

原料名称		配比1	配比2	原料名称		配比1	配比2
改性天然橡胶乳	天然橡胶胶乳	100	100	改性天然橡胶乳	改性剂	0.1	1.5
	十二烷基硫酸钠	3	5	胶黏剂	改性天然橡乳胶	50	45
	酪素	3	5		增黏树脂	45	45
	芳香碱	适量	适量		改性剂	5	10
	单体	40	30				

制法：

① 先将天然橡胶胶乳放入反应釜中，启动搅拌器并升温，当温度升至55℃时，分别加入十二烷基硫酸钠和酪素，搅拌100min后，加入芳香碱，继续搅拌，在55℃温度下保温反应20h，冷却后加入单体与引发剂，控制升温速度为5℃/h，当温度升至30℃时，反应3h，即完成降解共聚过程，制得改性天然橡胶乳；

② 将改性天然橡胶乳与增黏树脂、改性剂在常温下搅拌均匀，即得成品。

配方 12　工程装饰胶黏剂

特性：本品可用于一般纸、木质装饰材料的黏合，也可用于水泥板、花岗岩板、大理石、瓷片、玻璃、塑料、金属板、石膏装饰板的黏合，还可用于补漏。本品粘接功能多，粘接力强，操作简便，效率高，防火、防潮性能好，无毒无味，对环境污染小。

配方（质量份）：

原料名称		用量	原料名称	用量
A 组分	异氰酸酯	83	聚醚树脂	10
	聚醚树脂	17	促进剂(三乙烯二胺)	1
B 组分	异氰酸酯	6	活性剂(硅油)	5
	聚醚树脂（或蓖麻油）	84	膨胀剂	50
			阻燃剂	17

制法：

① 在带有搅拌器的 1# 反应釜中加入异氰酸酯 3 份、聚醚树脂，在常压下搅拌预聚合，搅拌速度为 200r/min，温度控制在 80～120℃，预聚合时间为 4～8h，然后再加入异氰酸酯 80 份，搅拌混合得 A 组分；

② 在带有搅拌器的 2# 反应釜中加入异氰酸酯、聚醚树脂（或蓖麻油），在常压下搅拌预聚合，搅拌速度为 200r/min，温度控制在 80～120℃，预聚合时间为 4～8h；

③ 在 3# 反应釜中加入聚醚树脂、促进剂，加热至 60～80℃搅拌溶解，然后将物料放入 2# 反应釜中，再加入活性剂混合搅拌，使之充分混匀；

④ 取步骤③制得的混合液放入另一混合器中，加入膨胀剂、阻燃剂，混合搅拌后得淡黄色液体，作为 B 组分；

⑤ 将 A 组分与 B 组分混合为泡沫状成品，即可使用。

促进剂选用三乙烯二胺及其等同物；活性剂选用有机硅油；膨胀剂选用氟里昂 11；阻燃剂选用溴系阻燃剂加三氧化二锑。

配方 13　固体胶黏剂

特性：本品质地细腻，粘接力强，固化速度快，收缩率较小，耐水性能好，保存期限长，适用性广。本品适用于粘接纸张、木材和织物，也可用于粘接玻璃、陶瓷和金属。

配方（质量份）：

原料名称	用量	原料名称	用量
聚乙烯醇缩丁醛	16	氢氧化钾	0.3
酚醛树脂	6	水	22
环氧树脂	4	甘油	0.5
乙醇	32	聚乙二醇	0.5
丙酮	8	山梨醇	0.6
硬脂酸	5	淀粉	0.8
月桂酸	2	碳酸钙	0.7
氢氧化钠	2		

制法：

① 在容器 A 中将聚乙烯醇缩丁醛溶解于一部分乙醇中，然后加入酚醛树脂并搅拌

均匀；在容器 B 中将环氧树脂溶解于丙酮；再把容器 A、B 中的两种溶液倒在一起混合均匀，制得液体①；

② 将硬脂酸和月桂酸加热熔化，再滴入氢氧化钠和氢氧化钾的混合溶液，边滴加边搅拌，滴完后，再加入剩余乙醇，使其充分溶解，制得液体②；

③ 将液体①和液体②混合，水浴加热，在搅拌情况下加入甘油、聚乙二醇、山梨醇、淀粉和碳酸钙，温度控制在 65～85℃，反应时间 30～70min，直至全部熔为黏稠状胶体，然后将胶体趁热注入口红式的管状容器中成形，冷却凝固后即为成品。

配方 14　环氧结构胶黏剂

特性：本品原料丰富易得，成本低，技术路线合理可行，产量质量稳定；粘接牢固、室温固化，低温下也可固化，韧性强，耐高温，具有优异的耐油、耐水、耐酸碱及耐有机溶剂的性能；无"三废"排放，对环境无污染。本品适用于潮湿面、油面及对金属、塑料、陶瓷、硬质橡皮、木材等多种材料的粘接。使用时，将胶液均匀地涂布于被粘物表面上即可黏合，施加压力，使两黏合面达到良好的接触。

配方（质量份）：

原料名称		用量	原料名称	用量
改性环氧树脂	羧基丁腈橡胶	17	环氧树脂	21
	环氧树脂	83	咪唑类化合物	13
固化剂	二元胺	37	硅烷偶联剂	4
	双酚 A	7	无机填料	适量
丙烯腈		18	触变剂	—

制法：

① 用羧基丁腈橡胶与酚醛环氧树脂在 120～170℃抽真空（余压 10～30mmHg，1mmHg＝133.322Pa）恒温反应 1～2h 制得改性环氧树脂，作为 A 组分；

② 在反应器中放入间苯二胺，加热使之熔解，在搅拌情况下加入双酚 A、丙烯腈、环氧树脂恒温反应 1～2h，再在抽真空下（余压 10～30mmHg）反应 1～2h，加入 2-甲基咪唑反应 1～2h，然后加入（最好是冷却后加入）γ-氨丙基三乙氧基硅烷，制得固化剂（合成反应温度为 70～150℃，最佳温度为 90～120℃，整个反应时间为 3～6h），作为 B 组分；

③ 将固化剂（B 组分）与改性环氧树脂（A 组分）充分混合均匀得成品，即可使用。

无机填料或触变剂可根据需要添加于 A 或 B 组分中，最好在 B 组分中加入。环氧树脂可选用酚醛环氧树脂、氨基多官能环氧树脂、双酚 A 环氧树脂。二元胺可选用己二胺、间苯二胺、N,N-二氨基-二苯基甲烷。咪唑类化合物可选用咪唑、2-乙基-4-甲基咪唑、2-甲基咪唑等，最佳为 2-甲基咪唑。硅烷偶联剂可选用 γ-氨丙基三乙氧基硅烷（最佳）、γ-环氧化丙氧基三乙氧基硅烷、二乙烯三氨基丙基三乙氧基硅烷、α-苯氨基甲基三乙氧基硅烷。无机填料可选用瓷粉、硅微粉、玻璃纤维、铸铁粉、二硫化钼、碳化钨等。触变剂选用白炭黑。

配方 15　环氧树脂胶黏剂

特性：本品工艺简单合理，粘接性能优良，黏度适宜，可用机械泵输送，弹性、触变性、耐水性、耐候性好，剪切及剥离强度高，使用方便。本品为工程胶黏剂，广泛适用于多种金属和非金属材料的粘接。

配方（质量份）：

原料名称	配比 1	配比 2	配比 3	配比 4	原料名称	配比 1	配比 2	配比 3	配比 4
双酚 A 环氧树脂	100	100	100	100	KH-550	0.5	1.5	0.8	0.5
环氧端基聚硫橡胶	190	70	150	220	钛白粉	100＋1	30	100	120
双氰胺	12	7	9	12	碳酸钙	60	80	50	40
2-乙基-4-甲基咪唑	10	3	6	10	气相二氧化硅	2	2	4	8
BYK-055	0.5	1.2	1	0.3					

制法：将 2-乙基-4-甲基咪唑、双氰胺和环氧端基聚硫橡胶置于 100℃油浴中反应 1h，得到预反应产物；冷却后加入双酚 A 环氧树脂、碳酸钙、钛白粉、BYK-055、KH-550、气相二氧化硅，搅匀后置于三辊机上辊轧两遍，再置于压力容器内，搅拌下抽真空脱泡，即得成品。

配方 16 多功能胶黏剂

特性：本品原材料丰富易得，成本低，制造工艺简单；粘接强度大，固化时间短，防腐与密封隔水性能好，使用方便。本品可用于水泥、木材、瓷砖、纸张、钢材、玻璃、塑料、陶瓷等材料的粘接，特别适合于不仅要求粘接牢，而且粘接后要求长期工作于水、盐水、强酸、弱碱溶液的环境。

配方（质量份）：

	原料名称	配比 1	配比 2		原料名称	配比 1	配比 2
A 组分	氧化沥青	22	21	A 组分	炭黑	0.7	0.5
	澄清油	15	18		泡沫塑料	20	21
	膨润土	10	9	B 组分	C$_9$ 芳烃溶剂	22	25
	轻质碳酸钙	0.5	0.5		合成橡胶	24	26
	十二烷基硫酸钠	0.03	0.03		松香酸	3	1
	水	53	52		30# 石油醚	适量	26
	石脑油	50	51				

制法：

① 将水温升至 40～60℃，与膨润土调成糊状，在不断搅拌情况下，分批加入已混合好的氧化沥青和澄清油的混合物中，依次分批加入水、十二烷基硫酸钠、轻质碳酸钙，维持温度 50～90℃，反应 3～5h，经过滤干燥制得半成品，加入石脑油和炭黑，搅拌 3～5h，可制得 A 组分；

② 在反应釜内加入 C$_9$ 芳烃溶剂，依次加入泡沫塑料，在不断搅拌情况下加入碎块的合成橡胶、松香酸，温度控制在 40～60℃待完全溶解好后加入 30# 石油醚，可制得 B 组分；

③ 按比例将 A 组分与 B 组分混合，不断搅拌约 1～2h，即得成品，储于密封容器内，安置于通风阴凉处。

配方 17 聚氨酯胶黏剂

特性：本品性能优良，具有极高的剥离强度，耐沸水蒸煮。本品可用作食品包装中的铝塑复合材料、建筑装饰材料、光缆、电缆等连接用胶黏剂。使用时将甲、乙两组分按一定比例混合均匀后，涂布于塑料薄膜、塑料板材或铝箔表面，然后进行复合。

配方（质量份）：

	原料名称	配比1	配比2	配比3	配比4	配比5	配比6
A组分	聚酯多元醇Ⅰ	100	80	—	—	—	—
	聚酯多元醇Ⅱ	—	—	100	100	100	92
	乙酸丁酯	14	16	5	5	6	7
	乙酸乙酯	59	59	19	20	20	15
	二异氰酸酯	13	14	5	9	8	8
	1,4-丁二醇					2	2
	丙酸与双酚A环氧树脂加成多元醇	20	20	—	—	—	—
	乳酸与双酚A环氧树脂加成多元醇		5				
	丁酮	34	34	11	11	11	9
B组分	异佛尔酮二异氰酸酯	400	400	400	400	400	400
	乙酸乙酯	167	167	167	167	167	167
	三羟甲基丙烷	100	100	100	100	100	100

制法：甲组分，配方1、配方2将聚酯多元醇Ⅰ和乙酸丁酯加入带冷凝器的反应瓶中，在搅拌条件下加入二异氰酸酯，反应温度控制在50～70℃，反应1h后加入丙酸与双酚A环氧树脂加成多元醇、乳酸与双酚A环氧树脂加成多元醇，继续反应1h，反应温度控制在90～100℃；反应结束后，加入丁酮及乙酸乙酯，稀释成固含量为50%的溶液即可；

配方3、配方4将聚酯多元醇Ⅱ和二异氰酸酯、乙酸丁酯加入带冷凝器的反应瓶中，在搅拌条件下控制反应温度，保温1h，然后加入丁酮和乙酸乙酯，稀释成固含量为75%的溶液即可；

配方5、配方6将乙酸丁酯和二异氰酸酯加入带冷凝器的反应瓶中，在搅拌条件下缓缓滴加1,4-丁二醇，保持反应温度在60～65℃，滴加完后在70℃下继续反应1h，然后加入聚酯多元醇Ⅱ，在搅拌条件下，控制反应温度继续反应1h，反应结束后加入丁酮和乙酸乙酯，稀释成固含量为75%的溶液即可。

乙组分：在装有搅拌器、温度计、冷凝器的反应瓶中加入二异氰酸酯和乙酸乙酯，然后在搅拌条件下分6～10次加入三羟甲基丙烷，控制反应温度在60～65℃，加完后在70℃下继续反应1h，制得固含量为75%的异氰酸根封端的加成物（多异氰酸酯Ⅰ）。

配方18 环氧改性聚氨酯耐超低温胶黏剂

特性：本品用于与液化气体配套的深冷保冷材料之间的超低温下的粘接。该胶黏剂具有耐水解性和耐低温性，可以在零下200℃下长期使用，力学性能不变；具有高黏结强度、剪切强度以及良好的粘接性和耐蚀性。

配方（质量份）：

原料名称	配比 1	配比 2	配比 3	配比 4	配比 5	配比 6	配比 7	配比 8	配比 9
聚氨酯改性预聚物	30	40	35	40	45	30	40	50	30
环氧树脂	5	5	12	10	9	15	9	5	5
溶剂丙酮	10	10	—	—	10	10	—	10	—
溶剂甲乙酮	—	—	15	—	—	—	—	—	10
扩链剂 1,4-丁二醇	—	—	—	10	—	—	20	—	—
扩链剂 MOCA	—	—	8	6	10	—	—	—	—
扩链剂丙二醇	—	—	—	—	—	5	—	—	—
扩链剂氢化双酚 A	—	—	—	—	—	—	1	—	—
膨胀蛭石	2	1	3	3	5	5	2	1	10
SiO$_2$	18	5	15	10	10	15	11	15	15
CaCO$_3$	12	14	10	12	13	15	10	10	20
CaCl$_2$	8	10	2	5	2	5	7	4	5

制法：将液体组分混合均匀，然后加入固体组分搅拌均匀，在研磨机上研磨、包装。

配方 19 聚苯乙烯胶黏剂

特性：本品粘接性能好，干燥快，剪切强度高，不跑边，具有防霉、防潮、防水性能，耐候性好；用料少，成本低，生产工艺简单，适用范围广，充分利用废旧聚苯乙烯泡沫塑料，减轻了环境污染，具有很大的经济效益和社会效益。本品适用于水泥、大理石、瓷砖、马赛克等硅酸盐类材料的粘接；也可用于木材、日用塑料制品、塑料贴面、塑料墙纸及铭牌的粘贴；还可用于多孔性日用品（如织物、皮革、发泡塑料底凉鞋）的粘接；除此以外，还可以取代泡花碱、氧化淀粉，用于瓦楞纸箱封口纸带的粘接。

配方（质量份）：

原料名称	配比 1	配比 2	原料名称	配比 1	配比 2
聚苯乙烯	150	150	酚醛树脂	—	15
甲苯	300	—	铝酸酯偶联剂	7	7
乙酸乙酯	—	300	硅酸钙	适量	适量
松香	15	—			

制法：将聚苯乙烯原料净化，加入甲苯、乙酸乙酯、松香、酚醛树脂、铝酸酯偶联剂进行共聚反应，反应温度为 30～60℃，反应时间控制在 2～4h，再加入硅酸钙即得成品。

配方 20 聚乙烯醇胶黏剂

特性：本品原料易得，成本低，工艺流程简单，生产周期短，无毒无公害。本品适用于纸/涤纶布复合、纸/玻璃纤维夹筋复合袋的粘接，也可用于木材、纸张的粘接，还可用于贴页、书籍的装订以及墙纸（布）的粘接等。

配方（质量份）：

原料名称	配比 1	配比 2	原料名称	配比 1	配比 2
聚乙烯醇	14	12	水	84	85
硼砂	2	3			

制法：将聚乙烯醇、硼砂和水装入反应釜内，常温下以 40～50r/min 的速度搅拌均匀，升温至 92～98℃，以 60～70r/min 的速度搅拌约 2～2.5h，即得成品。

配方 21 绿色无毒胶黏剂

特性：本品成本低廉，工艺流程简单；综合性能好，黏度大；无色、无毒，不损害人体健康；无"三废"排放，对环境无污染。本品可用于层压制品、人造板材、建筑用胶、内墙涂料、纸制品及文具用胶等，例如打底腻子，粘贴壁纸、壁布，粘接瓷砖、瓷片、天然石材、木工板、三合板、五合板、木地板、桌面板、刨花板、纤维板、宝丽板、纸箱及可降解一次性餐具等。

配方（质量份）：

原料名称	配比 1	配比 2	配比 3	原料名称	配比 1	配比 2	配比 3
聚乙烯醇	9	9	9	水	120	120	120
葡萄糖	13	13	—	$CuCl_2$	0.3	—	—
乳糖	—	—	11	硝酸铵	1	—	—
HCl	适量	适量	适量	NaOH	适量	适量	适量

制法：将聚乙烯醇加入 30～50℃ 水中，加热到 80～100℃，保温搅拌至聚乙烯醇全部溶解后，向其中加入乳糖（或葡萄糖）和 HCl，还可以加入 $CuCl_2$ 及硝酸铵（可缩短反应时间），于 80～100℃ 反应 2～8h；

用 NaOH 调节上述混合物的 pH 值至 6～8，冷却，即可得成品。

配方 22　氯丁橡胶接枝胶黏剂

特性：本品原料易得，成本低；粘接强度高，耐水性能好，具有较好的耐温性能，剥离强度高；稳定性好，在避光、干燥和密闭的环境中存放 2 年以上不分层；毒性小，使用安全。本品适用于 PVC 人造革、PU 合成革、尼龙布、猪绒革、仿羊革以及天然皮革、硫化橡胶、改性 PE 发泡片材、橡胶仿皮底、PVC 塑料成形底等材料的黏合。使用本品时，天然皮革、硫化橡胶、改性 PE 发泡片材、橡胶仿皮底、PVC 塑料成形材料需经机械打磨，并除净附在其表面的粉尘。

配方（质量份）：

原料名称	用量	原料名称	用量
LDJ-240 氯丁橡胶	20	苯乙烯	4
氧化镁	2	叔丁基酚醛树脂	2
氧化锌	1	甲苯	12
防老剂 D	1	乙酸丁酯	18
甲基丙烯酸甲酯	10	汽油	10
环烷酸钴	1	丙酮	13
不饱和聚酯	8		

制法：将配比量 3/4 的 LDJ-240 氯丁橡胶放在开放式辊筒炼胶机上塑炼 15 遍，随后加入氧化镁、氧化锌和防老剂 D 继续混炼，在上述塑炼和混炼中要常打三角包，以保证炼胶均匀，再放入其余 1/4 的 LDJ-240 氯丁橡胶，再炼 4 遍；炼好后拉成片，切碎，投入装有甲苯、乙酸丁酯、汽油和丙酮溶剂的有夹套的反应釜中，溶解均匀后，向反应釜夹套通热水，使反应釜中的温度控制在 70～80℃，在此条件下放入甲基丙烯酸甲酯、苯乙烯、环烷酸钴、叔丁基酚醛树脂、不饱和聚酯，进行接枝反应 2h，形成稳定的共聚物，其单体聚合率在 55％ 左右，经自然冷却即得成品。

配方 23　氯丁橡胶胶黏剂

特性：本品成本低，能源消耗小，采用齿轮泵循环工艺代替传统的炼胶工艺，减轻了劳动强度；涂刷性能好，粘接强度高，耐久性好，耐油、耐水、耐酸碱，胶层柔韧，稳定性好，不易分层，便于储存，使用方便；不含苯类溶剂，无毒无害，不损害人体健康，减少了环境污染。本品适用于多种领域。

配方（质量份）：

原料名称	用量	原料名称	用量
2442氯丁橡胶	18	2402叔丁基酚醛树脂	8
环戊烷B型溶剂	50	氧化镁	2
甲乙酮	2	氧化锌	1
乙酸乙酯	17	苯甲酸	0.05
120#汽油	4	水	0.05

制法：将2442氯丁橡胶、环戊烷B型溶剂、乙酸乙酯、甲乙酮、120#汽油、氧化镁、氧化锌、苯甲酸、2402叔丁基酚醛树脂和水一次投入带搅拌器的、封闭的混合器中，转速为$100\sim200r/min$，搅拌$6\sim8h$后停止搅拌，启动与搅拌器连接的齿轮泵，物料从搅拌器的底部抽出，经齿轮剪切后再打入搅拌器的上部，如此循环$6\sim12h$，并控制温度小于$50℃$，即可得成品。

配方24　复合胶黏剂

特性：本品制作工艺简单，适用性强，使用方便；粘接强度大，具有阻燃、抗菌性能；性质稳定，不沉淀。本品主要用于粘接金属、玻璃、陶瓷、建筑材料、橡胶、皮革、织物、木材等材料，广泛适用于建筑装修、制鞋工业、汽车制造行业。使用方法如下：将被粘接物表面处理清洁、打毛，然后均匀涂胶，室温需晾置$5\sim10min$，然后将物件对接合拢、适当给压，24h达到最高强度。

配方（质量份）：

原料名称	用量		原料名称	用量
第一组分	纳米复合热塑性丁苯橡胶	20	第一组分	溶剂	58
	萜烯树脂	20	第二组分	纳米复合氯丁橡胶	35
	石油树脂	4		2402树脂	10
	改性松香	2		防老剂264	0.5
	防老剂264	0.3		溶剂	50
	阻燃剂	1			

制法：将第一组分与第二组分混合，进行搅拌后，在$25\sim30℃$温度下，静置$1\sim2h$即得成品。

原料中的纳米复合橡胶可通过以下方法制得：

① 利用机械设备的剪切和撞击，使纳米粉体粒子在橡胶中以机械化学效应达到混合、分散、复合；

② 采用高速搅拌，间歇式叶片式混合器在氮气保护下运行，控制温度在$40\sim45℃$，搅拌时间为$10\sim20min$。

防老剂选用防老剂264。

溶剂由三氯乙烯和四氯化碳混合，其配比关系为2∶1。

配方25　纳米有机胶黏剂

特性：本品的原料中不含苯、甲苯、二甲苯、甲醛等有害物质，不损害人体健康，使用安全；充分利用废聚苯乙烯泡沫塑料，降低成本且有利于环境保护；附着力好，遮盖力强，并具有防腐、防锈、耐热、反光、速干等特点，在环境温度大于 30℃时可存放 18 个月而不变质。本品广泛适用于金属、塑料、木材、混凝土、石材等各种材料的装饰，特别是金属的表面装饰和防腐，如车辆、船舶、油罐、铁塔、暖气片、楼梯、护栏、门窗、管道、发动机、铁艺装饰件等的表面涂饰。本品在使用时不用再增加任何材料，开罐搅拌均匀即可直接涂刷或喷涂。涂饰前基材表面要处理干净，用后将漆罐盖子盖好，使用时注意通风。

配方（质量份）：

原料名称	用量	原料名称	用量
废聚苯乙烯泡沫塑料	10	93# 无铅汽油	72
松香树脂	6	纳米二氧化硅	0.5
工业丙酮	12	铝银粉或铜粉	10~25

制法：

① 将废聚苯乙烯泡沫塑料洗净晾干，将其一部分和松香树脂放入反应釜内，然后加入工业丙酮和 93# 无铅汽油，密封搅拌 4~6min；

② 再将其余的废聚苯乙烯泡沫塑料分 5~10 次，每次间隔 1min，均匀加入反应釜中，投料时保持搅拌机工作；

③ 当反应釜内的废聚苯乙烯泡沫塑料完全溶解后，加入纳米二氧化硅粉体，搅拌 20~30min；

④ 停止搅拌后，将铝银粉或铜粉加入反应釜内，密封搅拌 20~30min，最后边搅拌边排放灌装，即得成品（在制备过程中，每次向反应釜中加完料后，应保证反应釜在密封状态下进行搅拌，避免溶剂挥发）。

配方 26　耐高温有机硅胶黏剂

特性：本品广泛适用于建筑、船舶、机械、航空航天、通信设施等领域。本品成本低，制备条件温和，操作简单；粘接性能好，耐高温，可在 200℃下长期使用，且使用方便。

配方（质量份）：

原料名称		配比 1	配比 2
硅树脂	水玻璃	60	80
	六甲基二硅氧烷	20	10
	乙醇	20	20
	盐酸	35	35
	甲苯	100	100
羟基封端硅橡胶	八甲基环四硅氧烷	100	100
	乙烯基环四硅氧烷	0.3	0.3
	羟基硅油	0.05	0.1
	四甲基氢氧化铵硅醇盐	0.3	0.5
有机硅胶黏剂	硅树脂（MQ 树脂）	10	12
	羟基封端硅橡胶	15	13
	碱催化剂	0.01	0.01
	去离子水	2	2
	异丁醇	1	1
	甲苯	100	100

制法：

① 将六甲基二硅氧烷（MM）与水玻璃在盐酸和乙醇中于 60～70℃共水解1～1.5h（共水解方式：可以将 MM 和乙醇加入盐酸中，60～70℃下搅拌水解 20～30min，再加入水玻璃继续共水解 20～40min；也可以将盐酸加热至 60～70℃，然后依次加入水玻璃、MM 和乙醇，共水解 20～40min），然后加入甲苯，在 70～80℃下回流 2～4h，静置后分离出上层有机层，用水洗涤至中性，加入无水氯化钙浸泡以浸尽水分，最后蒸馏除去甲苯，得到淡黄色粉末状硅树脂（MQ 树脂）；

② 将八甲基环四硅氧烷、乙烯基环四硅氧烷、羟基硅油、四甲基氢氧化铵硅醇盐加入反应瓶中，在 50～60℃下抽真空 0.5～1h，然后通氮气，升温至 80～90℃，反应 1～3h；升温至 110～120℃，继续反应 1～3h；再升温至 150～180℃并抽真空 0.5h 左右，即可制得羟基封端硅橡胶；

③ 将羟基封端硅橡胶与甲苯加入反应瓶中，搅拌下升温至 80～100℃，使硅橡胶完全溶解，停止加热，冷却至室温；将碱溶于去离子水和异丁醇，并与 MQ 树脂一起加入上述硅橡胶溶液中，于 100～115℃加热回流 2～3h，然后抽真空尽量除去溶剂，即得成品。

配方 27　气雾剂型胶黏剂

特性：本品适用于各种物体的粘接，使用时直接喷雾粘接即可。本品性能优良，粘接力强，固化时间快，使用及携带方便，应用广泛。

配方（质量份）：

	原料名称	配比 1	配比 2	配比 3
	溶剂	100	100	100
合成原材料	丙烯酸正丁酯	14	—	15
	丙烯酸异丁酯	6	—	—
	丙烯酸	1	1	1
	甲基丙烯酸	—	—	5
	丙烯酸乙酯	—	10	—
	乙酸乙烯酯	—	15	—
	丙烯酸-β-羟丙酯	—	5	—
	丙烯酸-β-羟乙酯	—	—	5
合成助剂	乳化剂	1	1	1
	链调节剂	0.1	0.1	0.1
	引发剂	0.1	0.1	0.1
	消泡剂	0.1	0.1	0.1
	pH 值调节剂	0.5	0.2	适量

制法：

① 将合成助剂中的引发剂、乳化剂、链调节剂、pH 值调节剂、消泡剂放入溶剂中溶解，用搅拌器搅匀，速度控制在 30～40r/min，得到溶液 A 备用；

② 将合成原材料中的各组分混合，得到混合液 B 备用；

③ 将溶液 A 慢慢升温到 80～90℃，开始滴加混合液 B，在 1～4h 内滴加完，得到溶液 C，将其在 70℃时保温 1h，然后慢慢降至室温；

④ 用 pH 值调节剂调节溶液 C 的 pH 值至 8 左右；

⑤ 将溶液 C 用耐压罐灌装、封口、包装即得成品。

溶剂可选用正己烷、环己烷其中的一种或两种的混合物；乳化剂可选用十二烷基硫酸钠、烷基酚聚氧乙烯醚或十二烷基苯磺酸钠；链调节剂选用十二烷基硫醇；引发剂可选用过氧化苯甲酰；消泡剂可选用正辛醇或异辛醇；pH 值调节剂可选用碳酸氢钠或氢氧化钠。

配方 28　水溶性胶黏剂

特性： 本品成本低，工艺简单，使用效果好；用本品生产复合包装袋，效率高，纸层不易破碎，水泥包的破损率低，并且用过的水泥袋的纸层和塑料编织袋易于分离回收。本品对各种材料，包括非极性材料，特别是聚丙烯、聚乙烯材料有良好的粘接性能，可用于制作塑料编织袋和纸的复合水泥包装袋。

制作复合包装袋时，可以将圆筒形的塑料编织袋作为内层，外层为纸，内外层之间用本品黏合，复合袋的两端可以用本品粘贴成方底，也可以用线缝合成平底。

配方（质量份）：

原料名称	配比 1	配比 2	配比 3	配比 4	配比 5	配比 6	配比 7
淀粉	100	100	100	100	100	100	100
水	100	150	200	200	150	100	400
尿素	80	80	60	80	70	20	80
过硫酸铵	8	10	1	7	6	0.5	7
环氧氯丙烷	—	—	—	5	2	0.5	3

制法： 将水倒入反应釜中，加入尿素和过硫酸铵，搅拌，使尿素、过硫酸铵充分溶解，再加入淀粉充分搅拌，加热升温，温度在 50～60℃时淀粉糊化，此时黏度很高，继续加热升温到 90～96℃，尿素与淀粉发生反应，逐渐液化，黏度降低，反应 1～3h（也可以先将尿素加入水中搅拌，使尿素溶解，加入淀粉，搅拌均匀，加热升温至 60～90℃，使淀粉充分糊化约 1h，冷却至 50℃以下，加入过硫酸铵，充分搅拌均匀，再加热升温至 90～96℃反应 1～3h），凝胶状的尿素、淀粉混合物转化为黄色胶状液体，待到胶液中无气泡逸出时，反应终止，冷却至常温，即得成品。

添加环氧氯丙烷时制备方法如下：将尿素、过硫酸铵、环氧氯丙烷加入水中搅拌，使其均匀分散，充分溶解，再加入淀粉，搅拌均匀后，加热升温至 90～96℃，在此过程中当温度升到 50～60℃时淀粉糊化成凝胶状，黏度很高。温度达到 90～96℃时尿素与淀粉反应，渐渐转化成黏度较低的黄色胶状液体，反应 1～3h，液体中不再有气泡产生时反应终止，即得成品。

配方 29　羧甲基淀粉胶黏剂

特性： 本品成本低，稳定性高，抗酸碱性强；不虫蛀、不发霉、不吸潮、不变质，不损害人体健康，无环境污染；不需加热设备，不用提前处理，使用方便。本品可作为涂料、制鞋、纸箱、石油化工等行业的原料。使用时用冷水直接调制，可根据行业用料不同自行调配稀稠度。

配方（质量份）：

原料名称	配比1	配比2	配比3	原料名称	配比1	配比2	配比3
江米	85	90	88	苯甲酸钠	0.2	0.2	0.3
氯乙酸	0.5	0.2	0.5	明矾	0.2	0.2	0.3
纯碱	0.4	0.4	0.3	轻质碳酸钙	14	9	11

制法：先将江米、氯乙酸和纯碱混合搅拌均匀，让其自然反应3～5h，再加入苯甲酸钠、明矾充分搅拌均匀，将拌好后的原料放入膨化机内膨化，再经粉碎机粉碎至细度为250～325目，最后加入轻质碳酸钙搅拌均匀，即得成品。

配方30 压敏胶黏剂

特性：本品成本低，工艺流程简单，无须使用溶剂，加工周期短，污染小；黏附力强，使用方便，剥离后不会残留在被贴物上，也不会损坏被粘物表面。本品可作为美术用粘贴胶，代替图钉粘贴图片、文稿、美术作品等，被贴物可为纸张、墙面、玻璃、金属、木质家具等，也可用于密封门窗、填补裂缝、清除衣物上的绒毛等。

配方（质量份）：

原料名称	配比1	配比2	配比3	原料名称	配比1	配比2	配比3
丁基橡胶	27	27	27	邻苯二甲酸二辛酯	5	5	5
硬脂酸	16	16	16				
白炭黑	5	10	5	4,4'-亚丁基双(3-甲基-6-叔丁基苯酚)	0.5	0.5	1
氧化镁	22	17	22				
白云石粉	11	7	11				
三缩四乙二醇	5	5	5	水杨酸甲酯	0.1	0.1	0.1
环烷油	5	5	5	铬黄	0.5	0.5	0.5

制法：

① 将丁基橡胶置于普通开炼机中塑炼10～15min，取下；

② 将辊温升至70～90℃，加入已塑炼的丁基橡胶，再加入硬脂酸混合均匀，取下，在室温下放置24h；

③ 将②中得到的混合物料置于开炼机中，依次加入白炭黑、氧化镁、白云石粉、三缩四乙二醇、环烷油、邻苯二甲酸二辛酯，混合均匀，然后加入4,4'-亚丁基双（3-甲基-6-叔丁基苯酚）、水杨酸甲酯，最后加入铬黄，混合均匀即得成品。

配方31 有机胶黏剂

特性：本品具有很好的稳定性、粘接性和耐老性，同时原料丰富易得，成本低，对环境污染小。本品广泛适用于工业行业、建筑业、修理业及日常生活的各个领域。

配方（质量份）：

原料名称	用量	原料名称	用量
聚苯乙烯泡沫塑料	23	环氧树脂	2
汽油	55	酚醛胺	1
丙酮	5	有机硅烷偶联剂	0.1
松香树脂	14		

制法：将松香树脂、汽油和丙酮混合放入密闭的反应罐中，在常温、常压条件下搅拌30min，使松香树脂完全溶解，再逐步加入聚苯乙烯泡沫塑料，待全部溶解后搅拌

20min，再将酚醛胺、有机硅烷偶联剂和环氧树脂分别加入，搅拌均匀即得成品。

聚苯乙烯泡沫塑料可选用聚苯乙烯泡沫塑料废弃物，如各种食品包装盒、一次性快餐盒，各种电器和器皿包装箱防震内衬，泡沫塑料厂的下脚料，建筑行业及工业用各种废塑料泡沫等。

汽油、丙酮均为溶剂，能很好地溶解聚苯乙烯泡沫塑料，使其成为均质体；松香树脂可以起到改性作用，解决聚苯乙烯拉丝的缺陷，并增加基材与界面的粘接力；固化剂可选用环氧树脂、聚酰胺树脂、酚醛胺及脂肪胺中的一种；偶联剂选用有机硅烷偶联剂。

配方 32　阻燃型胶黏剂

特性：本品生产工艺简单，使用周期长，粘接强度高，固化快，遇明火不燃，安全可靠。本品特别适用于煤矿、火力电厂等重点防火单位的棉帆布芯、维纶、尼龙等输送带接头的粘接，也可用于橡胶、化纤、棉织物、皮革、竹木、装饰材料及部分塑料的粘接。

配方（质量份）：

原料名称	配比 1	配比 2	配比 3	原料名称	配比 1	配比 2	配比 3
氯丁胶	90	105	120	二氯甲烷	150	200	250
210 型树脂	14	20	28	氧化镁	0.04	0.08	0.1
2402 型树脂	5	8	10	防老剂	0.5	0.7	1
三氯乙烯	400	500	700				

制法：在常温下将氯丁胶、210 型树脂、三氯乙烯（50%）、二氯甲烷混合，生成反应物 A；将 2402 型树脂、氧化镁、三氯乙烯（50%）混合，生成反应物 B；再将反应物 A 和 B 混合并加入防老剂，即可得成品。

配方 33　酚醛环氧树脂体系导电胶黏剂

特性：本品主要应用于航空、航天、军工、电子、电力、汽车、机械等领域。本品的酚醛环氧树脂导电胶耐高温达 180℃，拉伸剪切强度大于 10MPa，该导电胶在无溶剂的环境中制备，环境效果好，对电子行业的发展具有很高的实用价值。

配方（质量份）：

原料名称	配比 1	配比 2	配比 3	配比 4	原料名称	配比 1	配比 2	配比 3	配比 4
酚醛环氧树脂	11	12	11	11	潜伏性固化剂 LCA-30	1	1	1	1
环氧树脂 E-51	7	8	7	7					
端羧基丁腈橡胶 CTBN	2	2	2	2	片状银粉	74	71	75	74
3,4-环氧基环己甲酸-3′,4′-环氧环己甲酯	4	5	4	4					

制法：按质量份将酚醛环氧树脂、环氧树脂 E-51、增韧剂在 100℃预反应 2h，再依次按质量份加入脂环族环氧稀释剂、潜伏性固化剂 LCA-30、片状银粉，充分混合均匀。

所述的酚醛环氧树脂为深圳佳迪达化工有限公司提供的 NPPN-638s，环氧值为 0.526~0.588mol/100g。

所述的环氧树脂 E-51 为无锡迪爱生环氧有限公司提供的双酚 A 型环氧树脂。

所述的脂环族环氧树脂稀释剂为上海 EMST 电子材料有限公司提供的 3,4-环氧基环己甲酸-3′,4′-环氧环己甲酯。

所述的潜伏性固化剂为上海 EMST 电子材料有限公司提供的 LCA-30。

所述的增韧剂为上海 EMST 电子材料有限公司提供的端羧基丁腈橡胶 CTBN。

所述的片状银粉为国产的片状银粉,纯度在 99.9% 以上。

配方 34　改性环氧树脂胶黏剂

特性: 本品主要应用于机械、军工、建筑、航空航天、电子电器和木材加工等工业行业。该胶黏剂具有足够的强度、低膨胀和良好的粘接性能,可广泛应用于机械、军工、建筑、航空航天等行业。

配方(质量份):

原料名称	配比 1	配比 2	配比 3	原料名称	配比 1	配比 2	配比 3
F-44 环氧树脂	10	100	50	偶联剂 KH-560	1	4	2
稀释剂二甲苯	10	50	30	超细水晶粉	5	50	25
固化剂	10	50	25				

制法: 将超细水晶粉用偶联剂 KH-560 的乙醇溶液在超声波条件下预处理 5～30min,100℃烘干,再放入 F-44 环氧树脂中,加入稀释剂二甲苯后进行搅拌,再超声波处理脱泡 0～30min;50～150℃恒温处理后,冷却,加入固化剂,搅拌均匀,超声波脱泡处理 5～30min,80～200℃加热固化,得改性环氧树脂胶黏剂。

所述的固化剂为 4,4'-二氨基二苯砜(DDS)。

配方 35　醇溶性聚氨酯双组分黏合剂

特性: 本品为双组分胶黏剂,适用于多种领域。本品的主剂与固化剂均不含有毒性较高的异氰酸根,大大降低了对终端产品可能带来的有毒污染。本品对环境适应性更强。传统黏合剂的固化剂有—NCO 基团,对水汽很敏感,放置时间一长容易反应、固化而导致废弃,而本品不含有与水汽易反应的基团,可以在任何气候环境中使用。本品所用稀释剂采用乙醇,价廉易得,相比乙酯制造成本降低很多。采用本品使复合膜的透明度高,具有良好的初粘力和抗爽滑性能,同时可常温熟化,有效降低使用成本。本品具有制造流程工艺短、投入消耗低、易操作、产品质量可靠的特点。

配方(质量份):

原料名称	配比 1	配比 2	原料名称	配比 1	配比 2
聚醚多元醇	45	55	丙酮	5	6
纯 MDI	21	35	二亚乙基三胺	4	5
正己烷	1	1	乙醇	33	35
异丙醇	4	7			

制法:

① 制备预聚体。将聚醚多元醇、纯 MDI、正己烷按比例加入反应釜中,缓慢升温到 80～90℃,维持反应 1.5h,再继续升温到 96～105℃,反应 4h,冷却到 60℃,等待合成。

② 配制席夫碱。在另外置于下面的反应釜中配制,按比例依次投入异丙醇、丙酮、二亚乙基三胺、乙醇或回收溶剂,控制反应温度为 18～30℃,反应 2h。

③ 取预聚体、席夫碱在塑料箱内进行小试预合成,测试黏度,如果合格则进行合成操作。

④ 停止预聚体反应釜搅拌,用氮气将预聚体压入合成釜中,使预聚体与席夫碱进

行反应，控制温度为 40～60℃，反应 30min 完毕，进行蒸馏，在柱顶温度达到 77～80℃时关闭蒸汽阀，釜内温度为 100～115℃时蒸馏出计量好的全部溶剂，停止加热，冷却至 75℃，加入工业酒精或回收溶剂，配成 70％的高固含量低黏度或 42％的低固含量低黏度醇溶胶，分别用容器封装。

配方 36　低放热室温固化环氧胶黏剂

特性：本品是一种低放热室温固化环氧胶黏剂。本品拉伸剪切强度 9～22MPa，邵氏 D 硬度 45～90，固化时间 55～300min，能够应用于很多胶黏剂的应用场合。

配方（质量份）：

原料名称		配比 1	配比 2	配比 3	配比 4	配比 5
A 组分	环氧树脂 E-51	70	70	—	—	50
	环氧树脂 E-44	—	—	50	50	—
	填料 碳酸钙	28	28	48	48	—
	填料 氢氧化铝	—	—	—	—	48
	填料 二氧化钛	2	2	2	2	2
B 组分	聚醚胺 D-230	10	15	14	14	13
	聚醚胺 D-2000	10	10	18	7	10
	碳酸钙	59	48	50	58	65
	巯基乙酸	3	3	1	—	1
	DMP-30	10	10	10	10	4
	三亚乙基四胺	3	10	3	7	4
	γ-氨丙基三乙氧基硅烷	1	1	1	1	1
	纳米二氧化硅	3	3	2	2	2
	透明紫 B	1	1	1	1	1

制法：

① 将环氧树脂和填料搅拌均匀，制备得到 A 组分。

② 将聚醚胺 D-230 和聚醚胺 D-2000 以及碳酸钙搅拌均匀，加入巯基乙酸、DMP-30、三亚乙基四胺、偶联剂 γ-氨丙基三乙氧基硅烷以及纳米二氧化硅、透明紫 B 搅拌均匀，制备得到 B 组分。

③ 用胶时将 A、B 组分按质量比 1∶1 搅拌均匀，即可使用。

配方 37　双组分无溶剂聚氨酯胶黏剂

特性：本品用于船舶、石油、化工、航空及建筑行业中的金属与金属、金属与非金属材料的胶接，特别是涉及对液化气船液罐、防火门、化工管道的防火、保温材料使用的胶接材料。本产品触变性，粘接强度高，在室温情况下能固化，尤其在施胶时不受环境影响，可以全天作业，具有不发泡、不流挂、储存稳定的特点。

配方（质量份）：

原料名称		用量	原料名称		用量
A 组分	聚酯	100	A 组分	邻苯二甲酸二丁酯	5
	生石灰	80		阻燃剂	10
	钛白粉	20	B 组分	MDI	100
	硅微粉	13		聚醚 204	20
	陶土	22			

制法：A组分合成　按质量配比先将生石灰、硅微粉、钛白粉、陶土烘干、均匀、再加入聚酯、阻燃剂、邻苯二甲酸二丁酯一起放入捏合釜中，捏合 5～10min 后放料，将捏合好的混合料送至三辊研磨机研磨，将研磨好的混合料再装入捏合釜，并打开电加热升温，开动搅拌，待釜内温度大于等于 120℃，保持 1.5h。

B组分合成　开启真空泵，按配比将 MDI、聚醚 204 加入反应釜，开动搅拌器，关闭真空泵，打开电加热开关升温，待釜内温度升到 60℃时关闭加热器，让釜内物质继续反应，控制温度在 60～90℃之间，保温时间大于等于 1.5h，打开反应釜夹套、冷却水进口阀门，向夹套内通入冷却水降温，待温度降到 45℃，即可放料。

使用时将 A、B 两组分按 1：1 的比例混合即可。

配方 38　环氧树脂改性单组分聚氨酯胶黏剂

特性：本品是一种粘接强度高的胶黏剂。本品的优点在于制得的胶黏剂粘接强度高，韧性好，抗冲击，单组分，无须固化剂即可固化，使用简单、方便。

配方（质量份）：

原料名称	配比 1	配比 2	配比 3	原料名称	配比 1	配比 2	配比 3
聚醚二元醇	40	50	60	二苯二异氰酸酯	100	—	—
聚醚三元醇	60	—	90	1,6-己二异氰酸酯	—	—	70
蓖麻油	—	70	—	甲苯二异氰酸酯	—	40	—
三乙醇胺	—	1	—	异佛尔酮二异氰酸酯	—	—	20
二亚乙基三胺	—	—	1	三亚乙基二胺	—	—	1
苧烯二胺	1	—	—	二月桂酸二丁基锡	1	50	—
环氧树脂	40	45	48				

制法：

① 按质量配比将多元醇化合物加入反应釜，启动搅拌器，打开电加热开关升温至 100～130℃，开启真空泵，抽真空脱水，真空度为 0.08～0.1MPa，釜内温度为 100～130℃，脱水 2～3h，消除真空。

② 然后按质量配比加入催化剂 1 和环氧树脂，温度为 100～150℃，反应 1～2h，关闭电加热开关，通冷却水降温。

③ 然后釜内温度为 50～60℃时按质量配比加入异氰酸酯，打开电加热开关升温，温度为 70～90℃，反应 2～3h。

④ 加入催化剂 2，釜内温度为 70～90℃，继续反应 1～2h。

⑤ 关闭电加热开关，通冷却水降温，温度降至 40～50℃，装入密封良好的容器中保存。

异氰酸酯是甲苯二异氰酸酯、二苯基甲烷-4,4'-二异氰酸酯、多亚甲基多苯基多异氰酸酯、1,6-己二异氰酸酯、异佛尔酮二异氰酸酯及含有异氰酸基团的化合物或其混合物。

多元醇化合物是聚醚多元醇、聚酯多元醇、低聚物多元醇及含羟基的有机化合物或其混合物。

环氧树脂是 E-51、E-44、E-42 等双酚 A 环氧树脂。

催化剂 1 是苧烯二胺、三乙醇胺、二亚乙基三胺等碱性催化剂。

催化剂 2 是二月桂酸二丁基锡、辛酸Ⅱ锡等有机锡类催化剂，或者是三亚乙基二胺、三乙醇胺、三乙胺等叔胺类催化剂。

配方 39　环保复合胶黏剂

特性：本品主要应用于复合胶黏剂技术领域中。本品的优异效果在于提供的酒精-

水型环保安全复合胶黏剂，具有无毒酒精型胶黏剂和水性胶黏剂的共同优点，粘接强度高，而且在烘焙干燥时很容易挥发干燥，且温度不用很高，对薄型片材（含薄膜）不会造成热收缩变形的不好影响。

配方（质量份）：

原料名称	用量	原料名称	用量
酒精溶剂丙烯酸酯胶黏成分	60	多元醇添加剂	5
水性聚脲胶黏成分	35		

制法：

① 酒精溶剂丙烯酸酯胶黏成分的制备。采用常规的丙烯酸酯胶黏剂。

② 水性聚脲胶黏成分的制备。采用常规的水性聚脲胶黏剂。

③ 制备复合胶黏剂。选用步骤①制得的酒精溶剂丙烯酸酯胶黏成分、步骤②制得的水性聚脲胶黏成分和多元醇添加剂作为材料，将水性聚脲胶黏成分徐徐加入酒精溶剂丙烯酸酯胶黏成分中，搅拌下加热升温至 70～80℃反应 3h，加入多元醇添加剂继续反应 1h，冷却即得成品。

所述多元醇优选丙三醇。

配方 40　环保水玻璃胶黏剂

特性：本品比普通胶黏剂黏合更牢固，具有良好的内聚性能和更高的稳定性；制备方法简单，成本低廉，可用于塑料、玻璃、不锈钢等多种材料的粘接。

配方（质量份）：

原料名称	配比 1	配比 2	配比 3	原料名称	配比 1	配比 2	配比 3
水玻璃(35°Bé)	30	40	50	氨基树脂	10	12	15
聚氨酯	15	20	25	乳化剂	5	8	10

制法：先将水玻璃与乳化剂混合，80℃搅拌均匀，加入聚氨酯，搅拌使之混合均匀，继续加入氨基树脂，搅拌使之混合均匀，冷却，即得成品。

氨基树脂可选择脲醛树脂、三聚氰胺甲醛树脂和苯胺甲醛树脂。

（来源中国发明专利 CN104927675A）

11
胶黏剂的生产工艺与设备

胶黏剂生产过程一般包括原材料的合成与制备、胶黏剂各组分的混合、产品包装等过程。对于大型生产厂家，一般生产所需材料都由自己合成，如环氧树脂、胺类固化剂、预聚体聚氨酯等，也保证了产品的质量稳定性；而对于小型胶黏剂生产厂家，一般只需购置现成的树脂、固化剂、填料、辅助材料等混合包装即可。

大批量制备液态胶黏剂通常采用反应釜，小批量可采用三口烧瓶、烧杯等器具。固态胶黏剂通过采用挤出机进行生产。

11.1　胶黏剂生产工艺过程

首先应按配方比例精确称量原料，按照规定顺序依次加入制备器具中，在一定温度下，经搅拌使其反应一段时间以便制成胶黏剂。若是双组分胶黏剂应分别进行反应，分别存放，待使用时再将两组分混合。双组分环氧胶黏剂生产配制工艺如图 11-1 所示。

图 11-1　双组分环氧胶黏剂生产工艺图

胶黏剂的配制要求特别仔细。胶黏剂经冷储存后，如果要进行涂覆，必须将其加热至适当的温度，一般情况下以室温为佳。如果使用热熔胶，施加温度应明显提高。而对于那些混合组分要求比较严格的胶黏剂，必须严格控制配比，才能取得最佳性能，对催化反应尤其如此。以环氧胶黏剂为例，如胺类固化剂、催化剂用量少，易导致胶黏剂聚合物反应不完全；若催化剂过量易造成胶层脆性大；另外，未反应的多余固化剂也易引起金属被粘接物腐蚀。某些双组分胶黏剂（如环氧树脂）的混合比例不太严格，通常用肉眼测定其组分即可，对粘接体系的极限粘接强度也没有大的影响。

多组分胶黏剂应充分混合，应持续到无色纹或无明显的密度层叠现象为止，多组分胶黏剂应防止空气在混合搅拌时进入，这样会使胶黏剂在热固化期起泡，导致带孔（可渗透）粘接。如果空气混入了胶黏剂，在施加之前，应进行真空脱气。必须在胶黏剂开始固化之前进行充分混合。当环境温度升高和批料量变大时，胶黏剂的适用期变短。单组分和某些热固性双组分胶黏剂在室温下具有很长的适用期，而且涂覆和装配速度或批料量要求不严格。

另外，绝大多数胶黏剂必须储存在暗色或不透明的容器内，有的胶黏剂为延长使用寿命，要在低温下储存。在储存热固性胶黏剂时，应将基体树脂组分与固化剂组分分开存放，以防容器意外损坏时造成污染、混杂，无法使用。而溶剂型胶黏剂储存时，应对盛有胶黏剂的容器加以密封，以防溶剂泄漏或损失，产生有毒或易燃气体。

11.2 胶黏剂生产工艺设备

胶黏剂生产设备主要分为合成反应设备、原料处理设备、胶黏剂混合设备、辅助设备等，为适应不同胶黏剂的特点生产设备会有所不同。

11.2.1 合成反应设备

合成反应设备是用于完成介质的物理、化学反应的设备，如反应器、反应釜、分解锅、分解塔、聚合釜、高压釜、合成塔、变换炉、蒸煮锅、蒸球、蒸压釜等。反应设备普遍应用于化工生产过程，用来完成磺化、硝化、氢化、烃化、聚合、缩合等工艺过程，以及生产化工产品及其中间体的许多其他工艺过程。

由于工艺条件和反应介质不同，反应设备的材料和结构也不一样，但其基本组成是相同的。反应设备一般包括传动装置（电机、减速机）、釜体（上盖、筒体、釜底）、工艺接管等。为了强化反应过程，在设备结构上通常装有必要的换热和搅拌装置。其材料普遍采用钢制（或衬里）、铸铁或搪玻璃。

反应设备一般应单独设计。间歇式单台设备，可根据操作压力、操作温度、介质性质、生产能力、换热面积、容积大等条件来选择合适的结构形式、工艺参数、材质、容积、换热面积以及搅拌功率等。

根据操作情况，反应设备通常可分为间歇式反应器和连续式反应器两大类。

（1）间歇式反应器 参加反应的物质一次性投入，反应完毕后产品一次性卸出的反应器称为间歇式反应器。带有搅拌装置的釜式反应器（亦称反应锅或反应釜）是小化工产品生产中使用最普遍的一种间歇式反应器，其结构如图 11-2 所示。

间歇过程的所有操作阶段发生在同一设备装置上的不同时间。此种反应器装置简单，操作方便，互换性大，基本投资低，常用来进行低级数的、低转化率下进行操作的化学反应过程。小化工的产量和规模较小，因而大多采用间歇式反应器。

间歇式反应釜的材质一般为钢、铸铁和搪玻璃三类。

钢制（或衬瓷板）反应釜最常用的反应釜材料为 Q235-A（或其他容器钢）和不锈钢。设计时选用的操作压力、温度为反应过程最高压力和最高温度。装有夹套的壳体依照外压容器计算。附属零部件和人孔、手孔、工艺接管等，通常设置在釜盖上。要求采取防腐措施的设备，可将耐酸瓷板用配制好的耐酸胶泥牢固地黏合在釜的内表面并经固化处理。衬瓷板的反应釜可耐任何浓度的硝酸、硫酸、盐酸及低浓度的碱液等介质，这是有效的防腐蚀的方法。钢制反应釜制造工艺简单，造价费用较低，维护检修方便，使用范围广泛，因而得到普遍采用。

铸铁反应釜对于碱性物料有一定抗腐蚀能力。当用于壁温低于 25℃，内压力低于 0.6MPa 时，最大直径达 1000mm，当铸铁牌号提高时，最大直径可达 3000mm。铸铁设备在磺化、硝化、缩合、硫酸增浓等反应过程中使用较多。

搪玻璃反应釜是用二氧化硅含量高的玻璃，经高温灼烧而牢固地结合于金属设备的内表面上。它具有玻璃的稳定性和金属本身强度高的优点，光滑、耐腐蚀、耐磨，具有一定的稳定性，目前已广泛地应用于化工产品生产过程。搪玻璃反应釜的性能如下。

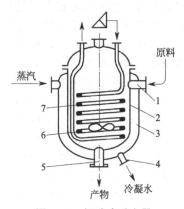

图 11-2　间歇式反应器
1, 4, 5—连管；2—锅壁；
3—夹套；6—搅拌器；7—蛇形管

① 耐腐蚀性能耐。各种浓度的无机酸、有机酸、有机溶剂及弱碱的腐蚀，但对氢氟酸及含氟离子的介质，温度大于 180℃ 的浓磷酸和强碱不耐腐蚀。

② 耐热性。允许在 −30～240℃ 范围内使用，耐热温差小于 120℃，耐冷温差小于 110℃。

③ 耐冲击性。耐冲击性较小，为 $10.6J/cm^2$，使用时应避免硬物冲撞。

④ 搪玻璃设备不益于下列介质的储存和反应，否则将会因腐蚀而较快地损坏。如任何浓度和温度的氢氟酸，含氟离子的其他介质；pH＞12 且温度大于 100℃ 的碱性介质；温度大于 180℃，含量大于 30％ 的磷酸；以及酸碱交替的反应过程。

搪玻璃反应釜在运输和安装时，要防止碰撞，加料时严防重物搅拌入容器内，使用时应缓慢加压升温，防止剧变。图 11-3 为反应釜结构图。

（2）连续式反应器　图 11-4 所示为连续过程装置流程。原料不断地加入设备，在加热器 1 中加热，在带有搅拌器的反应器 2 内搅拌并反应，并在冷却器 3 内冷却，成品则不断地从冷却器卸出。与间歇过程相比，连续过程有很多优点，如设备生产能力大，过程稳定，成品质量均一，有利于实现过程控制等。生产中常用的几种连续反应装置主要有塔式反应器、鼓泡床反应器、管式反应器、固定床、流化床、移动床反应器。

塔式反应器是精细化工中最常用的连续式反应器，如填充塔、板式塔、转盘塔等。填充塔反应器的装置简单，容积效率高。但由于这种装置不适用于有固体或杂质存在的场合，对于互不相溶的液-液系统，填充塔的径向混合很差，此时就应选用转盘塔，转盘塔内由于搅拌器的剧烈搅拌，加强了径向混合，但逆向混合相应地要比填充塔大，容积效率比填充塔小。

连续式的气液相反应较多采用气液相鼓泡反应器。此反应器的主要优点是结构简单，没有转动部件，无密封问题。根据需要可采用蛇形管或其他换热装置，单位体积的传热面积很大，同时由于气体的鼓泡作用，可使系统获得较高传热效率。如能适当选择、安排鼓泡装置，可获得较大的有效气液界面及传质总系数。鼓泡器一般是由一根直径为 25～50mm 的管子制成，下部弯曲成环状或长方形，搁置在器底上，管的顶端焊严，而在底面上的弯曲部分钻有直径为 3～8mm 的小孔，以使超过管子阻力及液柱阻力的压缩空气通入液体。从细孔出来的小气泡穿过全部液体进行强烈的鼓泡搅拌和混合，促进反应加快。

气体系统或均相液-液系统可采用管式反应器。管式反应器适宜于高温、高压反应。对于一些反应速率不大的液相反应，为了达到所要求的转化率，往往需要很长的管子，这就限制了这类反应器的广泛应用，这个缺点已被具有外循环的管式反应器（如图11-5所示）所克服。在这样的装置内，虽然原料的加入速度不快，但由于泵的强制循环作用使反应强化，从而有可能使反应时间大大减少，缩短反应管的长度。对于生产能力较大的场合，采用大口径管道来进行反应是不适宜的。这时可选用列管式反应装置，使每根管道内的物料处于接近理想推流的条件下进行反应。

在管式反应器中，必须选择合适的物料流速，这里存在着技术经济分析问题。速度小，动力及经常维持费小，但不易达到充分径向混合的效果；流速过大，则压力降太大。在大多数场合下，需通过试验，以便在 $0.1 \sim 1.0 \text{m/s}$ 的范围内选择适宜的物料流速。

固定床催化反应器是在反应管内装入固体颗粒催化剂，使通过的气相物料转变为气相产物的装置。根据不同的生产规模，可选用不同的管子根数。为了保证气流均匀通过每根管子，催化剂床层的阻力必须基本相同。因此催化剂的粒度应该均匀，且各管装入量相等。加好催化剂后，测定各管的压力降，要求各管压力降与最大值差额小于 3%。反应器的管间采用载热体进行冷却或加热。对于高温强放热反应，合理地选择载热体是控制反应温度，保持反应器操作稳定的关键。通常用作载热体的有冷却水、沸腾水、加压水、熔盐、熔融金属等。载热体在管间可以采用内循环或外循环两种方式。

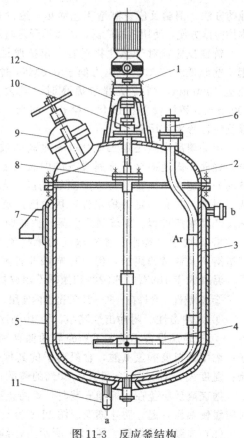

图 11-3　反应釜结构

1—传动装置；2—釜盖；3—釜体；4—搅拌装置；
5—夹套；6—工艺接管；7—支座；8—联轴器；
9—人孔；10—密封装置；11—蒸汽接管；
12—减速机支架

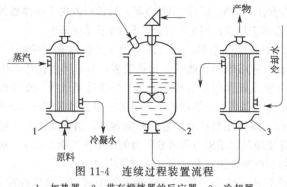

图 11-4　连续过程装置流程

1—加热器；2—带有搅拌器的反应器；3—冷却器

在固定床反应器中，催化剂表面的利用受到限制，当反应热较大时，由于床温分布不均匀，不能保证反应器各部分在最适宜的温度条件下进行，这就降低了催化剂的效率。如果气体自下而上地流过装有微小固体粒子的床层，当气体流速加大而产生的压力降足以克服粒子本身受到的重力时，固体粒子层即行膨胀，同时在固体粒子间产生剧烈的相对运动和不断混合（但固体粒子不被气体从容器内带出）。这种呈沸腾状态的固体层即称为流化床（或称沸腾床）。但如把气体流速增得太大，则固体粒子在器内产生向上的位移而被带出，这种状态的固体粒子层就叫移动床。无论是流化床还是移动床，都大大增加了气固相的接触，并改善了床内的温度分布。在有机合成工业中采用流化床的实例很多。固

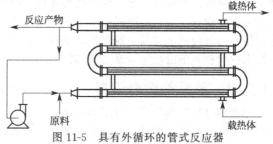

图 11-5 具有外循环的管式反应器

体粒子的大小和气体流速的选择对流化床的正常工作起着十分重要的作用。

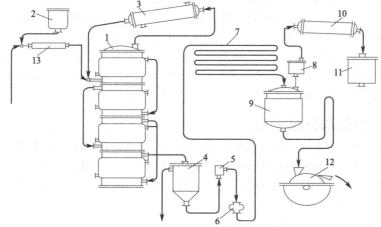

图 11-6 连续法制造酚醛树脂工艺流程图

1—塔式四段连续理想混合流反应器；2—催化剂受槽；3，10—冷凝器；
4，11—连续分离器；5—排气管；6—齿轮泵；7—薄膜蒸发器；
8—干燥器；9—树脂受槽；12—筒式冷却器；13—热交换器

下面以连续生产热塑性酚醛树脂设备为例，介绍树脂合成所用设备。热塑性酚醛树脂系由甲醛液在催化剂存在下于 80～100℃ 与熔融的苯酚反应而成。经过合成，形成酚醛树脂，在树脂的上部为水层。产品加热到 100～130℃ 进行脱水。

酚醛树脂的合成（图 11-6）在塔式四段连续式理想混合流反应器中进行。树脂上面的水大部分用分离器分出。合成产品的脱水用管式单程热交换器——薄膜蒸发器进行。为了保证在热交换器中薄膜的流动条件，管子截面的选择务必使管中的蒸汽流速为 50～80m/s。合成产品以薄膜形式流动时，挥发性物质从产品中的蒸发过程在 1min 内即可完成。

11.2.2 原料处理设备

原料等加入前要进行干燥、研细、过筛等过程，因此，需要干燥器、粉碎设备、振筛机等原料处理设备。常见的干燥器有厢式干燥器、环式干燥器、转筒式干燥器、气流干燥器等。所有干燥器的干燥原理基本上一样，加热到一定的温度，使填料内的水分、气体蒸发掉，一般加热温度在 100～150℃，特殊情况可加热至 600～900℃ 干燥活化。

粉碎设备主要有破碎机、磨碎机、球磨机等，另外还有一些先进的方法如超声波方

法、流体冲击波粉碎方法等。球磨机为比较常用的研磨粉碎设备，在球磨机中物料受研磨体多次作用，作用一定时间后可达到比较高的粉碎度。振筛机根据原料的目数选用相应的筛子在振筛机上过筛，通过机械的方法使原料在筛网上振动筛分，筛解出物料中粒径过大的颗粒，细的物料就通过筛网漏入下部容器。

11.2.3　胶黏剂混合设备

混合器（搅拌器）用于将填料与树脂（或固化剂）等充分混合，混合设备类型的选择取决于所得混合物的黏度。小批量高黏度胶黏剂混合可采用带可垂直升降的行星式搅拌器（图11-7）可更换料车的混合器，以免清洗机体。搅拌器降入料车时，料车的锥形盖同时降到车上。大批量低黏度混合器可采用制浆状混合物的螺旋混合器（图11-8），其特点是用整体螺旋输入粉状物料，由压紧的粉状物料形成一个"塞子"，后者在混合器中形成浆而挤出。浆式螺旋使送入混合器中的液体与粉状物料混合。图11-9为带齿盘式搅拌器的固定型间歇式混合器，搅拌器通过弹性轴套与电机连接，其容积一般在$1\sim3m^3$，适用于中黏度批量生产。制造较少量的易流动胶黏剂可采用带可升降旋浆搅拌器和可更换料车的间歇式混合器。用于制造易流动悬浮液的连续式混合器不仅是立式，而且一般为两段式带搅拌的设备，还有螺旋型混合器。

11.2.4　胶黏剂分装设备

小包装的分装机可为一圆筒，通过往复运动，从装料的漏斗中抽入胶黏剂，然后将其推出装桶，而对于黏稠的胶黏剂采用三通旋塞代替阀门。胶黏剂产品分装成小包装，目前已建立了装桶、贴标签、装箱的全自动化包装生产线，减少了人力的投入并提高了分装的质量稳定性。

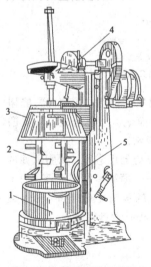

图11-7　带可垂直升降的
行星式搅拌器的混合器
1—料车；2—搅拌器；3—顶
盖；4—传动装置；
5—提升装置

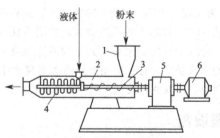

图11-8　连续式螺旋混合器
1—颜料装料斗；2—机体；
3—整体螺旋；4—浆状螺旋；
5—减速器；6—电动机

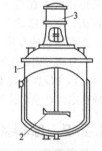

图11-9　带齿盘式搅拌
器的间歇式
混合器（高速分散机）
1—机体；2—齿盘式搅
拌器；3—电动机

12
粘接方法与前处理

好的胶黏剂并不一定能获得高的粘接强度，因为粘接的质量很大程度上取决于粘接的工艺方法。选择恰当的胶黏剂和合适的胶接接头之后，再采用合理的粘接工艺，才能获得牢固的粘接。粘接的一般工艺程序和内容为：确定接头→选择胶黏剂→表面处理→配胶→涂胶→晾置→叠合→清理→固化→检查→整修。

12.1　粘接接头设计

　　粘接接头由被粘物与夹在中间的胶层构成，是粘接部件上的不连续部分，起着传递应力的作用。胶黏剂粘接的接头必须进行专门的设计，尽量规避其缺点，避免过多的应力集中现象的出现。只有充分发挥胶黏剂自身的特性，将两者有机地结合起来才能获得良好的粘接效果。粘接接头的设计就是对接头的几何形状、尺寸大小的确定以及接头的表面处理等，其目的是使粘接接头与被粘接材料具有几乎相同的承载能力。

　　接头强度取决于胶黏剂的内聚强度，被粘物本身的强度和胶黏剂与被粘物界面的结合强度。而实测强度主要由三者中的最薄弱环节所决定，但还要受接头形式，几何尺寸和加工质量的影响。为获得优异的粘接效果必须确定合理的粘接接头结构。粘接接头受力如图 12-1 所示。

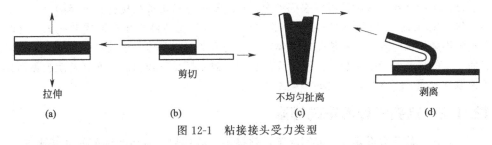

|拉伸|剪切|不均匀扯离|剥离|
|(a)|(b)|(c)|(d)|

图 12-1　粘接接头受力类型

　　粘接接头受到外力、内力作用时，若超过本身的粘接强度，便会发生破坏。按照破坏发生的部位，可分为 3 种类型，即内聚破坏、界面破坏和混合破坏，如图 12-2 所示。内聚破坏，就是胶黏剂（胶层）本身发生破坏，这时粘接强度取决于胶黏剂的力学性能。界面破坏，也称黏附破坏或胶黏破坏，就是胶层与被粘物在界面处整个脱开，绝大多数是由于被粘材料表面处理不当而引起的。混合破坏，就是内聚破坏和界面破坏都有。一般的破坏以内聚破坏为主的混合破坏居多。

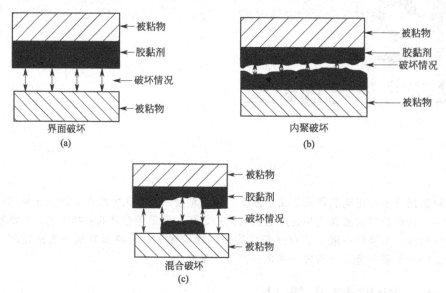

图 12-2　粘接接头受破坏形式

12.1.1　粘接接头

在粘接接头中，发生在界面区的粘接作用仍以离子、原子或分子间的作用为基础。界面区可能产生的作用力有：机械结合力、化学键力、分子间的作用力等。分子间的作用力是产生粘接的主要作用力，此外，化学键力等都能导致粘接作用的产生。粘接接头的界面形成是一个复杂的物理和化学过程。一般认为：发生粘接必须具备两个条件：一是胶黏剂与被粘接材料表面的分子必须紧密接触，这是产生粘接的关键；二是胶黏剂对被粘接材料表面的浸润，这是使胶黏剂分子扩散到被粘接材料表面并产生粘接作用的必要条件。在粘接过程中，由于胶黏剂具有大量的极性基团，在压力的作用下，胶黏剂的分子借助布朗运动向被粘接材料表面扩散，当胶黏剂分子与被粘接材料表面的分子间的距离接近 $1\mu m$ 时，分子间的作用便开始起作用，最后在粘接界面上形成粘接力。这两个过程不能截然分开，在胶液变为固体前都在进行。不难看出促进胶黏剂与被粘接材料表面分子的接触是产生粘接的关键。而胶黏剂对被粘接材料表面的浸润则是使胶黏剂分子扩散到表面并产生粘接作用的必要条件。

12.1.2　接头设计的影响因素

（1）接头的受力形式　一般情况下，粘接接头的拉伸、剪切和压缩的强度比较高，而剥离、弯曲、劈裂强度相对比较低，因此，在粘接接头结构设计时应尽量使胶层承受拉伸和剪切负载，或者设法将其他形式的力转换为能够承受剪切力或拉伸力。如在设计板材的粘接接头时，将接头设计成承受剪切负载的搭接接头就比较理想。又如，接头剥离为线性受力，受力时应力严重集中，将导致粘接接头在剥离时承载能力明显下降。因此，在设计粘接接头结构时，应尽量避免剥离受力，若是无法实现，应该采取必要的加固措施予以改善或弥补。如酚醛胶布板、层压塑料、玻璃钢板、石棉板、纤维板、复合膜等层间强度很低，如果采用搭接或平接，容易出现层间剥离，而使粘接强度降低，此时宜用斜接形式。此外，在承受较大作用力的情况下，可采用复式连接的形式。

（2）有效的粘接面积　在条件允许的情况下，增大粘接面积能够有效地提高胶层承受载荷的能力，尤其对提高结构粘接的可靠性更是一种有效的途径。如增加宽度（搭接）能在不增大应力集中系数的情况下，增大粘接面积、提高接头的承载力。像修补裂纹时开Ｖ形槽、加固时的补块等都是增大粘接面积的有效途径。

（3）避免应力集中　粘接件的破坏很多都是应力集中所引起的，而基材、胶黏剂与被粘接材料弹性模量的不同、粘接部位胶黏剂的分布不均匀以及在使用过程中所受外力的不均匀都是引起应力集中的原因之一。因此，在接头设计时，应该尽量减少应力集中的出现，比较实用的办法是各种局部的加强，如剥离和劈裂破坏通常是从胶层边缘开始，这样就可以在边缘处采取局部加强或改变胶缝位置的设计来达到减少应力集中的目的。

（4）材料的合理配置　粘接热膨胀系数相差较大的材料时，温度的变化会在界面上产生热应力和内应力，从而导致粘接强度下降。如在粘接不同热膨胀系数的圆管时，若配置不当就可能自行开裂。一般应该将热膨胀系数小的圆管套在热膨胀系数大的圆管的外面。所以，在粘接前注意粘接材料的搭配也是很有必要的。对于木材或层压制品的粘接还要防止层间剥离。

（5）胶层的均匀与连续　在粘接过程中所出现的胶层缺胶、厚度不均、气孔等缺陷都会造成应力集中而降低粘接强度。因此，在粘接接头设计时必须使所设计的接头结构能够保证胶黏剂形成厚度适当、连续均匀的胶层，不包裹空气，易排除挥发物。同时，应当为胶黏剂固化时收缩留有必要的自由度，以减小内应力。

（6）施工的难易程度　粘接接头的结构设计要根据施工现场的实际情况，考虑到施工的方便性，如涂胶、叠合、加压、加热固化等操作都能容易进行，如果所设计的接头形式尽管性能很好，但实际制造困难，费用太高，也不可能被采用。同时，粘接接头要与其他零件发生联系，不能给装配带来困难，也要为以后的维修着想，还要考虑检测方便。此外，接头的形式也要适当地照顾一下美观性。

12.1.3　粘接接头的设计形式与特征

在实际生产中，粘接接头根据具体情况可以有各种形式，但基本上都是几种基本类型的单独或相互组合的结果。因此，只要掌握了基本类型接头的性能和特点，便能根据具体情况设计出比较满意的接头结构。常用的接头形式主要有：对接、斜接、搭接、套接、嵌接、角接、Ｔ接等几种。

（1）对接　对接就是被粘接材料的两个端面或一个端面与主表面垂直地粘接。这种结合方式可以基本上保持工件原来的形状，因此适合于修复破损件。如热塑性塑料制品的溶剂或热熔粘接就常采用对接粘接。但对接粘接不适用于那些容易产生弯曲形变和应力集中的工件，如金属和热固性塑料制品，原因是其对横向载荷十分敏感，难以承受轴向拉力。同时还会因粘接面积小，承载能力低而导致粘接不牢。当然可以通过穿销、补块等措施加固。在粘接接头设计中应尽量避免使用对接。对接接头如图 12-3 所示。

图 12-3　对接接头

(2) 斜接　斜接是为了扩大粘接面积而将两被粘接材料端部制成具有一定角度的斜面，涂胶之后再对接的粘接方式，是一种比较好的接头形式，如图 12-4 所示。由于斜接承受的是剪切力，分布比较均匀，随着粘接面积的增加承载能力有所提高，不但纵向承载能力较强，而且横向承载能力也较好，还能保持原来的形状。但斜接角一般应不大于 45°，斜接长度不小于被粘接材料厚度的 5 倍。

图 12-4　斜接接头

(3) 搭接　搭接就是两个被粘接材料部分叠合粘接的形式，搭接粘接面积大，承载能力强。搭接工件承受的主要是剪切力，分布比较均匀。单搭接接头因结构简单而应用广泛，其强度随搭接宽度的增大而成正比例增加。但搭接长度不是越长越好，根据理论计算和试验测试得知，在一定的搭接长度内，搭接接头的承载能力随着搭接长度的增加非线性提高较快，而搭接长度较大时，承载能力增加变缓，当达到某一定值后就不再提高了。通常，提高搭接接头粘接强度的有效方法是增加接头宽度，一般来讲，搭接接头长度应大于被粘接材料厚度的 4 倍。

(4) 套接　套接就是将被粘接材料的一端插入另一被粘接材料的孔内形成销孔或者环套结构，适用于圆管或圆棒与圆管的粘接。其特点是受力情况好，粘接面积大，承载能力强。为了确定套接插管的中心位置，控制好胶层的厚度，可以使用专用工具进行定位。插入深度也和搭接长度一样不是越长越好，一般不超过管子外径的 2 倍。值得注意的是，插管（或圆棒）与圆管内径的间隙不应超过 0.3mm，否则将会因胶层太厚而降低粘接强度。

(5) 嵌接　嵌接也叫镶接，一般都要开槽，所以也称为槽接，将被粘接材料镶入另一被粘接材料空隙之中，是一种比较理想的粘接方式。这种类型接头外表美观、受力良好、粘接面积大、粘接强度高。

(6) 角接　角接就是两被粘接材料的主表面端部形成一定角度的粘接，一般都为直角，这种接头加工方便，但简单的角接受力情况极为不好，粘接强度很低，如图 12-5 中所示的 (a)、(b) 类型的接头，经过适当的组合补强后才能使用，如图 12-5 中所示的 (c)、(d) 类型。

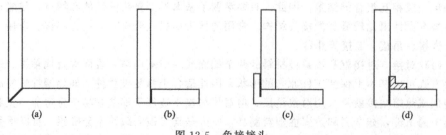

(a)　　　　　　(b)　　　　　　(c)　　　　　　(d)

图 12-5　角接接头

角接还有一种特殊的粘接形式就是 T 形的粘接，如图 12-6 中所示的（a）、（b）类型的接头，单纯的 T 形接头受到不均匀扯离和弯曲力的作用，粘接强度极低，一般需要进行增强后方可使用，如图 12-6 中所示的（c）、（d）类型的接头。

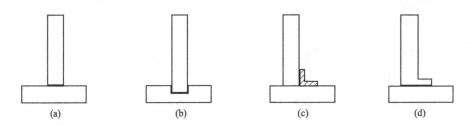

(a)　　　　　　(b)　　　　　　(c)　　　　　　(d)

图 12-6　T 形接头

12.2　粘接工艺要求

各种不同的胶黏剂，都需要不同的工艺条件，有的只需接触压力，室温就能完成固化；有的不仅需要一定压力，还要加热才能固化；有的在室温下能够快速固化；有的固化则需很长时间。一般来说，加热固化的胶黏剂性能，远高于室温固化的性能，因此要求强度很高，耐久性好，耐介质性强的粘接，应该选用高温固化的胶黏剂。

选用胶黏剂不能只注重强度高、性能好，还必须考虑工艺条件是否允许，耐热性差和热敏被粘物，例如热塑性塑料、电子元件、橡胶制品等，或大型设备、易燃储罐等，因加热困难都不能选用高温固化胶黏剂。大型、异型、极薄、极脆等不能加压或无法加压的零部件也不要选用加压固化的胶黏剂。

在生产线上不允许有很长的固化时间，就应选用快速固化胶黏剂。而对于大面积粘接，需要一定的时间进行固化的粘接制品，就不宜选用室温快速固化胶黏剂。表 12-1 为常用胶黏剂的固化工艺条件。

表 12-1　常用胶黏剂的固化工艺条件

编号	胶黏剂	压力/MPa	温度/℃	时间
1	环氧-脂肪胺	接触	室温	3min～1d
2	环氧-芳香胺	接触	120～200	3min～8h
3	环氧-聚酰胺	接触	室温～100	2d 或 3h
4	环氧-聚硫	接触	室温～100	2～24h
5	环氧-酸酐	接触	100～200	1～12h
6	环氧-尼龙	0.1～0.3	150～170	1～2h
7	环氧-缩醛	接触	室温～120	4h～2d
8	环氧-聚砜	0.05～0.1	180	3h
9	环氧-酚醛	0.3～0.5	150	12h
10	环氧-丁腈	0～0.3	80～180	2～6h
11	酚醛-缩醛	0.1～0.5	150～170	1～2h
12	酚醛-尼龙	0.3	150～160	1～2h
13	酚醛-丁腈	0.1～0.8	160～180	2～4h
14	酚醛-氯丁	0～0.1	室温～100	3h～2d
15	酚醛-有机硅	0.3	200	2～3h
16	脲醛	1.0～1.5	室温～100	3min～8h

编号	胶黏剂	压力/MPa	温度/℃	时间
17	不饱和聚酯	接触	室温～100	8h
18	有机硅树脂	0.3～1.0	150～180	2～3h
19	聚氨酯	0.05～0.2	室温～100	12h～7d
20	α-氰基丙烯酸酯	接触	室温	2s～5min
21	厌氧	0～0.2	室温	3min～6h
22	第二代丙烯酸酯	接触～0.1	室温	20s～50min
23	白乳胶	接触	室温	5～12h
24	聚乙烯醇	接触	室温	10～24h
25	聚酰亚胺	0.1～0.5	250～300	2～3h
26	聚苯并咪唑	0.1～0.5	100～250	2～3h
27	聚苯硫醚	0.1～0.2	300～350	3h
28	氯丁橡胶	锤压～0.3	室温～140	10min～2d
29	丁腈橡胶	0.2～0.5	室温～180	1h～3d
30	丁苯橡胶	0.05～0.3	室温～150	1～24h
31	丁基橡胶	0.05～0.3	室温～160	1～7d
32	聚硫橡胶	接触	室温～100	8h～7d
33	硅橡胶	接触	室温～120	8h
34	天然橡胶	0.1～0.3	室温～140	0.5～5h
35	热熔	—	120～200	20s～8min
36	压敏	指压	室温	按压即黏
37	光敏	接触	紫外线照射	5s～40min
38	无机	0.05～0.3	室温～300	8h

　　根据工艺要求，为使胶黏剂固化，不管是单独使用还是组合使用，都应在一定的温度压力下，而且在规定的时间内完成。固化条件在胶黏剂的选择中往往是一个严格的制约因素。影响工艺条件的因素除固化时间、压力、温度和设备外，还应重视的是胶黏剂的物理形态，它与固化方法和加工条件有密切的关系（表12-2），也是选用胶黏剂的关键之一。

表12-2　胶黏剂的物理形态与加工条件

物理形态	固化方法	加工条件	物理形态	固化方法	加工条件
薄膜	释放溶剂	室温	流体	压敏	要求粘接压力
糊状	加热熔化	室温	溶剂	化学反应	不要求粘接压力

12.3　胶黏剂的适用性及选用原则

12.3.1　胶黏剂的适用性

　　在选用胶黏剂过程中，十分重要的因素是被粘接基材。有的胶黏剂可能对金属材料（如钢、铝、铜、铁等）具有良好的粘接作用，但对其他材质的材料粘接性能不一定好。如尼龙材料，仅有少数的胶黏剂可被应用。像聚烯烃类塑料（如聚乙烯、聚丙烯、聚四氟乙烯等）粘接时，必须进行特殊的表面处理，不然就无法粘接。因此，各种胶黏剂的适用性及其与被粘基材的组合关系，是选用胶黏剂的最基本常识。表12-3是常用胶黏剂粘接实例及数据（表中所列数字代表的胶黏剂见表12-1），供生产实际中选择胶黏剂参考。

表 12-3 各种被粘物与可选用的胶黏剂

胶黏剂（所列数字代表的胶黏剂见表 12-1）

被粘物	1	2	3	4	5	6	7	8	9	10	11	12	13	14	15	16	17	18	19	20	21	22	23	24	25	26	27	28	29	30	31	32	33	34	35	36
铝	1	2	3		5				9	10	11												23	24	25	26	27	28	29	30	31		33	34	35	36
黄铜	1	2			5				9	10	11									20	21		23	24	25	26	27	28	29	30			33	34	35	36
青铜	1				5				9		11			14				18		20	21							28		30						
铬	1	2	3						9	10	11					16	17	18	19	20	21				25	26	27	28		30			33	34		
铜	1	2			5				9	10	11					16	17	18		20	21		23	24	25	26	27	28	29	30	31		33	34	35	36
金	2									10	11															26		28			31		33	34		
铝	1	2			5				9	10	11	12					17	18		20	21		23	24	25	26	27	28	29	30	31		33	34	35	36
镁		2							9	10	11														25	26		28		30						
镍	1	2	3		5				9	10	11						17	18		20	21		23	24	25	26	27	28	29	30	31		33	34	35	36
铂											11														25					30		32				
银	1				5				9	10	11									20																
钢（碳钢）、铁	1	2	3		5				9	10	11	12	13	14	15	16	17	18		20	21		23	24	25	26	27	28	29	30	31		33	34	35	36
不锈钢	1	2			5		7		9	10	11	12	13	14	15	16	17	18		20	21		23	24	25	26	27	28	29	30	31		33	34	35	36
锡							7		9	10	11					16									25	26		28								
钛	1	2			5				9	10		12	13							20			23	24	25	26	27	28	29	30			33	34	35	
钨									9	10	10															26										
锌	1	2			5				9	10	11						17				20		23		25	26		28	29	30	31		33	34		
聚乙烯醇缩醛类	1	2								10	11												23		25	26				30				34		
ABS	1	2	3						9		11					16					21		23			26		28		30				34		
乙酸纤维素	1	2												14	15	16	17								25	26				30				34		
乙酸丁酸纤维素	1	2							9		11			14	15	16	17			20		22			25	26				30				34		
硝酸纤维素																16				20						26								34		
丙酸纤维素	1	2							9		11			14	15	16	17			20		22			25	26				30				34		
乙基纤维素	1	2												14	15	16				20			23	24	25	26				30	31			34		
环氧树脂		2							9		11						17						23		25	26				30				34		36
三聚氰胺				4	5				9		11						17								25					30				34		36
酚醛				4					9		11						17													30				34		36

胶黏剂(所列数字代表的胶黏剂见表 12-1)

被粘物		1	2	3	4	5	6	7	8	9	10	11	12	13	14	15	16	17	18	19	20	21	22	23	24	25	26	27	28	29	30	31	32	33	34	35	36
塑料	苯酚三聚氰胺甲醛	1	2			5		7		9	10	11									20						26		28		30						36
	尼龙		2	3		5		7		9	10	11									20			23	24	25	26		28		30	31		33		35	36
	聚碳酸酯	1	2	3				7	8	9		11									20						26		28						34		
	聚三氟氯乙烯	1	2							9	10	11										21		23		25			28		30				34		
	聚酯		2	3						9		11									20				24	25	26		28		30				34		
	聚乙烯		2							9		11									20					25	26		28		30				34		
	聚乙烯薄膜		2			5					10	11						17				21				25	26		28		30				34		
	氯化聚乙烯		2			5															20	21					26										
	聚对苯二甲酸		2			5					10							17			20	21					26										
	聚甲醛		2							9		11										21				25	26				30				34		
	聚酰亚胺	1	2	3						9	10	11	12					17			20	21					26				30	31		33			
	聚甲基丙烯酸甲酯	1	2	3		5				9	10	11								20		21				25	26		28		30				34		
	聚苯醚		2							9		11															26		28		30						
	聚丙烯		2									11								19	20	21				25	26										
	聚苯乙烯薄膜	1	2							9	10	11						17			20	21					26										
	聚砜	1	2																		20					25			28								
	聚四氟乙烯		2		4	5				9								17								25	26		28		30				34		
	聚氯乙烯	1	2	3						9	10	11						17				21		23	24	25	26		28		30				34		
	聚氯乙烯薄膜		2	3						9		11						17				21					26	27	28						34		
	聚偏二氯乙烯		2					7				11						17			20						26		28	29	30						
	脲醛		2	3	4																																
泡沫塑料	环氧		2																					23	24	25	26		28		30					35	
	酚醛		2																								26	27								35	36
	聚苯乙烯		2			5				9		11										21				25	26		28		30				34		
	聚苯乙烯薄膜		2	3						9		11															26		28						34		
	聚氨酯		2															17			20						26		28	29	30						
	脲醛		2	3	4			7																			26		28								

胶黏剂（所列数字代表的胶黏剂见表 12-1）

类	被粘物	1	2	3	4	5	6	7	8	9	10	11	12	13	14	15	16	17	18	19	20	21	22	23	24	25	26	27	28	29	30	31	32	33	34	35	36
纤维制品	纸板	1	2	3		5		7	8					13	14	15	16	17	18	19	20		22	23	24		26	27	28	29	30	31			34		36
	棉制品		2	3	4			7	8	9	10	11	12	13	14	15	16	17		19	20		22	23	24	25	26	27	28	29	30				34	35	
	毛绒制品		2	3	4	5		7		9		11			14	15	16	17			20		22	23	24		26	27	28	29	30				34	35	
	黄麻制品		2	3	4	5				9		11			14	15	16	17			20		22	23	24		26	27	28	29	30				34	35	
	皮革			3				7		9		11			14	15	16	17	18	19	20		22	23	24		26	27	28	29	30				34	35	
	纸														14	15	16	17	18	19			22	23	24	25	26	27	28	29	30				34		
	人造纤维		2	3	4	5		7		9		11			14	15	16	17		19		21	22	23	24	25	26	27	28	29	30				34		
	丝制品		2	3	4			7		9		11			14	15	16	17			20	21	22	23	24	25	26	27	28	29	30				34		
	羊毛		2	3	4	5		7		9		11			14	15	16	17			20		22	23	24	25	26	27	28	29	30				34		
	石棉		2	3		5		7	8	9	10	11			14		16	17	18		20		22	23	24	25	26		28	29	30	31			34		36
无机材料	石墨、炭精、碳		2	3				7	8	9					14	15	16								24		26		28			31			34	35	
	混凝土、石头	1	2			5				9					14	15	16	17	18					24			26	27	28						34		
	玻璃		2							9	10	11					16											27	28	29							
	石英									9		11																									
	碳化钨									9		11						17																			
橡胶	丁基橡胶	1					6																		24		26		28								
	丁腈橡胶		2					7		9							16							23			26		28						34		36
	丁苯橡胶		2					7		9	10						16	17									26	27	28						34		36
	乙丙橡胶											11																									
	氟橡胶	1							8																				28								
	氯丁橡胶	1	2							9	10	11					16								24		26	27	28	29	30				34	35	36
	异戊橡胶及天然橡胶	1	2						8		10	11					16							23	24		26	27	28		30				34		36
	聚氨酯橡胶																						22	23						29							
木材	软木	1	2			5		7	8	9		11			14	15	16				20			23	24	25	26	28		30				34		
	硬质纤维板		2	3	4			7	8	9														23				27									
	木材		2	3	4	5		7	8	9		11			14	15	16	17	18		20	21		23	24	25	26	27	28	29	30				34		
	木材层压薄片		2	3	4	5		7	8	9		11			14	15	16	17	18				22		24	25	26	27	28	29	30				34		

12.3.2　胶黏剂的选用原则

① 不要盲目追求高强度，不要认为只要胶黏剂的强度高就能粘牢。

② 不能只重视初始强度高，更应考虑耐久性好。

③ 高温固化的胶黏剂性能远高于室温固化的。要求粘接强度高，耐久性好的要选用高温固化胶黏剂。

④ 除了应急或小面积修补和连续化生产线外，最好不要采用室温快速固化环氧胶。

⑤ 采用二乙烯三胺配制环氧胶，其试剂品要比工业品的粘接强度高10%～20%。

⑥ 脲醛胶不能用于粘接金属。

⑦ 厌氧胶特别适合于粘接金属材料，因为某些金属如铜、铁等对厌氧胶固化有促进作用，能提高粘接强度。

⑧ 多数厌氧胶粘不牢热塑性塑料和橡胶。

⑨ α-氰基丙烯酸酯胶（502胶）虽然用途很广，但抵抗恶劣环境的能力较差，耐久性不好，只适用于临时定位修补。

⑩ 要求透明性的粘接可选用聚氨酯胶、光学环氧胶、不饱和聚酯胶、聚乙烯醇缩醛胶等。

⑪ 医用胶黏剂应无毒害，不致癌，易排泄，无其他生理反应。

⑫ 粘物不应对被粘物有腐蚀性。例如，聚苯乙烯泡沫板，不能用溶剂型氯丁胶粘接。

12.4　粘接表面的前处理

虽然没有表面处理的粘接也能进行，但实际生产中的现象已表明，这种粘接的可靠性较差，因此粘接前的表面处理非常必要。要获得很高的粘接强度，除合理地选择胶黏剂和适当的接头设计外，如何正确处理被粘材料的表面也是一个极其重要的问题。

表面处理就是利用机械、物理、化学等方法清洁、粗糙、活化被粘物表面，增加表面积，改变表面性质，以利于胶黏剂良好润湿、牢固粘接、经久耐用。被粘物的表面性质是影响粘接强度和耐久性的重要因素，粘接的表面处理主要是为了获得最佳的表面状态，有助于形成足够的粘接力。

采用机械、化学方法进行表面处理的过程中，会产生粉尘、废渣、废水、废气、废溶剂、废酸碱，既危害健康，又污染环境，因此，必须采取适当措施，实现环境友好的表面处理，确保无毒害、无污染。

12.4.1　表面处理的重要性

任何零部件的表面，在经过冷加工、热加工、运输及储存后，都会有氧化物、氢氧化物、润滑油、防锈油、脱模剂、灰尘等异物污染层，这些都妨碍胶黏剂对被粘表面的润湿，需要进行适当的处理。如果不处理就直接进行粘接，由于被粘接表面附着物结构疏松，内聚力低，与胶黏剂结合力弱，易在此层引起破坏，则不可能获得较高的粘接强度。若是表面处理得当，则会显著提高粘接强度和耐久性。

同时，任何暴露在空气中的金属、玻璃、陶瓷等表面，一般都吸附一定的水分和气体而被一层水膜所覆盖，不仅影响胶黏剂的润湿，而且在加热固化过程中还会产生气泡，降低粘接强度。

另外，对粘接来说，真正光滑的表面并不利于粘接，表面具有适当的粗糙度比较理想，这样可以增加粘接面积，增强机械嵌合作用，从而提高粘接强度。

还有一些非极性表面如聚乙（丙）烯、聚四氟乙烯等，如不引入极性基团，则很难用一般的胶黏剂直接粘接，需要进行专门的表面处理。

不进行适当的表面处理，就不会有最佳的表面状态，胶黏剂的效用无法发挥，粘接的目的也难以达到。事实证明，表面处理与否，处理方法如何，其粘接强度的差异很大。表 12-4 为胶黏剂粘接几种金属的表面处理对粘接强度的影响，

表 12-4　表面处理前后的接触角和胶接强度

被粘金属	处理方法	试样数	接触角/(°)	抗剪强度/Pa
铝	不处理	6	67	17.2
铝	脱脂	6	67	19.3
铝	$H_2SO_4/Na_2Cr_2O_2$	6	0	36.3
铝	$H_2SO_4/Na_2Cr_2O_7+$高温烘	6	78	25.5
不锈钢	不处理	12	50～75	36.6
不锈钢	脱脂	12	67	44.3
不锈钢	$H_2SO_4/Na_2Cr_2O_7$	12	10	49.7
钛	不处理	12	50～75	9.5
钛	脱脂	12	61～71	22.4
钛	$H_2SO_4/Na_2Cr_2O_7$	3	10	43.2

12.4.2　表面处理的目的

粘接之前，一定要对被粘物表面进行适当的处理，其目的主要是：

（1）清洁被粘表面　清除被粘表面的尘埃、油污、锈蚀、型砂、氧化皮、漆膜、蜡质、脱模剂、焊斑、溶剂、水分等，提高胶黏剂对被粘表面良好的润湿性。

（2）粗化被粘表面　增加粘接面积，有利于胶黏剂渗透，增强锚固作用。但是粗糙化要适当，不能过度，否则空隙过大，接触不良，积存水分和空气，造成胶层出现缺胶，局部厚度增大，反而降低粘接强度。

（3）活化被粘表面　通过化学或物理的方法，在表面层引入一些极性基团，使低能表面变为高能表面，惰性表面变为活性表面，难粘表面变为易粘表面，提高表面能。

（4）改变被粘表面的化学结构　为形成化学键结合创造条件。

表面处理就是要达到表面无灰尘、无水分、无油污、无锈蚀、适当粗化、适度活化，以利于环氧胶黏剂的良好润湿和粘接力的形成，从而获得令人满意的粘接效果。

12.4.3　表面处理的方法

表面处理的具体方法有清洁处理、脱脂处理、除锈粗化、化学处理、等离子体处理、电晕处理、火焰处理、激光处理、生化处理、底涂剂处理、偶联剂处理、辐射接枝处理、防护处理等。对于通常的用途可不必进行化学处理，防护处理也可视具体情况采用。根据被粘物表面的结构状态、胶黏剂的品种、强度要求和使用环境来决定表面处理所采用的具体方法，可以是一种、两种或几种方法相结合，其中表面清洁处理则是必不可少的。不同的表面处理方法对粘接强度影响很大。

(1) 清洁处理　被粘表面首先要进行一下清理，可用水、水蒸气、溶剂、洗涤剂、毛刷、棉纱、干布、压缩空气等初步清除灰尘、泥土、型砂、厚油等污物。小型复杂零件可用超声波洗涤。含有旧漆的表面可用机械方法、喷灯火焰法、碱液脱除法、溶剂法。碱液胶漆，需要加热和清洗，钢铁件可用10％的氢氧化钠溶液煮沸，然后水洗、干燥。溶剂法胶漆，室温使用，简单方便，但多数溶剂有毒可燃，使用时必须做好安全措施。

(2) 脱脂处理　脱脂就是去除被粘物表面的油污，通常用碱液、有机溶剂等化学药品进行处理。脱脂最好在除锈粗化之前进行，以免油污被打磨进入粗化沟纹内后不易清除干净，而严重地影响粘接效果。

油脂分为非皂化性油和皂化性油。矿物油属于非皂化油，例如凡士林。动物油和植物油因为能与碱作用生成肥皂，故称为皂化油。常用的除油方法有溶剂除油、碱液除油、乳化除油、电化除油等。

① 溶剂除油。不论是皂化油，还是非皂化油，都能很好地溶解于有机溶剂中，因此可以用溶剂脱脂除油，其特点是速度快，简单方便，基本无腐蚀作用。然而除非是溶剂蒸气脱脂，一般除油不够彻底，不太理想，并且多数有机溶剂易燃，还有一定的毒性。

溶剂除油常用易挥发性有机溶剂，如丙酮、甲乙酮、三氯乙烯、乙酸乙酯、四氯乙烯、碳酸二甲酯、无水乙醇、溶剂汽油、二甲基-2-哌啶（可生物降解）等。有时使用混合溶剂效果更佳。溶剂除油应当使用低毒或无毒溶剂，不可使用苯、四氯化碳、正己烷，否则会严重损害人体健康。

钢铁表面除锈后粘接前不能用丙酮或甲乙酮擦拭，因为酮类含微量水会使钢铁重新生锈，可用甲苯。镁铝合金应使用甲乙酮。三氯乙烯蒸气脱脂效率高、效果好，但已被归为Ⅱ类致癌物质，部分地区已禁止使用。常用有机溶剂的性质如表12-5所示。

表12-5　常用的有机溶剂

名称	分子式	密度/(g/cm³)	沸点/℃	凝固点/℃	闪点/℃
丙酮	CH_3COCH_3	0.789	56.5	−94.7	−20
甲乙酮	$CH_3COC_2H_5$	0.806	79.6	−86.4	−5.6
乙酸乙酯	$CH_3COOC_2H_5$	0.900	77.1	−83.6	−7.2
三氯乙烯	$ClCH = CCl_2$	1.456	86.7	−73	不燃
四氯乙烯	$Cl_2C = CCl_2$	1.620	121.2	−22.4	不燃
无水乙醇	C_2H_5OH	0.789	78.3	−117.3	14
高标号汽油		0.730	80～120	−25	−10
碳酸二甲酯	$CH_3OCOOCH_3$	1.066	90.4	4	21.7
甲苯	$C_6H_5CH_3$	0.866	110.8	−95	7.2
N,N-二甲基甲酰胺(DMF)	$HCON(CH_3)_2$	0.949	153	−60.8	67

不同的溶剂，对不同性质的被粘物有不同的除油效果，需做适当的选择。除油溶剂用量不能过大，因挥发后表面急剧冷却，会使空气中的水分凝聚于表面，形成水膜，影响环氧胶黏剂的润湿，导致粘接强度降低。所用的溶剂应尽量不含水分，最好是化学试剂级。

② 碱液除油。碱液除油是最简单的提高润湿性的化学除油方法，利用碱液使油脂

发生皂化作用达到除去油污的目的。碱液除油只能用于清除植物油和动物油，而不能除去矿物油。碱液除油是靠皂化和乳化两种作用完成的，无毒、不燃、经济、安全，适宜工业化生产。一般可用氢氧化钠、碳酸钠、硅酸钠、磷酸三钠、焦磷酸钠和乳化剂、配位物除油剂等的稀碱溶液处理，如果采用浸渍法，碱液含量可控制在3％～6％；若采用喷淋法，碱液含量控制在0.5％～3％。碱液应有足够的浓度，随着碱含量的增加，皂化作用和乳化作用都增强，除油速度加快。然而，氢氧化钠浓度过大会使钢铁表面出现褐色氧化膜，且油的皂化物在碱液中的溶解度降低，附在表面上，使皂化反应减弱，除油过程难以进行。温度影响除油速度，升高温度有利于皂化和乳化作用，但温度过高会影响除油效果，一般温度为50～90℃。

应当注意，玻璃和金属表面对碱有一定的亲和力，易于形成碱的表面覆盖膜，难以将碱冲洗干净。还有一些金属与碱反应生成的氢氧化物水溶性不好，也会污染金属表面。

③ 乳化除油。乳化除油是除去矿物油的好方法，关键是选择合适的乳化剂（即表面活性剂）。矿物油与乳化剂作用后，会变成微细的油珠与表面分离，进入乳浊液中被除去。利用乳化作用也可使植物油和动物油在有机溶剂中被除去，水溶性污染物则在水中被除去。乳化除油是比较好的除油方法，除油效率高、效果好，清除黄油和抛光膏效果最好，并且无着火与中毒的危险，安全环保。

④ 电化除油。将被处理工件挂在阴极或阳极上，浸入碱性电解解液中，并通入直流电，使油脂与工件分离，该过程称为电化除油。电化除油分为阴极除油和阳极除油两类。电化除油的原理是：电极由于通电极化使金属与碱液间的表面张力降低，溶液很容易渗透到油膜下的工件表面，并且析出大量的氢气或氧气。当它们从溶液中向上浮出时，产生强烈的搅拌作用，猛烈地撞击和撕裂附在工件表面上的油膜，迫使其碎成细小油珠，脱离工件表面，进入溶液后成为乳浊液，从而达到除油目的。电化除油效率高、效果好。

⑤ 超声除油。利用高频发生器在频率为16kHz时发射的超声波对溶液的振荡和翻动作用，产生冲击波和空穴现象，使放入其中的工件表面油污冲击剥落，脱离工件表面。此法非常适宜精密复杂、细小零件的脱脂除油。超声波也可用于化学除油、电化除油、溶剂除油等，能加速清洗过程，提高除油效率。当超声场到达$0.3W/cm^2$以上时，溶液在1s内发生数万次强烈碰撞，碰击力为5～200kPa，产生极大的撞击能量。

（3）除锈粗化　金属材料在空气中由于氧、水分及其他介质作用引起的腐蚀或变色叫作生锈或锈蚀，其腐蚀产物习惯上称为"锈"。一般在高温下空气对金属的侵蚀叫作氧化，其氧化产物称为"氧化皮"。锈蚀和氧化皮妨碍环氧胶黏剂对被粘基体的润湿，需要清除，露出基体的新鲜表面。为了增加粘接面积、提高粘接强度，通常要求表面具有适当的粗糙度。对于金属材料，在除锈的同时，往往也会达到粗化的目的。除锈的方法有手工法、机械法、化学法、电解法、超声波法等。

① 手工除锈。手工法除锈主要是依靠人力使用简单的工具进行打磨，这些工具有砂布、砂纸、锉刀、刮刀、砂轮、钢丝刷、不锈钢丝刷等，通过擦、锉、刮、磨、刷等方式除去金属表面的锈蚀，并获得适当的粗糙度。这些方法最简单，用得最普遍，但劳动条件差、效率低，只适用于对粘接强度要求不太高或作为预处理的情况。

② 机械除锈。机械法是利用某种机械设备及工具除去金属表面锈蚀，这些机械有

手提式钢板除锈机、电动砂轮、风动刷、电动刷、砂带机、除锈枪、喷砂机、磨光轮、角向磨光机等，通过摩擦与喷射金属表面而除锈。

利用喷砂机喷射出高速砂流对金属表面除锈粗化，是速度最快、效率最高、效果最好的一种快捷、简便、易控的高模量材料表面处理方法，可以除掉氧化皮、锈蚀、型砂、积炭、焊渣、旧漆层等污物。喷砂机由压缩空气泵、储气罐、油水分离器、橡胶管、喷枪组成。喷砂处理用的磨料有河砂、海砂、矿砂、石英砂、氧化铝、金刚砂、钢丸，普遍采用的为河砂、石英砂、钢丸等。为了得到均匀粗糙的表面，所用磨料应当筛选，尽量使粒度大小基本一致。磨料还应在 120℃ 左右烘干，干燥砂粒能获得最大的摩擦效应。

喷砂处理可分为干法喷砂和湿法喷砂。干法喷砂又分为露天喷砂和无尘喷砂，干法露天喷砂一般采用河砂或石英砂，粒度 80～100 目，以 0.2～0.7MPa 压力的压缩空气喷射。可除掉钢板表面的锈层和氧化皮，获得粗糙度均匀的表面。干法露天喷砂简单易行，适用于大面积的表面处理，只是粉尘浓度大，污染环境，操作人员易患硅沉着病，危害健康，并且砂粒也难以回收。

干法无尘喷砂是加砂、喷砂、集砂回收和工件都在密闭系统里，完全可以避免粉尘飞扬，没有空气污染，保护环境，砂粒回收容易，可重复使用，只是不能对大面积工件进行表面喷砂处理。

湿法喷砂比干法喷砂适应性更大，是将水和砂粒[如氧化铝按比例为 3:1(体积比)]混合成砂浆，砂粒粒度 140～325 目，再以压力为 0.2～0.7MPa 的压缩空气喷射。为防止喷砂处理后再生锈，预先在水中加入缓蚀剂，如亚硝酸钠、三乙醇胺、乳化剂等，亚硝酸钠的含量为 0.3%～0.5%，三乙醇胺为 0.1%～0.3%，乳化剂为 0.5%～1.0%。湿法喷砂处理的质量好，无粉尘产生，但冬天不能露天操作。

为了避免尘飞扬，开始采用金属丸代替河水或石英砂进行喷砂处理，金属丸粒度为 6～50 目，广泛用于型钢、圆钢、带材、板材等的除锈处理。

应当指出，喷砂处理方便高效，但薄型件不宜采用，因为容易产生翘曲或变形。细小部位很难处理。也不适用于高弹性材料。

干冰喷砂是清垢除污的新方法，利用低温（-73℃）的干冰细粒喷向被处理表面，使表面的污垢冷冻脆化及炸裂。当干冰细粒钻进污垢裂缝后，随即气化，瞬间其体积膨胀近 800 倍，从而使污垢脱离被粘物表面。

③ 化学除锈。化学法除锈就是利用化学反应方法把金属表面的锈蚀溶解剥落，它特别适用于小型和比较复杂的工件，或者是无喷砂设备条件的情况。化学除锈的依据是金属的锈蚀产物主要是金属的氧化物及氢氧化物，可被酸或碱溶解，实质是一种强腐蚀。表 12-6 列出了一些材料表面的常用化学处理方法。

a. 钢铁的除锈。钢铁表面的锈蚀主要成分是 Fe_2O_3、Fe_3O_4 和 FeO，热处理后的氧化皮主要是 Fe_3O_4。这些铁的氧化物都用硫酸、盐酸或混合酸处理掉。然而，酸处理过程中产生的氢气还可渗入钢铁内部，引起氢脆。另外，氢气逸出会带酸雾，危害健康。为了消除这些不利影响，防止和减少除锈过程对金属基体的腐蚀和氢脆，可于除锈液中加入适当的缓蚀剂。常用的缓蚀剂为：用于硫酸溶液的缓蚀剂有若丁、乌洛托品-硫脲、有机胺类、邻二甲苯硫脲、醛胺缩合物等；用于盐酸溶液的缓蚀剂有六次甲基四胺、松香咪唑啉、糠醛。缓蚀剂的用量一般为 1～4L。若丁的主要成分为邻二甲苯硫脲、糊精、平平加、氯化钠。

铸铁件含硅，若以盐酸除锈需加入一些氢氟酸，可加入六次甲基四胺、若丁、2-巯基苯并噻唑及 OP 等作缓蚀剂。

以酸除锈要控制酸的浓度、处理温度和时间。硫酸的含量控制在 20%～25% 最好，盐酸以 15%～20% 为佳。硫酸溶液的温度一般在 50～60℃，盐酸溶液的温度一般为 30～40℃。盐酸比硫酸溶解金属氧化物的能力强，但硫酸发生氢脆现象比盐酸少。钢铁除锈后不能用丙酮或丁酮擦洗，而应用甲苯，因为酮类含有微量水分易引起生锈。

b. 不锈钢的除锈。不锈钢的表面有氧化铬保护层，对酸有很强的耐腐蚀性，因此，常用硝酸和氢氟酸混合液除去无机污物和有机污物，其中硝酸的作用是使有机污物氧化分解，并使不锈钢钝化，而氢氟酸则对无机锈蚀有温和的溶解作用。不锈钢的除锈一般分为松散（动）锈蚀和除掉锈蚀两步。如果锈层很薄，只进行第 2 步即可。为防止对基体腐蚀，可加入少量缓蚀剂 826（有机胺类）。为避免再氧化，不锈钢应在 22%～30% 的稀硝酸中进行钝化处理，温度为 50℃ 左右，时间控制在 20～60min。

c. 铝及其合金除锈。铝及其合金表面的氧化膜，可用碱溶液或酸溶液除去，其中以碱溶液用得最普遍。碱溶液除锈的速度快、效率高。表面油污不严重时，不需要预先除油，可同时进行，但是，如果控制不严，容易造成基体腐蚀，而酸溶液除锈则无此弊端，不过要预先用有机溶剂除油。

常用的碱液为 10% 左右的氢氧化钠溶液，温度 18～25℃，浸蚀时间 0.55～1min。再于稀硝酸中 20～30℃ 进行浸蚀钝化 0.1～0.2min。为了改善外观，可在 10% 的氢氧化钠溶液中加入 2% 的氯化钠。铝合金经表面处理后，膜的底部为多孔结构，顶部为须状结构，其粘接性能显著提高。

d. 铜及其合金除锈。铜及其合金的除锈通常在硫酸、硝酸和加有少量盐酸的混合液中进行。表面有黑色氧化亚铜薄层的工件，在浸蚀前应先用 10%（质量分数）硫酸溶液进行预浸蚀，然后再进行光亮浸蚀。光亮浸蚀的配方为硫酸（96%）10～20mL，铬酐 100～200g，水稀释至 1000mL，处理温度 18～25℃，处理时间 1～3min。

另外，铜表面用 39%$FeCl_3$ 水溶液处理 1min，然后用 25% 盐酸水溶液浸 1min，再用磷酸钠水溶液 85～90℃ 浸泡 2min，取出后水洗 5min，110℃ 干燥 2h。可以提高铜的粘接强度。

e. 锌及其合金除锈。锌及其合金的锈蚀为白色、灰色和白色粉末的薄层，除锈配方为氢氧化钠 5～10 份（质量份），水 100 份，处理温度 60～70℃，处理时间 1min 左右。

采用化学方法除锈需注意事项主要有：除锈液一般都具有强腐蚀性，要注意安全，不得使溶液飞溅到皮肤或衣物上；除锈各过程必须连续进行，中途不要停顿，不然会影响除锈质量和效果；除锈过程中应保持溶液浓度基本不变，水的蒸发应随时补加；必须严格控制温度和时间，以防过度腐蚀基体金属；以热溶液除锈时，取出后应先用热水洗，再用冷水冲洗；在室温下进行除锈时，取出后先用冷水洗，再用热水冲洗，清洗要彻底，不能残留酸碱液；必须注意水质的变化，水质的变化会明显影响处理效果，尤其是漂洗水的纯度，对处理效果影响更大；严禁将氧化剂、酸与酸酐放在一起，硫酸、铬酐、亚硝酸钠应分开存放，以防混合产生爆炸或燃烧；废液要妥善处理，不能随便排液，防止污染水体；强酸、强碱具有腐蚀性，氢氟酸毒性很大，需要注意安全，通风良好，严防泄漏，防止受害。

④ 电解除锈。电解除锈就是把零件放在电解液中，通以直流电发生电化学反应除锈，基本上分为阳极除锈、阴极除锈及阴极与阳极混合除锈三种。

阳极电化学除锈就是被处理的金属作为阳极，通电后利用在阳极上产生的氧气的机械力把金属表面的锈层剥落下来。该法不发生氢脆，但使金属基体在除锈的同时受到较大腐蚀，所以很少采用。

阴极除锈是被处理的金属作为阴极，通电后阴极上产生的氢气还原氧化铁，使它易溶于酸液中，并利用氢气的机械力使锈层脱落，其优点是金属基体一般不受腐蚀。但因为有氢气产生，就存在氢脆问题。采用适当的缓蚀剂不仅可以抑制停电时金属基体的溶解，而且能够防止氢脆。阴极与阳极混合除锈可扬长避短。

(4) 化学处理　化学处理就是将被粘物放在酸、碱、盐等溶液或配合物中进行处理，通过化学反应使表面活化或钝化。表面形成牢固稳定的氧化层和特殊的化学结构及表面性质，有利于产生良好的润湿性和强劲的粘接力，提高粘接强度、耐水性、耐湿热老化性和耐久性。化学处理包括硫酸-重铬酸钠、氯化铁-硝酸、硝酸-氢氟酸、钠-萘、阳极氧化等，其中硫酸-重铬酸钠溶液浸蚀法虽然粘接强度高，但是无防腐蚀性，且耐久性差。

阳极氧化能形成耐腐蚀性氧化膜，尤以磷酸阳极氧化（PAA）处理后的粘接强度和耐久性最好。磷酸阳极氧化铝合金不仅粘接强度高，而且粘接的耐久性突出。但磷酸阳极氧化后表面形成不导电的氧化层，对于有导电要求的铝型材室温粘接，该法不适用，需要采用导电氧化方法。

化学转化处理是使铝合金表面形成致密且均匀的连续薄膜，以铬酸/盐酸、磷酸/盐酸和氢氟酸为基础。转化膜形成后必须用清水冲洗，然后热风干燥，以增强膜层的硬度。

化学处理可在玻璃、陶瓷、耐化学腐蚀的塑料、搪瓷等容器中进行，若含有能腐蚀玻璃、陶瓷、搪瓷的化学药品（如氢氟酸、氟化物等），应改用聚乙（丙）烯等容器。需定期更换化学处理液，以防污染并保证足够的浓度。

经过化学处理的粘接可以大大提高粘接强度和耐久性，适用于对粘接性能要求比较高的情况。化学处理工艺繁杂，除油、除锈、粗化之后需进行溶液浸蚀，然后还要经过多次冷热水冲洗，清除酸碱物质，有的还要钝化，最后干燥。金属阳极氧化形成牢固的氧化膜表面，能显著提高粘接强度、耐水性和耐久性。有些非金属材料例如难粘塑料，经过化学处理后引入活性基团，可用一般的环氧胶黏剂直接粘接。

化学处理用的氢氟酸是剧毒物质，铬酸及铬酸盐毒性也很大，硫酸、硝酸、氢氧化钠等都有强腐蚀性，使用时一定要特别当心，注意安全，通风良好，防止中毒，避免伤害，减少泄漏，保护环境。化学处理后的废液及冲洗用水应进行必要的处理，不可随意排放造成环境污染。由于六价铬的高毒性和致癌性，近年来，德国汉高公司开发了钢铁、铝合金的表面处理无铬化技术。表 12-6 列举了各种材料的化学处理方法。

表 12-6　一些材料表面的化学处理方法

被粘材料	处理液配方(质量份)	处理工艺
铁	浓盐酸[36%～38%(质量分数)]1 水 1	室温,5～10min 水洗,93℃,烘干 10min
	浓磷酸[88%(质量分数)]1 工业酒精 1	60℃,10min 或室温 2h 刷除黑色沉积物,漂洗 烘干(120℃,1h)
	重铬酸钠 2 浓硫酸 5 水 15	70～75℃,10min,冲洗后烘干
不锈钢	过氧化氢[30%(质量分数)]1 浓盐酸[36%～38%(质量分数)]2 六次甲基四胺 5 水 20	60～70℃,5～10min,水洗,93℃ 干燥
	硝酸 20 磷酸 2 氢氟酸 1	80～85℃,1～2min
	草酸 37 硫酸(相对密度 1.84)36 水 300	85～90℃,10min,水洗,干燥
	重铬酸钠 3.5 浓硫酸 3.5 水 200	70～75℃,15～20min
铝及其合金	浓硫酸 5 重铬酸钠 2 水 17	60～70℃,5min
	浓磷酸 7.5 铬酸 7.5 工业酒精 5 水 80	60～65℃,10～15min 热水洗,烘干
	阳极氧化,硫酸溶液 200g/L,重铬酸钾封闭 (重铬酸钾饱和水溶液)	直流电 1～1.5A/dm² ,通电 10～15min, 90～100℃,煮沸 5～20min
铜及其合金	三氯化铁溶液[42%(质量分数)]5 浓硝酸 6 水 40	室温,1～3min
	浓硫酸 27.5 重铬酸钠 7.5 水 65	室温,5min,水洗,干燥
镁及其合金	铬酸 10 无水硫酸钠 0.05 水 100	室温,3min
	氢氧化钠 4 焦磷酸钠 4 偏硅酸钠 8.5	室温,5min 水洗,干燥
锌及其镀层	浓盐酸(或冰醋酸)1 水 4	室温,2～4min
	浓磷酸 1 水 19	室温,5min

被粘材料	处理液配方(质量份)	处理工艺
铬钼钢	铬酐 198 水 3785	60~70℃,3min
	氢氟酸[50%(质量分数)]1 水 2	室温,5min
	重铬酸钠 90 氟化钠 1.1 水 378.5	沸腾状态,5min
钨及其 合金	浓硝酸 6 氢氟酸[50%(质量分数)]1 水 3	室温,1~5min
钛及其 合金	浓硝酸 6 氢氟酸[50%(质量分数)]1 水 20	35~50℃,10~15min
	铬酐 1 氟化钠 2 浓硫酸 10 水 50	室温,5~10min
铬及其 镀层	浓盐酸 1 水 1	90℃,1~5min
镍	浓硝酸 14 氢氟酸 1 水 30	50℃,20min
铍	氢氧化钠 3 水 7	室温,5~10min
玻璃、陶瓷	铬酐 1 水 5	室温,10min
	重铬酸钠 66 浓硫酸 666 水 1000	70℃,10min
聚乙(丙) 烯塑料	重铬酸钾 5 浓硫酸 60 水 3	室温,1~2h 或 60~70℃,10~20min
	重铬酸钾(钠)2 浓硫酸 40 水 3	室温,10min
氟塑料 及氟橡胶	金属钠 23g 精萘 128g 四氢呋喃 1000mL	室温,1~5min
	钛酸丁酯 5 过氟辛酸 1	300℃,烘干 15min
聚甲醛	重铬酸钾 5 浓硫酸 60 水 3	室温,1~3min
氯化聚醚	重铬酸钾 5 浓硫酸 100 水 8	65℃,5~10min

被粘材料	处理液配方(质量份)	处理工艺
聚酰亚胺	氢氧化钠 1 水 19	60～90℃,1min
涤纶薄膜	先浸入 20%(质量分数)氢氧化钠溶液中, 再放入 50%(质量分数)的氯化亚锡溶液中	70～95℃,2～10min,室温,5min
橡胶	浓硫酸	室温,5～10min(天然橡胶),室温,10～15min (合成橡胶);再用氨水中和 5min

（5）等离子体处理　等离子体是一种由离子、电子和中性粒子组成的部分或全部反应活性很大的离子化气体。等离子化学反应的主要特征是只在固体材料表面薄层发生反应，而材料内部基本不受影响，处理时间（几秒到几分钟）很短。因此，将这一特性用于高分子材料的表面改性，具有重要的实际意义。尤其是低表面能材料如聚烯烃、聚四氟乙烯、聚对苯二甲酸乙二醇酯、尼龙、硅橡胶等，可使粘接强度提高十到几百倍。经过等离子体处理的聚醚醚酮环氧胶黏剂粘接的强度很高。聚乙（丙）烯在氧等离子体中处理 10min 后，用胶黏剂粘接的剪切强度大于 20MPa。

若想获得高质量、重复性好的等离子体，需要精心控制反应气体及其混合气体的性质、气体压力和流速、放电能量密度、表面温度工件的电子能量、能量发生器的激发频率等参数。

等离子体产生的高能粒子和光子与聚合物表面发生强烈相互作用，其结果是除去有机污染物，使表面清洁，通过消融和蚀刻消除弱界面层并增大粘接面积；表面分子接枝或交联，形成膜层，改善耐热性和粘接强度；表面氧化出现新的活性基团，产生酸碱相互作用和共价键结合。

等离子体处理对提高聚合物粘接强度的效果明显，其原因是处理后的表面提高了润湿性，消除了弱界面层，表面交联可阻止低分子物向界面扩散，促进了表面生成化学键。等离子体处理是改善材料表面润湿性和粘接性的有效方法，特别适合聚合物表面改性，粘接强度一般是未处理聚合物的 2～10 倍。

低温等离子体处理可以改善材料的表面及界面性质，具有很多优点。

a. 表面处理是气固相反应，无废液排放，比较经济，安全无污染。

b. 表面处理一步完成，无须洗涤、干燥，操作简易，条件要求不严格，易于实现工业化。

c. 处理时间短（几十秒至几百秒），效果却很好，可间断处理，也可连续作业。

d. 处理仅限表面薄层，对被粘物基体几乎无影响。

e. 兼具气体、液体氧化处理法的优点，且又避其不足，是一种快速、高效、环保、较为理想的表面处理方法。

f. 处理后的表面可存放几周或更长时间，并对户外环境影响相当稳定。

已发现等离子体处理对提高聚苯醚和聚醚醚酮的粘接强度效果明显。

（6）电晕放电处理　电晕放电处理又称电火花处理，也是一种等离子体处理，是在大气压下于两电极（一个是高压电极，另一个是地电极）间施加高压（15～30kV）、高频（10～30Hz）电，使空气离子化，产生火花或电晕放电。使已离子化的粒子在强电场作用下被加速，从而轰击处于电极之间的聚合物或其他被粘物表面，发生物理及化学变化。经电晕处理后形成树枝状，随温度升高、时间延长，表面粗糙程度增大，含氧气体使接触角显著降低，湿润性得以改善；表面氧化引入了极性基团（羟基、羰基、羧基等），表面能提高，聚乙烯达 40mN/m，改善了表面性质，提高了粘接性能。

电晕放电处理对被粘表面性能的改善受多种因素的影响，如处理过程参数、被粘物本身性质和处理后放置时间等。过程参数包括气体种类、功率大小、处理时间、处理温度、电流频率等。含氧气体（O_2、空气、CO_2）的效果最好；N_2 次之；H_2 处理的效果最差，对粘接强度几乎没有影响。功率大小决定了等离子体中各种粒子的能量，直接影响处理效果。电晕处理在几秒至几十分钟内即可完成，处理时间长短受气体种类影响，适当的处理时间会得到较好的效果，过度处理将导致粘接强度降低。聚乙烯膜电晕处理的效果随时间延长而变差。对于短时间的电晕处理，高温将使粘接强度提高，而高温及长时间处理将增加聚合物表面降解程度，使粘接强度降低。不同种类的聚合物（PE 和 PTFE），电晕处理效果是不同的。电晕处理一般只与无定形区发生作用，对结晶区域作用很小。因此，聚合物的电晕处理效果随密度升高、结晶度增大而变差。电晕处理后最好立即进行粘接，随着放置时间延长润湿性下降。

电晕放电处理具有处理时间短、速度快、效果好、不需真空系统、操作简单、无处理液污染等优点，最早广泛用于聚烯烃的表面处理。新近的发展是研究了电晕处理对于含氟聚合物、热塑性纤维和织物的影响，扩大了电晕处理的应用范围。电晕处理对金属表面处理也是有效的，铝和钛的表面经在空气中的电晕处理后，粘接强度与常规的化学处理的强度相当。

（7）火焰处理　火焰处理是指空气（或 O_2）和天然气（或烷烃）燃烧产生的火焰与聚合物表面接触，使之氧化而改变表面性质的一种快速、有效、经济地处理许多聚合物的方法。火焰处理能去除污染物和氧化物，改变表面化学结构，引入各种官能团（包括羟基、羰基、羧基和酰氨基），提高表面能，改善润湿性能。胶黏剂与火焰处理的聚合物表面相互作用会增强，还有可能产生化学键结合。火焰处理化学改性的深度仅为几纳米，处理的表面相对稳定。

火焰处理是一种处理形状规则如薄膜、片材和圆柱面瓶的高效方法，处理时间短，在混合气体中氧气富余时能获得较好的效果。已成功处理的聚合物有低密度聚乙烯、高密度聚乙烯、聚丙烯、尼龙、聚对苯二甲酸乙二醇酯、聚偏氟乙烯、乙烯-三氟氯乙烯共聚物等。尼龙 11 经火焰处理后层间剪切强度提高 3 倍。火焰处理对聚四氟乙烯（PTFE）表面化学性能没有明显影响，粘接性能实际下降。火焰处理后聚丙烯与聚氨酯和聚甲基丙烯酸酯的粘接强度大大提高。

火焰处理出现于 20 世纪 50 年代，最初用于改善聚乙烯的表面性能，现已应用于多种聚合物的表面处理。对于大面积聚合物表面，火焰处理要比其他方法（如电晕处理）优越，不需背面处理、不出现针孔、不产生臭氧，以及具有较好的耐老化性能。

（8）激光处理　激光处理即准分子激光紫外（UV）辐射，提供了一种粘接表面预处理和表面改性新技术，能处理多种材料和被粘件，能替代对生态环境有害的化学处理和研磨处理方法。激光处理的一般方法是，用 5％二苯甲酮溶液涂于被粘表面，然后放入外光源中，使聚合物表面发生物理及化学变化，最初用于三元乙丙橡胶，还可用于聚乙（丙）烯和其他热塑性塑料。试验结果表明，UV 激光处理和改性可显著提高粘接的剪切、拉伸和剥离强度，同时也改善了耐磨性、传导性、硬度及外观。

最佳 UV 激光处理参数（强度、循环速率、脉冲参数）与粘物材料及其化学特性有关，随着处理时 UV 激光脉冲数量和能量增大到被粘物的特征临界值，粘接破坏形式则从界面破坏变为内聚破坏。

激光辐射引起被粘接表面的形态变化，主要是增加表面粗糙度，增大粘接面积，利于胶黏剂渗入。同时，还能清除表面污染物和弱界面层，改善润湿性，并且还会产生化学改性，甚至表层交联，从而提高粘接强度。激光处理后剪切强度比未处理时提高 200%～600%，比常规方法提高 100%～200%。聚碳酸酯经激光处理后表面引入羟基和羧基，极性增强，粘接强度提高。激光处理铝，表面形成新的铝氧化层。粘接前用激光处理铝，表面能大大提高。

激光处理有很多优点：激光处理对许多材料都很高效，且仅限于表面（30nm），本体不受影响；能清洁表面，除去污染物、吸附水和氧化物；适于任何形状的表面处理；可在室温和大气中操作；提高粘接强度和耐久性；避免溶剂擦拭和喷砂处理的污染；处理后放置时间长（4～15 天）。

显而易见，激光处理是一种高效清洁、准确安全、环境友好的表面处理和改性新方法。激光处理存在的问题是：高温不能改善粘接，局限于固化温度低于 150℃的胶黏剂；但是光化学是难以控制的非线性过程；高吸收率材料扫描速度相对较慢，致使一些被粘物处理时间长、成本高，有待于进一步改进。

（9）微生物表面处理　微生物表面处理又称生化处理，即利用微生物对聚合物表面进行改性，提高聚合物的粘接强度。采用微生物表面处理方法的优越性在于可以在温和的条件下（25～30℃）进行处理，不消耗能量；无须特殊设备或复杂技术；不需要溶剂和其他化学品；无生态污染和健康危害。

经微生物表面处理的表面积，根据所用的微生物种类和处理条件，既可以增加也可以减小，例如芳香族聚酰胺纤维在杆状细菌中表面积增加了。微生物处理后聚合物表面的微观形态和化学结构都发生了变化，X 射线衍射分析表明，用微生物处理的聚合物，其结构的规整度下降。微生物表面处理并不只局限于聚合物大分子的破坏，而且微生物在聚合物表面的代谢产物有活性基团，与人为添加化合物接枝。微生物处理使聚合物表面形成突起、凹陷、微缝以及发生化学结构的变化，尤其是出现了很多活性基团，提高了聚合物的粘接力。

目前，微生物处理主要应用领域是芳香族聚酰胺增强纤维的表面处理，因纤维表面积增大及表面形成活性官能团而产生化学亲和力，促进与热塑性材料的粘接，制得高性能的增强材料。由于这种工艺对微生物菌株、纤维的化学性能及营养介质的组成非常敏感，可以得到范围广、表面性质可变、强度不降低的纤维，因而微生物处理是改变聚合物表面性质的简便且有效的方法。

（10）偶联剂处理　使用偶联剂进行表面处理，远比化学处理方法简单安全，其效果却可与化学处理相媲美，能在被粘物与胶黏剂之间形成化学键，显著提高粘接强度、耐水性、耐热性等。偶联剂也称粘接促进剂，与底涂剂不同的是可直接加入胶黏剂配方中，也可涂在被粘物表面上。

以偶联剂进行表面处理，需先配成一定浓度的水或非水溶液，涂覆于脱脂粗化的被粘表面，干燥后再施胶。在具体使用上可以配成 1%～2%的偶联剂无水乙醇溶液，涂覆后于 70～80℃干燥 20～30min。也可将偶联剂配成 1%～3%的乙醇（95%）溶液，涂覆后于 80～90℃干燥 30～60min。还可把偶联剂配成 1.2%的水（蒸馏水）溶液，涂覆后于 120～130℃干燥 20～30min。偶联剂溶液现用现配为好，放置过久或一旦有白色沉淀析出就会失效无用，尤其是水溶液必须在几小时内用完。偶联剂处理很有技巧，只有正确使用才能获得成功。

（11）底涂剂处理　底涂剂的作用很多，如保护处理后的表面、调节被粘物表面能、消除弱界面层、促进化学键生成、抑制界面腐蚀等。经过表面处理的被粘物表面能提高，特别是高能表面被粘物，如金属、陶瓷、玻璃等，很容易再吸收水分和气体重新被污染，影响胶黏剂的润湿效果。为了防止这种现象出现，可在表面处理之后、粘接之前，立即涂上一层底涂剂，起到封闭、保护和延长存放时间的作用，阻止或减弱水分子对金属界面的浸蚀。所谓底涂剂就是为了改善粘接性能，施胶前在被粘物表面涂布的一种胶液，也称底胶，实质就是与所用胶黏剂相同或类似的高分子稀溶液，它本身能与再涂的胶黏剂很好结合。常见的底胶有酚醛、环氧、聚氨酯、氯化聚合物、三苯基膦、乙酰丙酮钴等类型。底涂剂处理能够活化表面，但不能清洗和粗化表面。底涂剂的浓度和用量对粘接效果影响很大，涂得薄时可使粘接强度增加。

（12）辐射接枝处理　辐射接枝处理法是在极性单体存在下将低能聚合物被粘材料用钴源或电离辐射的 γ 射线进行辐射接枝，使表面接枝上有利于粘接的聚合物，可使环氧胶黏剂粘接聚烯烃，且强度大大提高。UV 激光照射是一种最有效的表面处理和改性方法。

（13）力化学处理　力化学处理是针对 PE、PP 及 PTFE 难粘高分子材料提出的表面处理方法，通过力化学处理，如抛光机、刷子、磁性研磨机等，胶黏剂粘接的剪切强度可提高几倍甚至几十倍。确实是粘接聚烯烃和氟塑料等材料切实可行的处理方法。

（14）氟化处理　塑料的氟化处理是改进粘接性能较新的方法，经处理的聚合物形成新的表面，形成易被胶黏剂润湿的具有较高表面能的极性表面。据称聚乙（丙）烯的表面经氟化处理后其剥离强度增加 6 倍，已证明氟化表面能与环氧胶中胺类固化剂形成共价键。氟化处理对于几乎所有塑料粘接性能的提高都很有成效。

上述几种表面处理方法，除了表面清理不可缺少外，其他一些则根据需要可以是两种或者几种方法的组合。

表面处理是相当麻烦与费时的工作，但是表面处理是粘接极为重要的环节，一定要给予足够的重视，并认真仔细地进行操作，打好粘接的基础。

参 考 文 献

[1] 邸明伟，王森，姚子巍．木质素基非甲醛木材胶黏剂的研究进展［J］．林业工程学报，2017，2（1）：8-14.

[2] 何泽森，孙瑾，樊奇，等．我国淀粉基木材胶黏剂的研究与应用［J］．木材工业，2017，31（1）：32-36.

[3] 顾继友．我国木材胶黏剂的开发与研究进展［J］．林产工业，2017，44（1）：6-9.

[4] 孙东洲，等．双酚S环氧树脂胶黏剂的制备［J］．化学与黏合，2016，38（2）：109-112.

[5] 程卫平，等．耐瞬时高温柔性环氧胶黏剂的制备研究［J］．化学与黏合，2015，37（6）：412-414.

[6] 阎利民，朱长春，宋文生．聚氨酯胶黏剂［J］．化学与黏合，2009，31（5）：53-56.

[7] 张竞，褚庭亮．环保胶黏剂发展现状的研究分析［J］．中国印刷与包装研究，2011，3（3）：9-14.

[8] 闫华，董波．我国胶黏剂的现状及发展趋势［J］．化学与黏合，2007，29（1）：39-43.

[9] 曾广胜，等．丙烯酸酯改性EVA乳液胶黏剂的黏结性能研究［J］．包装学报，2017，9（1）：59-65.

[10] 张照，等．纳米材料改性水性聚氨酯研究进展［J］．广州化工，2017，45（8）：4-6.

[11] 唐晓红，毛雅君．人造板胶黏剂的研究进展和发展趋势［J］．河南教育学院学报（自然科学版），2017，26（1）：30-33.

[12] 王利军，等．双组分豆粕基胶黏剂的流变行为研究［J］．生物质化学工程，2016，50（6）：56-60.

[13] 王东旭，等．一种快速固化酚醛树脂胶黏剂的研制［J］．化学与黏合，2017，38（6）：447-449.

[14] 吴俊华，等．氧化木薯淀粉改性胶黏剂的制备［J］．林产工业，2017，44（1）：447-449.

[15] 王璇，等．羟甲基酚制备单宁基胶黏剂与性能［J］．西北林学院学报，2017，32（1）：234-238.

[16] 陈卫东，等．高性能环氧树脂胶黏剂研究概况［J］．化工科技，2016，24（3）：81-85.

[17] 汪建国．建筑胶黏剂的应用及研发进展［J］．化学与黏合，2016，38（5）：382-384.

[18] 奉定勇．水性聚氨酯胶黏剂的研究进展［J］．聚氨酯工业，2010，25（1）：9-12.

[19] 朱金华，等．低温固化氰酸酯胶黏剂性能研究［J］．化学与黏合，2016，38（5）：343-345.

[20] 赵春玲，等．特种胶粘剂的研究进展［J］．中国胶粘剂，2009，18（3）：48-55.

[21] 叶青萱．我国水性聚氨酯鞋用胶黏剂技术发展近况［J］．化学推进剂与高分子材料，2009，7（6）：1-5.

[22] 程时远，李盛彪，黄世强．胶黏剂［M］．北京：化学工业出版社，2008.

[23] 王慎敏，王继华．胶黏剂——配方·制备·应用［M］．北京：化学工业出版社，2011.

[24] 孙德林，余先纯．胶黏剂与粘接技术基础［M］．北京：化学工业出版社，2014.

[25] 宋小平，韩长日．胶黏剂实用配方与生产工艺［M］．北京：化学工业出版社，2010.

[26] 童忠良．胶黏剂最新设计制备手册［M］．北京：化学工业出版社，2010.

[27] 李东光．胶黏剂配方与生产［M］．北京：化学工业出版社，2012.

[28] 李广宇，等．环氧胶黏剂与应用技术［M］．北京：化学工业出版社，2009.

[29] 张玉龙．胶黏剂配方精选［M］．北京：化学工业出版社，2012.

[30] 亢茂青，等．一种高性能胶黏剂及其制备方法与应用［P］．中国专利：CN106520053A，2017-3-22.

[31] 任碧野，等．一种改性环氧胶黏剂及其制备方法［P］．中国专利：CN106433537A，2017-2-22.

[32] 赵建国．一种纸塑复合胶黏剂及其制备方法［P］．中国专利：CN106479407A，2017-3-08.

[33] 梁胜仁．一种木材环保胶黏剂［P］．中国专利：CN106221610A，2016-12-14.

[34] 戚海冰．一种环保型胶黏剂［P］．中国专利：CN106221611A，2016-12-14.

[35] 王效明，张建明．丙烯酸酯基胶黏剂及其制备方法［P］．中国专利：CN106244095A，2016-12-21.

[36] 孙宝林．一种环保木地板胶黏剂及其制备方法［P］．中国专利：CN106244087A，2016-12-21.

[37] 陈见玲．一种纺织品用的胶黏剂及其制备方法［P］．中国专利：CN106221590A，2016-12-14.

[38] 薛忠来．一种耐高温胶合板胶黏剂及其制备方法［P］．中国专利：CN106189936A，2016-12-07.

[39] 江太君，等．一种水性胶黏剂及其制备方法［P］．中国专利：CN105885739A，2016-08-24.

[40] 赵颖．一种环氧树脂类灌钢用胶黏剂及其制备方法［P］．中国专利：CN106244068A，2016-12-21.

[41] 唐述振．一种纸板用防腐耐老化胶黏剂［P］．中国专利：CN106047215A，2016-10-26.

[42] 覃树强. 一种高性能鞋用胶黏剂及其制备方法 [P]. 中国专利：CN106189995A, 2016-12-07.

[43] 戴盛，金牛. 环保胶黏剂及其制备方法 [P]. 中国专利：CN105694770A, 2016-06-22.

[44] 詹先旭，等. 一种改性复合胶黏剂的制备方法 [P]. 中国专利：CN105461874A, 2016-04-06.

[45] 唐述振. 一种建筑材料用环氧胶黏剂 [P]. 中国专利：CN105907347A, 2016-08-31.

[46] 陈艳珍，黄海彬，张仁海. 一种壳聚糖系胶黏剂及其制备方法和应用 [P]. 中国专利：
CN105567119A, 2016-05-11.

[47] 欧振云. 一种高强耐水木材胶黏剂及其制备方法 [P]. 中国专利：CN106010371A, 2016-10-12.

[48] 张新昌，等. 一种纸品用植绒胶黏剂及其制备方法 [P]. 中国专利：CN105623561A, 2016-06-01.

[49] 李晓明. 一种环保型酚醛树脂胶黏剂及其制备方法 [P]. 中国专利：CN105419701A, 2016-03-23.

[50] 王学刚. 一种热固型高强度的丙烯酸酯胶黏剂 [P]. 中国专利：CN105505274A, 2016-04-20.

[51] 杜厚坚. 一种新型水玻璃胶粘剂及其制备方法 [P]. 中国专利：CN104927723A, 2015-09-23.

[52] 高书云. 水玻璃胶粘剂 [P]. 中国专利：CN101591516A, 2009-12-02.

[53] 杜厚坚. 一种水玻璃胶粘剂及其制备方法 [P]. 中国专利：CN104927675A, 2015-09-23